干旱半干旱区内陆河流域地表水与地下水相互作用及其生态效应

马　瑞　王云权　孙自永　胡　顺等　编著

科学出版社

北　京

内 容 简 介

我国内陆河流域在国家生态安全和“一带一路”倡议中占据重要地位。内陆河流域大多气候干旱，自然生态系统和人工生态系统皆对水资源具有高度依赖性，近几十年来，随着社会经济的快速发展和水资源的大规模利用，人类活动已对干旱半干旱内陆区地表水和地下水系统产生了强烈干扰，引发了一系列生态环境问题。为此，亟须开展人类活动影响下干旱半干旱内陆区地表水与地下水相互作用及其生态效应的研究。在此背景下，本书介绍干旱半干旱区内陆河流域中下游地区的地表水与地下水相互作用特征、独特的示踪与模拟方法；分析地表水与地下水相互作用的生态效应，探讨中下游地区植被系统对地表水与地下水交互的水分利用策略；并构建生态水文耦合模型，探讨维持干旱区尾闾湖湿地生态功能的最优生态输水方案。

本书可作为水文地质学、地下水科学与工程、水利工程、水文与水资源工程和生态地质学等专业的高年级本科生和研究生的参考书，也可供相关领域科研工作者、工程技术人员和决策管理人员参考。

图书在版编目（CIP）数据

干旱半干旱区内陆河流域地表水与地下水相互作用及其生态效应/马瑞等编著. —北京：科学出版社，2022.12
ISBN 978-7-03-073621-5

Ⅰ.① 干… Ⅱ.① 马… Ⅲ. ① 干旱区-内陆水域-水资源利用-研究-中国 Ⅳ. ① P343 ②TV213.9

中国版本图书馆 CIP 数据核字（2022）第 201563 号

责任编辑：杨光华 徐雁秋/责任校对：高 嵘
责任印制：彭 超/封面设计：苏 波

科 学 出 版 社 出版
北京东黄城根北街 16 号
邮政编码：100717
http://www.sciencep.com
武汉精一佳印刷有限公司印刷
科学出版社发行 各地新华书店经销
*
开本：787×1092 1/16
2022 年 12 月第 一 版 印张：12 3/4
2022 年 12 月第一次印刷 字数：302 000
定价：138.00 元
（如有印装质量问题，我社负责调换）

前言

我国内陆河流域涉及新疆、内蒙古、宁夏、甘肃和青海等省（自治区），为丝绸之路经济带的核心区，在国家生态安全和“一带一路”倡议中占据重要地位。受季风影响微弱，内陆河流域大多气候干旱，自然生态系统和人工生态系统皆对水资源具有高度依赖性，水资源的时空分布和循环转化成为支撑与制约该区域社会经济发展和生态文明建设的主要因素。地表水和地下水作为干旱半干旱内陆区水资源的两种主要类型，两者水量、水质、空间分布和动态特征截然不同，但又存在强烈的相互作用，特别是内陆河中游山前地区广布的洪积扇群及下游盆地内的巨厚层松散堆积物，为地下水的储存及其与地表水的频繁转化创造了条件，造就了河岸绿洲、泉流湿地、戈壁荒漠等景观并存的独特生态格局。近几十年来，随着社会经济的快速发展和水资源的大规模开发利用，人类活动已对干旱半干旱内陆区地表水和地下水系统产生了强烈的干扰，使地表水与地下水相互作用的天然格局发生了极大改变，进而影响其生态支撑功能，产生了一系列的生态环境问题。由发表的文献可知，很多学者已在塔里木河、黑河、石羊河、疏勒河等典型内陆河流域开展过不少地表水与地下水相互作用及其生态效应的研究工作，但这些研究多针对流域内特定区段或点位，部分区域性的调查与研究成果则因开展年代相对较早（多在生态输水或流域生态环境整治实施前），可能无法全面反映当前阶段人类活动对地表水与地下水相互作用的影响。

基于作者在河西走廊的内陆河——黑河和石羊河流域十多年的研究成果，本书系统介绍干旱半干旱区内陆河中游河岸带及下游尾闾湖地表水与地下水相互作用的特征、对生态输水的响应及生态效应，并对波动性输水、河道“自然化”、植被非生长季输水的有效性、生态需水方案的优化方法等水资源管理措施进行探讨，以期为干旱半干旱区内陆河流域水资源的科学管理和生态环境保护提供依据。

全书共 5 章。第 1 章主要介绍依赖地下水生态系统的国内外研究现状，以及地表水与地下水相互作用的支撑和面临的主要挑战。第 2、3 章偏重机制与理论方面：第 2 章主要介绍干旱半干旱区内陆河流域地表水与地下水相互作用的特征和研究方法，特别是示踪方法和耦合模拟方法；第 3 章重点阐述地表水与地下水相互作用的生态效应，包括其对生态输水的调蓄功能、植物在水分利用对策方面的响应和适应及生态水文耦合模型的构建方法。第 4、5 章提供典型研究案例：第 4 章以黑河中游为例，借助温度示踪和数值模型，探讨生态输水影响下河水与河岸带地下水的相互作用过程，并利用同位素示踪技术，分析两者的相互作用对河岸带柽柳水分来源和水分利用效率的影响；第 5 章以石羊河下游尾闾湖为例，借助生态水文动态监测、同位素示踪和遥感调查，阐释植被非生长季输水影响下湖水与地下水的转化和储存机制，以及不同植物在水分利用对策上的响应和适应，并基于构建的生态水文耦合模型，探讨维持干旱区尾闾湖湿地生态功能的最优生态输水方案。

本书由马瑞负责内容设计和提纲拟定，第1章由马瑞和孙自永编撰，第2章由王云权和姜雪编撰，第3章由王云权和姜雪编撰，第4章由孙自永和龙翔编撰，第5章由马瑞、胡顺和王云权编撰，全书由马瑞、王云权、孙自永负责统稿和修订。龙翔、雷玉娟、王俊友、葛孟琰、乔树锋、潘刊、汪正和聂晗等参与了本书的数据和图表整理工作。

本书是在国家重点研发计划项目“我国西部特殊地貌区地下水开发利用与生态功能保护”课题5“重要湿地地下水调控及水生态功能保护关键技术与示范”（2017YFC0406105）、国家自然科学基金项目“内陆干旱区凝结水对植物水分补给作用的天然 D、^{18}O 同位素示踪研究”（40702042）和“地表水与地下水相互作用的温度示踪与模拟”（41002081）的共同资助下完成的。项目开展过程中，得到了中国科学院西北生态环境资源研究院的肖洪浪研究员、赵文智研究员、陈仁升研究员，以及中国科学院沙漠与沙漠化重点实验室民勤盐渍化研究站黄翠华站长等的帮助；本书编撰过程中，甘义群教授等提出了许多宝贵意见和建议。在此一并向他们表示衷心的感谢。

受水平和时间所限，本书疏漏之处在所难免，请广大读者朋友不吝赐教！

作　者

2022年10月

目录

第1章 绪 论

1.1 干旱半干旱区内陆河流域植被生态系统特征

干旱半干旱区约占世界陆地面积的三分之一，为世界总人口20%左右的居民提供了居住地（White et al.，2003）。《联合国防治荒漠化公约》以年平均降水量与潜在蒸发量的比值来界定世界范围内的干旱地区。在所有国家中，澳大利亚的干旱区面积最大，约660万km^2，美国、俄罗斯、中国和哈萨克斯坦等国家的干旱区面积均超过200万km^2。干旱半干旱区的水文过程与湿润地区存在很大程度上的差异，其径流和降水也显示出极大的时空变异性（Wheater et al.，2010），且在不同地点监测的长期水文数据往往有限。在干旱半干旱地区，河流和淡水湖泊等地表水资源通常比较匮乏，因此地下水是重要可靠的水资源，特别是在干旱季节。植被对地下水利用受到地下水埋深的控制，地下水埋深是维持依赖地下水陆地生态系统的控制因素（Xu et al.，2019）。在过去几十年中，工农业生产对水资源的需求增加和地下水开采技术的发展，开采活动大幅增强，导致地下水位下降。过度开采导致了地下水资源的枯竭，并造成了一系列的生态环境问题，如植被生态系统恶化、地表水径流量减少、湿地消失、地下水咸化、土壤盐渍化、地面沉降、荒漠化等（Lin et al.，2018；Wang et al.，2018；Heintzman et al.，2017；Sun et al.，2016；Xiao et al.，2014）。除上述人为开采活动造成的问题外，干旱半干旱地区的水资源也受到气候变化的威胁（Wheater et al.，2010）。

最近几十年来，我国干旱半干旱区内陆河流域植被退化严重，不仅制约当地社会和经济的发展，而且影响整个中国北方地区的生态安全，并对中国中部和东部地区的环境构成威胁（程国栋 等，2006）。干旱半干旱区内陆河流域水分条件的变化不仅直接决定植被的生长状态，而且通过影响土壤中盐分和对热量的调节作用对植被产生间接的影响（周爱国 等，2005），绿洲的分布与演化特征同样也受制于水分的空间分布格局及动态变化（程国栋 等，2006；王根绪 等，2002，2000，1999）。目前多数研究认为，中国内陆干旱区植被生态系统的退化与该区地下水资源的不合理开发密切相关。依靠地下水来维持生态结构和功能的生态系统称为依赖地下水的生态系统（groundwater dependent ecosystems，GDEs）（Bertrand et al.，2012）。干旱半干旱区内陆河流域地下水通常具有重要的维持植被生态系统的功能，主要原因有：①干旱半干旱区内陆河流域的降水资源主要集中在周边的高山区，而在盆地内部降水资源稀少，地下水是维系流域内植被生态系统的主要水源。②干旱半干旱区内陆河流域中地表水域面积占整个区域的比例较小，仅维持有限的水域生态系统，而地下水则呈面状分布，范围广、面积大，是维持区域植被生态系统的主要水源。③干旱半干旱区内陆河流域盆地区是第四系冲洪积物的堆积区，多具有巨厚层松散堆积物，形成了巨大的地下贮水空间，特别有利于地下水的贮存，也有利于地表水渗漏补给和地下水的侧向流动。因此，地下水具有良好的多年调节功能，受气候影响小，能常年保持稳定，更利于维持植被生态系统长期稳定的存在。④在内陆干旱区，地下水因上覆包气带的保护蒸发损失较小，主要以蒸腾作用的形式散失，对植被生态系统的有效性较高。⑤内陆干旱区的植物生态型以中生和旱生为主，能直接利用地表水的物种较少，地表水必须在转化成地下水或土壤水后才能被大多数植物吸收利用。而对干旱环境的长期适应使很多荒漠植物都具有发达的根系，许多乔木、灌木更是深根吸水物种，可从潜水面或毛细上升带内直接吸收利用地下水，这种生理习性使地下水具有更为重要的生态功能。

在干旱半干旱地区，由于降水稀少，水资源匮乏，生态环境通常十分脆弱，所以该地区湿地虽然相对较少，但在维持植被覆盖度、改善局部气候、防止荒漠化等方面的价值更为突出。然而，近几十年来的水资源过度利用导致西北干旱半干旱区湿地生态系统退化严重，对其展开保护和修复极为迫切。除拥有降解污染物、维护生物多样性等湿地功能外，西北干旱区内陆河流域的尾闾湖湿地还在阻挡风沙、防止荒漠化、调节局部气候等方面发挥着重要作用（孟阳阳 等，2020；Jiang et al.，2019；周茂箐 等，2018；孙广友，2000）。干旱区内陆河流域水资源量短缺，用水矛盾突出，不合理的水资源开发导致尾闾湖湿地萎缩甚至消亡（孟阳阳 等，2020；王丽春 等，2019；缑倩倩 等，2015），地下水埋深增加导致依赖地下水生存的植被退化并最终引起湿地荒漠化（Antunes et al.，2018；Aeschbach-Hertig et al.，2012）。在这种情况下，湿地生态系统的修复成为国际社会保护湿地的一项重要选择。自然状态下的生态系统修复或逆转是一个长期的动态变化过程，在这样的背景下，有关政府部门选择通过人工干预的方式来加快生态系统的恢复。生态输水是保护和恢复干旱区内陆河流域天然植被生态系统的一种有效手段，被广泛采用，尤其是在我国西北干旱区塔里木河、黑河与石羊河等流域（Zhou et al.，2018；Bao et al.，2017；Zhu et al.，2014；陈亚宁 等，2008）（图 1-1）。例如，新疆塔里木河 2001～2006 年先后进行了 8 次生态应急输水（石丽 等，2008），2000～2008 年黑河向下游生态输水共计 45.12 亿 m^3（Cheng et al.，2014）。

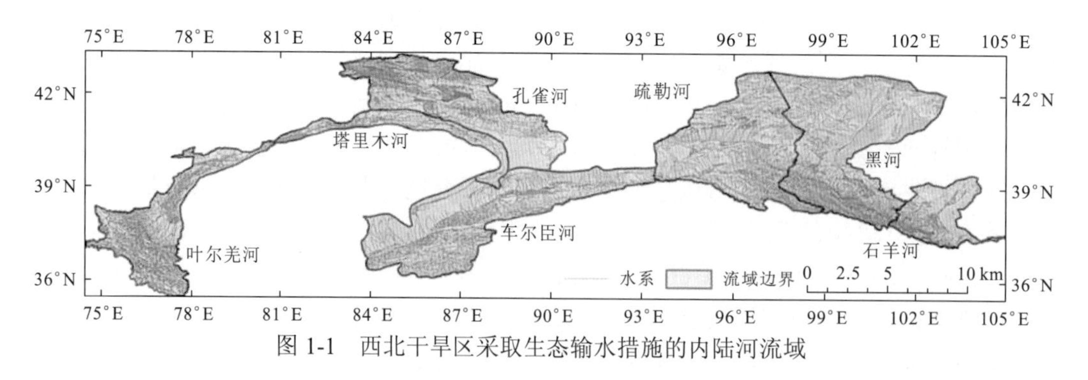

图 1-1　西北干旱区采取生态输水措施的内陆河流域

在干旱半干旱区，诸多区域植被生长直接或间接地依赖地下水，因此，目前关于生态输水对生态系统修复的影响研究主要集中在生态输水后地下水位上升导致的植被恢复方面（Huang et al.，2020a；Chen et al.，2010；陈亚宁 等，2007，2004，2003；徐海量 等，2004）。在塔里木河下游，Hao 等（2010）研究表明，河岸荒漠森林植被适宜的地下水埋深为 2～4 m，埋深太浅引起植被根系缺氧或土壤盐渍化，埋深太大导致植被根系无法利用地下水。随着与生态输水河道距离的增大，地下水位与植被对生态输水的响应减弱（Liao et al.，2020），且响应关系受到输水管理方式和地形的影响（姜生秀 等，2019；Hao et al.，2014；安红燕 等，2013；吐尔逊·哈斯木 等，2008；徐海量 等，2007）。此外，植被对生态输水的响应还呈现出植被类型增加慢于植被生物量增加的特点（Zhao et al.，2019；Xu et al.，2007）。生态输水对植被恢复并非只有益处，在石羊河流域尾闾湖湿地，地下水位因生态输水上升后，更强的土壤蒸发将地下水中的盐分带到上层土壤，使部分区域土壤盐分显著增加，对植被生长造成威胁（Zhang et al.，2019）。

为了宏观评估生态输水后植被的恢复情况，基于遥感影像计算的植被指数或植被覆盖度数据被广泛使用，多数研究主要通过对比生态输水前后研究区整体植被指数或植被覆盖度的大小来分析植被恢复情况（Huang et al.，2020b；Liao et al.，2020；王慧玲 等，2020；Zhang et al.，2018）。这类研究虽然能判断研究区内植被是否得到恢复及整体的恢复情况，但是缺乏对植被恢复具体区域的提取及分析。获取植被恢复具体区域及其内部植被生长状况，能够更进一步分析植被恢复效果、探究植被恢复的影响因素。为了提取干旱区依赖地下水生存的植被恢复区域，遥感数据计算的归一化植被指数（normalized difference vegetation index，NDVI）与地下水埋深的负相关性提供了一条思路（Eamus et al.，2006）。基于此，Huang 等（2020a）利用 2010～2018 年地下水埋深和 NDVI 数据成功提取了 2018 年石羊河流域尾闾湖湿地因生态输水而恢复的植被区域。但是，该方法需要较长时间序列的地下水埋深数据，且基本只能获得时间序列末年的植被恢复区域，因此该方法在水文数据缺乏地区的应用存在困难，且难以逐年获取植被的恢复区域。蔚亮等（2020）基于面向对象的湿地信息分层提取方法（朱长明 等，2014），逐年提取了塔里木河下游湿地的植被恢复面积和水面面积，发现部分区域因生态输水形成永久性湖泊后，该区域内已恢复的植被又发生退化甚至消失。

通过生态输水方式维持流域下游湿地植被生态系统的方法已经得到肯定，并成为当今世界干旱区生态研究的重点。其中，最受关注的问题是如何在平衡社会经济用水的前提下，优化生态输水的季节、输水量及输水过程，以达到最佳的湿地生态修复效果。生态输水对湿地生态系统的作用机制则是解答这些问题的前提和核心。但从目前的实践来看，已有的生态输水方案大多基于经验来制订，缺少理论研究和科学支撑，主要原因是很少开展以湿地生态系统保护与恢复为约束的水资源调配研究，特别缺少在典型湿地或流域开展具有示范意义的系统性研究。

综上可知，生态输水可以有效恢复干旱区退化的植被，且之前学者为评估恢复效果提出了相应的研究方法。但是，已有研究多从现象学角度出发，存在如下不足：①侧重关注地下水埋深变化及其产生的环境效应，缺乏人类和自然环境共同作用下湿地生态系统与地下水系统的协同演化过程与机制方面的研究；②绝大多数研究仅从点尺度出发，未能系统性地给出影响湿地结构和生态功能的地下水关键参数及其安全界限计算的方法；③已有研究多呈现生态输水导致的生态效应，鲜有研究分析以湿地生态功能保护为约束的地下水调控技术体系。因此亟须开展相关的研究工作和研发相关的调控技术。

1.2 地表水与地下水相互作用对生态系统的支撑作用

地表水与地下水存在着密切的联系和强烈的相互作用，对地表水的开发利用常常造成地下水生态功能的丧失。如某些大型引水工程造成引水区地下水补给量减少，依赖地下水的湿地生态系统萎缩，而受水区则可能因水位抬升而发生土壤盐渍化和地下水咸化，原有植物群落向盐生系列演替，造成生物多样性的丧失和生态服务功能的降低。地下水的利用同时影响其对地表水的排泄，也影响植被生态系统的健康。

地下水对维持湿地生态系统的健康和稳定具有非常重要的意义。国际水文地质大会曾设置“地下水与湿地的相互影响”“湿地与地下水流”等议题，引起了众多学者对湿地-地下水相互作用问题的探讨。如何调控地下水系统与湿地之间的水文过程，维持湿地生态系统的健康和稳定已成为湿地学科的研究热点和前沿。地下水作为湿地水文系统的主要组成部分，通过与地表水之间的水量和溶质交换，在湿地生态系统的物质能量循环过程中发挥着重要作用，对维持湿地生态系统的健康和稳定至关重要（Havril et al.，2018；Schmalz et al.，2009；王磊 等，2007）（图 1-2）。Fan（2015）分析了美国东部的湿地分布与地下水埋深的关系，发现地下水埋藏浅的地区往往发育了大量湿地，说明地下水对支撑湿地的发育及演化有着重要的作用。在湿地生态系统中，地下水与地表水的相互作用会影响湿地内部主要无机离子、碳氮磷等营养元素及重金属离子等物质的转化（Boyer et al.，2018；Du et al.，2017；Zhou et al.，2014）。在某些干旱半干旱地区，地下水可能是湿地唯一的水源，因此地下水与地表水的交互作用就成为湿地形成、发展、退化乃至消亡的主控因素（Crosbie et al.，2009）。例如，地下水温度的相对稳定为湿地内底栖生物提供了较为适宜的生存环境（House et al.，2015），对湿地内水文地球化学和生物地球化学反应也有着一定的影响（Boulton et al.，2008）。由此可知，湿地的演化过程表面上

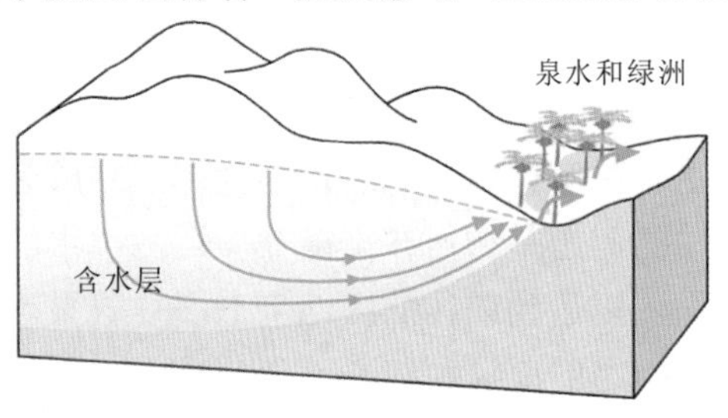

（a）接受泉水补给的湿地生态系统，在干旱区以绿洲的形式出现

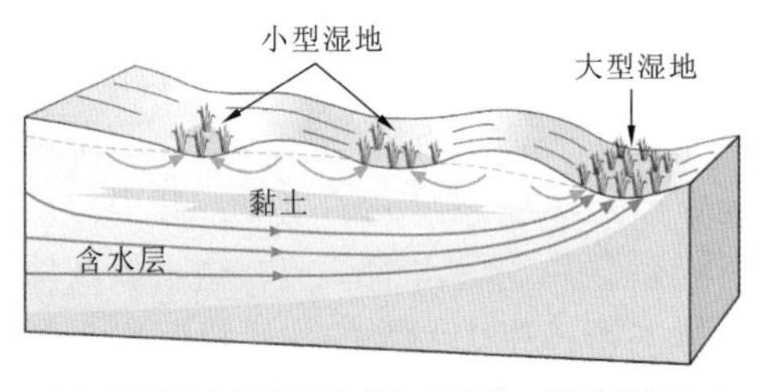

（b）地下水在地势低凹处渗出补给，形成湿地生态系统

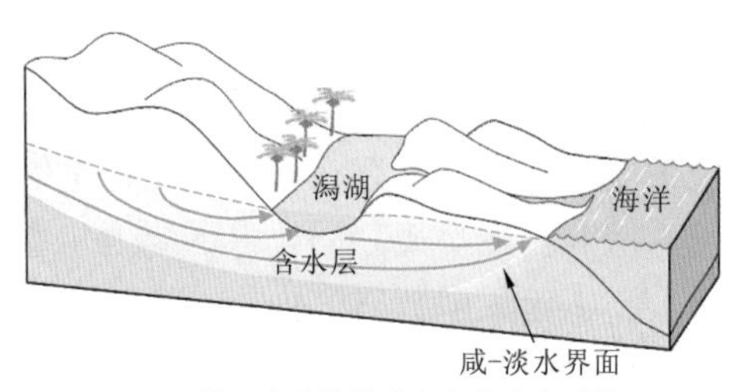

（c）地下水维持的滨海潟湖生态系统

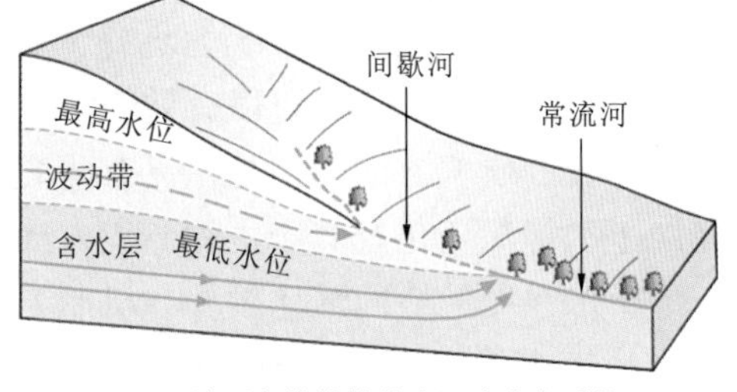

（d）地下水维持的基流河流生态系统

图 1-2 地下水与地表水的相互作用

改自 Foster 等（2006）

对应着地表水文特征的改变，实质上可能是地下水与地表水交互作用的改变而导致的结果，因此有必要从水文地质的角度来探索该过程和机制（Orellana et al.，2012），但以往对该方面的关注度仍然不够（Wu et al.，2020）。

植物作为第一生产力，对整个湿地生态系统的结构、功能和稳定性具有基础性作用。地下水对湿地生态系统的支撑功能往往通过为湿地植物提供水源或创造特殊生境来实现。在干旱环境下，此类情况尤为普遍。地下水不仅是植物生长发育所需水分的主要来源，而且是植物分带和根系分布深度的主要环境驱动力。如 Fan（2015）和 Fan 等（2017）的研究清晰表明了地下水埋深变化对植物演化的影响（图 1-3）：在降水入渗情况较好的高地，植物根系沿着降水入渗带发育；在地下水向地表水排泄形成的湿地区，由于永久性涝渍，植物根系发育较浅，以避免缺氧胁迫；在两个地点间的过渡带，植物根系向下生长到达地下水毛细上升高度或地下水位，其用水来源在降水和地下水之间转换。基于 2 200 个观测值的皮尔逊（Pearson）相关系数，Fan 等（2017）建立了植物根系深度（对数尺度）与年平均降水量、土壤结构、土壤厚度、植物生长形式、植物种属及地下水埋深间的统计关系（图 1-4），结果显示植物根系深度与地下水埋深呈显著线性相关，即随着地下水埋深的增大，植物根系的深度也随之增大。

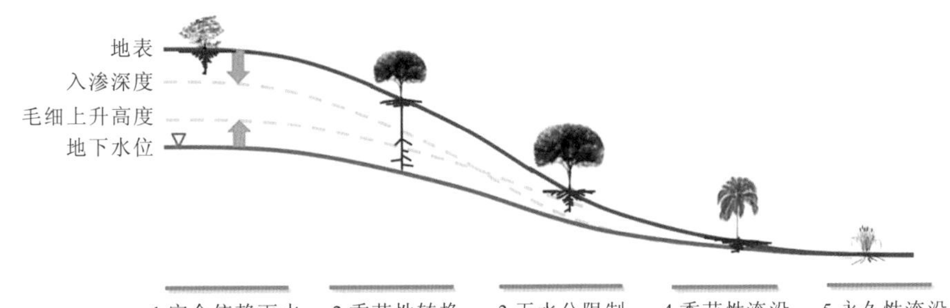

图 1-3 植物根系深度沿地下水埋深梯度的变化趋势示意图

引自 Fan 等（2017）

维持合理的地下水埋深是湿地保护的关键（Suwal et al.，2020）。过量抽取地下水造成的区域地下水位下降（Dalin et al.，2017；Aeschbach-Hertig et al.，2012）会影响湿地水文生态功能特征的改变，从而引发植物群落退化，最终对湿地生态系统造成危害（Hu et al.，2016）。有研究表明，在解释湿地植物群落的变化时，地下水埋深的时空变化比土壤性质、pH 等指标更具有说服力（Hose et al.，2014；Mata-González et al.，2012；郑丹 等，2005）。

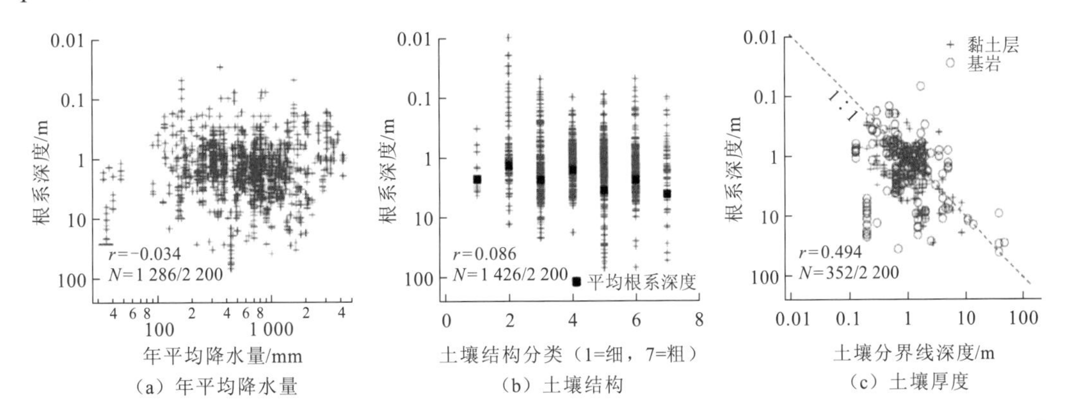

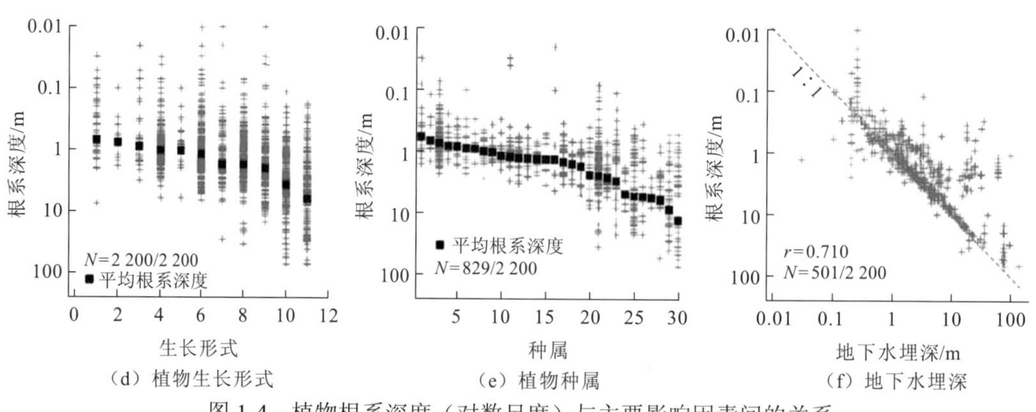

图 1-4　植物根系深度（对数尺度）与主要影响因素间的关系

基于 2 200 个观测值的 Pearson 相关系数；引自 Fan 等（2017）

1.3　地表水与地下水相互作用的生态效应研究的主要挑战

对于地表水与地下水相互作用的生态效应研究，目前还存在以下不足。

（1）基于野外场地的地下水-土壤水-地表水-植被-大气系统的多要素动态监测体系缺乏。湿地通常是地表水与地下水相互作用的热点区域，位于水、土、气、生等地球系统各要素联系最密切、相互作用最强烈的区域，其生态功能的发挥是地下水、地表水、土壤、植被、大气等多要素协同作用的结果，其中某个要素的变化极可能会通过影响其他一系列要素，最终影响到湿地的结构和生态功能，造成湿地的演化。但受学科背景限制，目前国内外相关研究多基于某一个或几个要素（特别是地表要素）的监测结果来讨论湿地的演化。基于多要素一体化监测数据的系统性研究相对匮乏，尤其是长期忽略地下水在湿地维持中的关键作用，制约了湿地生态功能评估、演化机制研究及调控技术研发等工作，特别是使湿地演化的定量预测工作难以开展。

（2）地下水与地表生态系统协同演化的过程和机制不清。在我国西北干旱区，受自然背景控制，这些地区的绝大多数生态系统都是地下水依赖型生态系统，在天然状态下，其结构、功能和演化与地下水的状态密切相关。近几十年来，随着社会经济的快速发展和水资源的大规模开发利用，人类活动对地下水系统的干扰极为强烈，使地下水与生态系统间的协同演化更为复杂且难以预测。但受研究条件的限制，长期以来，西部地区植被生态系统的研究多集中在可直接观测的地表部分，导致自然活动和人为活动耦合作用下地下水与植被生态系统的演化过程和机制不清，严重制约着生态系统的保护和以生态功能保护为约束的水资源调控技术的研发。

（3）以植被生态功能保护为约束的地表水-地下水联合调控技术体系缺乏。从已有研究文献可以看出，对于植被生态系统的保护和恢复，大多通过调整或调控地表水文过程来实现。但在很多情况下，地表水与地下水有着密切的水力联系，地下水文过程的改变在很大程度上也影响着地表水体的演化。因此，必须从水循环的角度，开展植被生态系统的保护和修复，将地表水与地下水作为一个统一的整体，考虑二者的相互转化。然而，目前尚缺少以植被生态功能为约束的地表水-地下水联合调控技术体系，这严重制约着我国干旱区植被生态系统保护和恢复的进程。

上述研究不足的原因大致包括几个方面：①干旱区基础条件薄弱、研究基础缺乏，因而未建立起满足解决上述不足的监测体系，系统有效的地下水-地表水-土壤-植被-大气连续体多要素监测数据的缺乏，严重制约着相关机理的研究和调控技术的研发；②干旱区湿地在人为活动和自然活动耦合影响下，地下水-湿地生态系统内复杂的生态水文过程（如面积较小但水-热-盐过程复杂、植被水分利用策略具有时空变异性等），使构建湿地生态水文模型（如地形精细刻画、湖泊精细模拟、植被根系吸水过程等）存在困难；③在前两个方面的基础上，植被恢复评价体系欠缺和区域生态水位阈值不清，导致基于生态水文模型、以湿地生态功能保护为约束的地下水调控技术体系难以构建。

参考文献

安红燕, 徐海量, 叶茂, 等, 2013. 漫溢干扰过程中微地形对幼苗定居的影响. 生态学报, 33(1): 214-221.

陈亚宁, 李卫红, 徐海量, 等, 2003. 塔里木河下游地下水位对植被的影响. 地理学报, 58(4): 542-549.

陈亚宁, 张小雷, 祝向民, 等, 2004. 新疆塔里木河下游断流河道输水的生态效应分析. 中国科学(D 辑: 地球科学), 34(5): 475-482.

陈亚宁, 李卫红, 陈亚鹏, 等, 2007. 新疆塔里木河下游断流河道输水与生态恢复. 生态学报, 27(2): 538-545.

陈亚宁, 郝兴明, 李卫红, 等, 2008. 干旱区内陆河流域的生态安全与生态需水量研究: 兼谈塔里木河生态需水量问题. 地球科学进展, 23(7): 732-738.

程国栋, 王根绪, 2006. 中国西北地区的干旱与旱灾: 变化趋势与对策. 地学前缘, 13(1): 3-14.

缑倩倩, 屈建军, 王国华, 等, 2015. 中国干旱半干旱地区湿地研究进展. 干旱区研究, 32(2): 213-220.

姜生秀, 安富博, 马剑平, 等, 2019. 石羊河下游青土湖白刺灌丛水分来源及其对生态输水的响应. 干旱区资源与环境, 33(9): 176-182.

孟阳阳, 何志斌, 刘冰, 等, 2020. 干旱区绿洲湿地空间分布及生态系统服务价值变化: 以三大典型内陆河流域为例. 资源科学, 42(10): 2022-2034.

石丽, 吐尔逊·哈斯木, 韩桂红, 2008. 塔里木河下游生态输水的背景、效益和存在的问题. 水土保持通报, 28(1): 176-180.

孙广友, 2000. 中国湿地科学的进展与展望. 地球科学进展, 15(6): 666-672.

吐尔逊·哈斯木, 石丽, 韩桂红, 等, 2008. 塔里木河下游植被和沙漠化对输水前后地下水变化的响应分析. 中国沙漠, 28(6): 1033-1038.

王根绪, 程国栋, 1999. 黑河流域土地荒漠化及其变化趋势. 中国沙漠, 19(4): 72-78.

王根绪, 程国栋, 2000. 西北干旱区水中氟的分布规律及环境特征. 地理科学, 20(2): 153-159.

王根绪, 程国栋, 沈永平, 2002. 干旱区受水资源胁迫的下游绿洲动态变化趋势分析: 以黑河流域额济纳绿洲为例. 应用生态学报, 13(5): 564-568.

王慧玲, 吐尔逊·哈斯木, 2020. 生态输水前后台特玛湖生态环境变化探究分析. 生态科学, 39(1): 93-100.

王磊，章光新, 2007. 扎龙湿地地表水与浅层地下水的水文化学联系研究. 湿地科学, 5(2): 166-173.
王丽春，焦黎，来风兵，等, 2019. 基于遥感生态指数的新疆玛纳斯湖湿地生态变化评价. 生态学报, 39(8): 2963-2972.
蔚亮，李均力，包安明，等, 2020. 塔里木河下游湿地面积时序变化及对生态输水的响应. 植物生态学报, 44(6): 616-627.
徐海量，宋郁东，王强，等, 2004. 塔里木河中下游地区不同地下水位对植被的影响. 植物生态学报, 28(3): 400-405.
徐海量，叶茂，李吉玫, 2007. 塔里木河下游输水后地下水动态变化及天然植被的生态响应. 自然科学进展, 17(4): 460-470.
郑丹，李卫红，陈亚鹏，等, 2005. 干旱区地下水与天然植被关系研究综述. 资源科学, 27(4): 160-167.
周爱国，马瑞，张晨, 2005. 中国西北内陆盆地水分垂直循环及其生态学意义. 水科学进展, 16(1): 127-133.
周茂箐，春喜，梁文军，等, 2018. 中国干旱区湿地变化与修复研究综述. 内蒙古农业大学学报(自然科学版), 39(2): 94-100.
朱长明，李均力，张新，等, 2014. 面向对象的高分辨率遥感影像湿地信息分层提取. 测绘通报(10): 23-28.
AESCHBACH-HERTIG W, GLEESON T, 2012. Regional strategies for the accelerating global problem of groundwater depletion. Nature Geoscience, 5(12): 853-861.
ANTUNES C, CHOZAS S, WEST J, et al., 2018. Groundwater drawdown drives ecophysiological adjustments of woody vegetation in a semi-arid coastal ecosystem. Global Change Biology, 24(10): 4894-4908.
BAO A, HUANG Y, MA Y, et al., 2017. Assessing the effect of EWDP on vegetation restoration by remote sensing in the lower reaches of Tarim River. Ecological Indicators, 74: 261-275.
BERTRAND G, GOLDSCHEIDER N, GOBAT J, et al., 2012. Review: From multi-scale conceptualization to a classification system for inland groundwater-dependent ecosystems. Hydrogeology Journal, 20(1): 5-25.
BOULTON A J, FENWICK G D, HANCOCK P J, et al., 2008. Biodiversity, functional roles and ecosystem services of groundwater invertebrates. Invertebrate Systematics, 22(2): 103-116.
BOYER A, HATAT-FRAILE M, PASSEPORT E, 2018. Biogeochemical controls on strontium fate at the sediment-water interface of two groundwater-fed wetlands with contrasting hydrologic regimes. Environmental Science & Technology, 52(15): 8365-8372.
CHEN Y, CHEN Y, XU C, et al., 2010. Effects of ecological water conveyance on groundwater dynamics and riparian vegetation in the lower reaches of Tarim River, China. Hydrological Processes, 24(2): 170-177.
CHENG G, LI X, ZHAO W, et al., 2014. Integrated study of the water-ecosystem-economy in the Heihe River Basin. National Science Review, 1(3): 413-428.
CROSBIE R S, MCEWAN K L, JOLLY I D, et al., 2009. Salinization risk in semi-arid floodplain wetlands subjected to engineered wetting and drying cycles. Hydrological Processes, 23(24): 3440-3452.

DALIN C, WADA Y, KASTNER T, et al., 2017. Groundwater depletion embedded in international food trade. Nature, 543(7647): 700-704.

DU Y, MA T, DENG Y, et al., 2017. Sources and fate of high levels of ammonium in surface water and shallow groundwater of the Jianghan Plain, Central China. Environmental Science: Processes & Impacts, 19(2): 161-172.

EAMUS D, FROEND R, LOOMES R, et al., 2006. A functional methodology for determining the groundwater regime needed to maintain the health of groundwater-dependent vegetation. Australian Journal of Botany, 54(2): 97-114.

FAN Y, 2015. Groundwater in the Earth's critical zone: Relevance to large-scale patterns and processes. Water Resources Research, 51(5): 3052-3069.

FAN Y, MIGUEZ-MACHO G, JOBBÁGY E G, et al., 2017. Hydrologic regulation of plant rooting depth. Proceedings of the National Academy of Sciences, 114(40): 10572-10577.

FOSTERS, KOUNDOURI P, TUINHOF A, et al., 2006. Groundwater dependent ecosystems: The challenge of balance assessment and adequate conservation. GW-MATE Briefing Note Series, Note 15. Washington DC: GW-MATE World Bank.

HAO X, LI W, HUANG X, et al., 2010. Assessment of the groundwater threshold of desert riparian forest vegetation along the middle and lower reaches of the Tarim River, China. Hydrological Processes, 24(2): 178-186.

HAO X, LI W, 2014. Impacts of ecological water conveyance on groundwater dynamics and vegetation recovery in the lower reaches of the Tarim River in northwest China. Environmental Monitoring and Assessment, 186(11): 7605-7616.

HAVRIL T, TÓTH Á, MOLSON J W, et al., 2018. Impacts of predicted climate change on groundwater flow systems: Can wetlands disappear due to recharge reduction? Journal of Hydrology, 563: 1169-1180.

HEINTZMAN L J, STARR S M, MULLIGAN K R, et al., 2017. Using satellite imagery to examine the relationship between surface-water dynamics of the salt lakes of Western Texas and Ogallala aquifer depletion. Wetlands, 37(6): 1055-1065.

HOSE G C, BAILEY J, STUMPP C, et al., 2014. Groundwater depth and topography correlate with vegetation structure of an upland peat swamp, Budderoo Plateau, NSW, Australia. Ecohydrology, 7(5): 1392-1402.

HOUSE A R, SORENSEN J P R, GOODDY D C, et al., 2015. Discrete wetland groundwater discharges revealed with a three-dimensional temperature model and botanical indicators (Boxford, UK). Hydrogeology Journal, 23(4): 775-787.

HU X, SHI L, ZENG J, et al., 2016. Estimation of actual irrigation amount and its impact on groundwater depletion: A case study in the Hebei Plain, China. Journal of Hydrology, 543(B): 433-449.

HUANG F, CHUNYU X, ZHANG D, et al., 2020a. A framework to assess the impact of ecological water conveyance on groundwater-dependent terrestrial ecosystems in arid inland river basins. Science of the Total Environment, 709: 136155.

HUANG F, OCHOA C G, CHEN X, et al., 2020b. An entropy-based investigation into the impact of ecological water diversion on land cover complexity of restored oasis in arid inland river basins. Ecological Engineering, 151: 105865.

JIANG B, XU X, 2019. China needs to incorporate ecosystem services into wetland conservation policies. Ecosystem Services, 37: 100941.

LIAO S, XUE L, DONG Z, et al., 2020. Cumulative ecohydrological response to hydrological processes in arid basins. Ecological Indicators, 111: 106005.

LIN J, MA R, HU Y, et al., 2018. Groundwater sustainability and groundwater/surface-water interaction in arid Dunhuang Basin, northwest China. Hydrogeology Journal, 26(5): 1559-1572.

MATA-GONZÁLEZ R, MARTIN D W, MCLENDON T, et al., 2012. Invasive plants and plant diversity as affected by groundwater depth and microtopography in the Great Basin. Ecohydrology, 5(5): 648-655.

ORELLANA F, VERMA P, LOHEIDE II S P, et al., 2012. Monitoring and modeling water-vegetation interactions in groundwater-dependent ecosystems. Reviews of Geophysics, 50(3): 1-24.

SCHMALZ B, SPRINGER P, FOHRER N, et al., 2009. Variability of water quality in a riparian wetland with interacting shallow groundwater and surface water. Journal of Plant Nutrition and Soil Science, 172(6): 757-768.

SUN Z, MA R, WANG Y, et al., 2016. Hydrogeological and hydrogeochemical control of groundwater salinity in an arid inland basin: Dunhuang Basin, northwestern China. Hydrological Processes, 30(12): 1884-1902.

SUWAL N, KURIQI A, HUANG X, et al., 2020. Environmental flows assessment in Nepal: The case of Kaligandaki River. Sustainability, 12(21): 8766.

WANG W, WANG Z, HOU R, et al., 2018. Modes, hydrodynamic processes and ecological impacts exerted by river-groundwater transformation in Junggar Basin, China. Hydrogeology Journal, 26(5): 1547-1557.

WHEATER H S, MATHIAS S A, LI X, 2010. Groundwater modelling in arid and semi-arid areas. New York: Cambridge University Press.

WHITE R P, NACKONEY J, 2003. Drylands, people, and ecosystem goods and services: A web-based geospatial analysis. Washington, D.C.: World Resources Institute.

WU X, MA T, WANG Y, 2020. Surface water and groundwater interactions in wetlands. Journal of Earth Science, 31(5): 1016-1028.

XIAO S, XIAO H, PENG X, et al., 2014. Hydroclimate-driven changes in the landscape structure of the terminal lakes and wetlands of the China's Heihe River Basin. Environmental Monitoring and Assessment, 187(1): 4091.

XU H, YE M, LI J, 2007. Changes in groundwater levels and the response of natural vegetation to transfer of water to the lower reaches of the Tarim River. Journal of Environmental Sciences, 19(10): 1199-1207.

XU W, SU X, 2019. Challenges and impacts of climate change and human activities on groundwater-dependent ecosystems in arid areas: A case study of the Nalenggele alluvial fan in NW China. Journal of Hydrology, 573: 376-385.

ZHANG M, WANG S, FU B, et al., 2018. Ecological effects and potential risks of the water diversion project in the Heihe River Basin. Science of the Total Environment, 619-620: 794-803.

ZHANG Y, ZHU G, MA H, et al., 2019. Effects of ecological water conveyance on the hydrochemistry of a terminal lake in an inland river: A case study of Qingtu Lake in the Shiyang River Basin. Water, 11(8): 1673.

ZHAO X, XU H, 2019. Study on vegetation change of Taitemar Lake during ecological water transfer. Environmental Monitoring and Assessment, 191(10): 1-11.

ZHOU N, ZHAO S, SHEN X, 2014. Nitrogen cycle in the hyporheic zone of natural wetlands. Chinese Science Bulletin, 59(2): 2945-2956.

ZHOU Y, LI X, YANG K, et al., 2018. Assessing the impacts of an ecological water diversion project on water consumption through high-resolution estimations of actual evapotranspiration in the downstream regions of the Heihe River Basin, China. Agricultural and Forest Meteorology, 249: 210-227.

ZHU Q, LI Y, 2014. Environmental restoration in the Shiyang River Basin, China: Conservation, reallocation and more efficient use of water. Aquatic Procedia, 2: 24-34.

第2章 干旱半干旱区内陆河流域中下游地表水与地下水的相互作用

2.1 内陆河流域地表水与地下水相互作用特征

干旱半干旱区流域水资源时空分布不均，水资源供需矛盾及生态退化等生态环境问题突出，塔里木河、黑河、石羊河等内陆河径流通常产于山区，出山后逐渐消耗于山前平原蒸发、渗漏、天然植被用水和绿洲及绿洲与荒漠交错带的社会经济用水，至尾闾湖后逐渐干涸、消失在荒漠中，形成明显的产流区、消耗区和消失区，地表水呈现时空分布不均、河川径流补给来源多样性、与地下水转化频繁等演化格局（王根绪 等，1999）。流域中下游泛滥平原是地表水和地下水之间的交界地带，水和溶质在地表水与地下水之间发生交互。该分界带处地下水系统是复杂的、动态的，在水量平衡中需要考虑库蓄交换、潜流带交换、滩上淹没与补给、蒸散发和地下水抽采等过程（Jolly et al.，2009）（图2-1）。地表水与地下水之间的转化是流域水循环过程的重要环节，二者相互作用机制和转化过程是流域水资源管理与保护的基础（雷米 等，2022；Ochoa et al.，2020；朱金峰 等，2017；Kalbus et al.，2006）。在大部分干旱地区流域中下游，降水-径流过程并不显著，但耗水-径流却是主导过程（Hu et al.，2016；Wang et al.，2014）。地表水与地下水的数量转化规律和地下水资源的时空分布特征，对科学、合理、有效地配置和利用水资源，协调社会经济发展与生态环境保护之间的用水矛盾，促进干旱区水文水资源学科、水文生态科学、农业科学的发展具有重要理论贡献，对指导干旱区水资源高效利用与环境保护具有重要的现实意义。

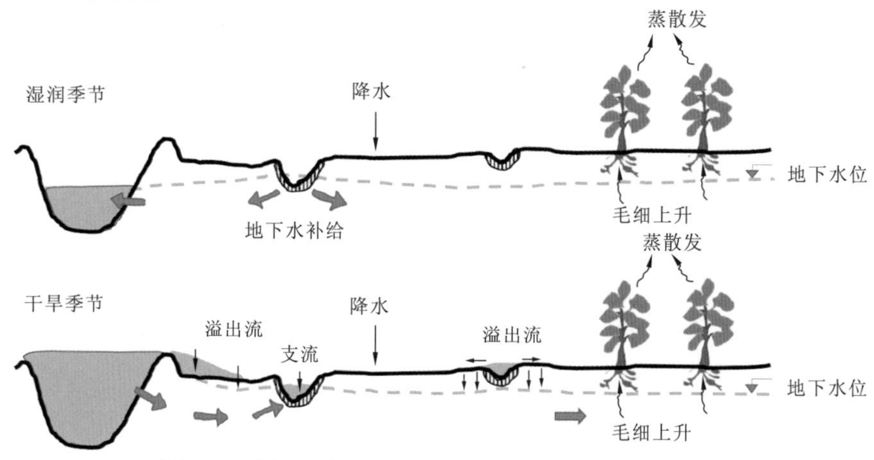

图 2-1　冲积平原重要的水文过程及各要素的相互作用

改自 Jolly 等（2009）

2.1.1 地表水与地下水转化关系

尽管地表水量并不丰富，干旱区地表水和地下水的相互作用经常发生。王文科等（2018）指出干旱地区河流与地下水之间存在着密切的水力联系，在流域尺度上二者发生多次相互转化，河流渗漏补给量占流域地下水补给量的 50%～90%，对流域地下水资源的形成具有重要意义。在西北干旱内陆盆地，发源于山区的河流主要受山区降水、冰川与融雪水和基岩裂隙水的补给；河流出山口进入盆地或者平原，在地质地貌和水文因素的影响下，河流与地下水经过多次相互转化，形成多级嵌套式水流系统，以河水-地下水-河水（泉集河）交互关系，构成盆地水资源转化和循环的基本方式。Wang 等（2018）总结了中国西北地区准噶尔盆地地表水和地下水相互作用的 4 种模式：第 1 种模式是由地形控制的河水与地下水的单次或两次转化；第 2 种模式是由河流流经两种地貌地质单元而产生的两次与地下水的转化；第 3 种模式是由地质和岩性特征控制的河水与地下水的三次转化；第 4 种模式是由地质和岩性结构控制的河水与地下水的四次转化。调水工程是缓解干旱盆地水资源短缺的常用方法，Lin 等（2018）研究了中国西北干旱内陆盆地调水工程引起的地下水和地表水交换量的变化，结果表明调水工程增大了地表水向地下水的渗漏量，抬升了地下水位，但同时也增大了盐渍化的风险。对季节性河流和距离河流较远区域的地下水补给的对比研究表明，地下部分的特性在决定地表入渗和地下水补给方面起着重要作用（Wheater et al.，2010）。

由于地下水与地表水之间的交互关系受到多种因素的制约，两者转化关系较为复杂，一直是水资源研究领域极其重要的一部分。地表水和地下水之间相互作用存在地表水补给地下水和地下水补给地表水两种不同的流动状态，不同流动状态取决于两者的水头差。以常年接受地下水补给的河流为例：当地下水位降低，地下水向河流排泄速率随之下降，直至两者达到水头相等；当地下水位进一步降低，地下水开始接受河水补给，且随着地下水位的下降，补给速率增大。上述两种情况中，河水与地下水具有统一的浸润曲线，两者之间水流状态为饱和流，且交换量与水位差呈线性关系，称为饱和连接状态（靳孟贵 等，2017；Brunner et al.，2009）。当地下水位继续下降，河床下方出现非饱和带，直至入渗速率不再随着地下水位下降而变化，此时地表水和地下水处于过渡状态，地下水面与河床之间的饱和度为深度的函数，地表水与地下水交换量与两者之间水位差不再呈线性关系。当地下水位进一步降低，河水入渗速率不再变化，渐近于一个恒定值，这时入渗速率不再响应下降的地下水位变化，此时地表水和地下水处于完全脱节状态，地表水以淋滤方式补给地下水。河床沉积物的存在可加剧脱节情景的出现，此外，在河流附近抽采地下水也可导致脱节型河流。当河流完全处于脱节状态时，进一步降低地下水位，河流脱节位置的入渗速率不会显著增加，但脱节河流的长度会增加（图 2-2）。当地下水位抬升时，河流与地下水的关系可出现由完全脱节到饱和连接的反向演化（Hu et al.，2016）。

在鄂尔多斯盆地海流兔河流域，Yang 等（2014）和 Zhou 等（2013）使用流域尺度的基流指数、水力和水温方法及子流域尺度的事件水文过程线分离技术确定了地下水和地表水的相互作用，结果表明几乎 90%的河流排泄由地下水组成。在海流兔河流域，河

连接状态

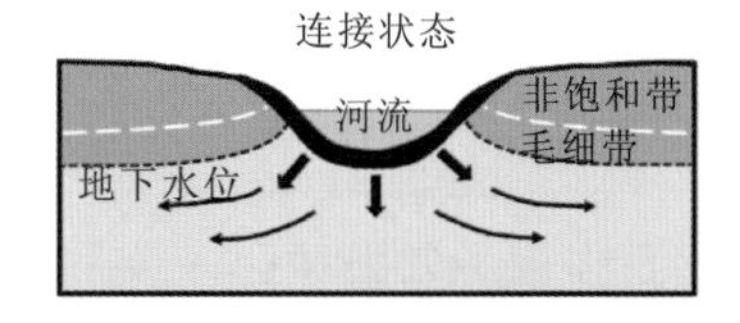

过渡状态

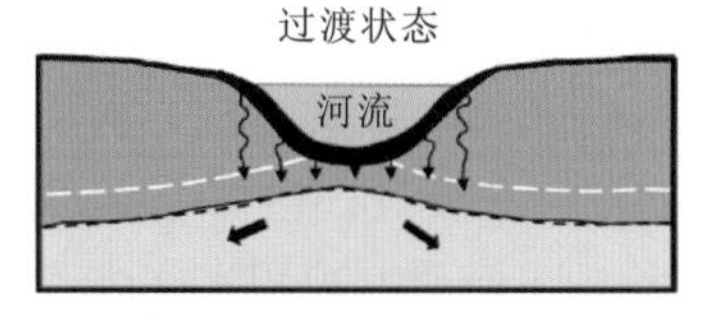

脱节状态

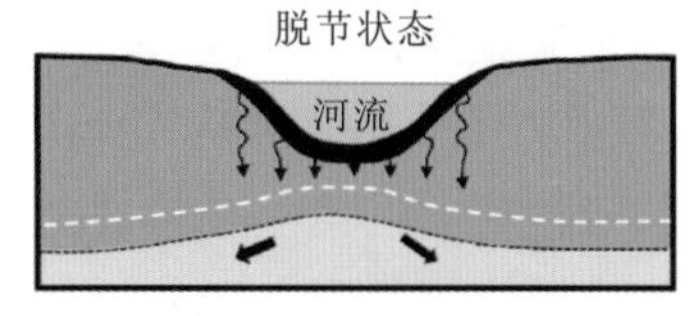

（a）地表水与地下水之间的流动状态

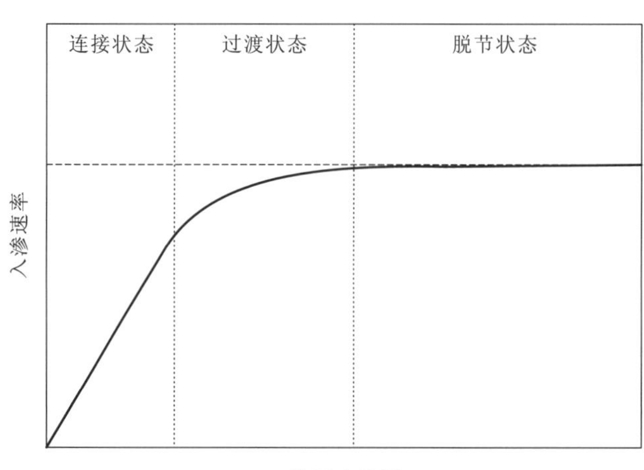

（b）地表水入渗补给地下水的速率变化

图 2-2　地表水与地下水之间转化关系示意图

引自 Brunne 等（2009）

流的排泄高度依赖地下水。Yang 等（2014）采用多种方法定量分析了地下水与地表水交互作用关系（表 2-1）：地下水位和河水位的观测表明了地下水持续排泄至河流，不同深度的河水、河床的温度分析证明了上述结果，水化学和同位素基流分割结果显示，即使在降雨期间，河水也主要来源于地下水排泄。在测流试验期间，通过测量河水沿程电导率，进一步估算了某一河段沿程地下水排泄量的变化，在相对均一的砂岩含水层，地下水沿河流的排泄量也表现出较大的空间分布差异。河流年平均流量占地下水流量的近 90%。在次级流域尺度上，水头和温度及同位素调查表明了地下水流量是河流流量中最重要的组成部分。即使在暴雨期间，洪水水文曲线也包含了超过 70%的地下水流量。

表 2-1　地下水-地表水相互作用的监测和数据分析方法

尺度	监测方法	数据	分析方法
流域	水文站	每日河流排泄（1957～2007 年）	径流分割
次级流域	水文站	每小时河水位和流量（2011 年）	同位素与水位相结合
	同位素采样	氘氧同位素（2011 年 7 月 1～5 日）	同位素与水位相结合
	监测井测样	每小时河水位（2010～2011 年）	水力梯度
	不同深度上温度传感器	每小时温度（2010～2011 年）	稳态解析解

Zhao 等（2018）利用多种水化学和环境同位素（D、^{18}O 和 ^{222}Rn）示踪剂的监测结果，研究了中国西北部柴达木盆地诺木洪地区两条河流（田格里河和诺木洪河）沿线地下水与地表水之间的相互作用。诺木洪冲积湖平原西缘沿田格里河 10～15 km 的总补给区，河流完全由泉水和地下水排泄补给。沿诺木洪河约 10 km（26～36 km）的部分补给区，河流从地下水排泄中获得部分补给。在诺木洪河中游沿河段约 2.1 km 距离内，使用 ^{222}Rn 质量平衡模型估算出最大地下水流量为 0.37 m^3/s，占河流流量的 8.2%。

2.1.2 地表水与地下水水量交换过程

自然和人类活动引起的气候变化都会影响水文循环中地表水和地下水的时空数量和质量分布（Green et al.，2011）。关于干旱区流域中下游地下水与河水的相互作用，除研究地下水与河水的转换关系外，两者交换量的计算也成为研究的重点和热点。气候变暖引起的降水量和蒸发量的变化可以直接影响地下水的补给，间接影响地下水的使用和开采。在一些干旱和半干旱地区，地下水补给的巨大变化可能是由降水的微小变化引起的（Woldeamlak et al.，2007）。对美国加利福尼亚州中央河谷的研究表明，地下水位的显著下降可能是由轻度至严重干旱引起的，并且预测在未来 30 年内不会恢复（Miller et al.，2009）。气候变化也对地下水和地表水的相互作用产生了重大影响（Gosling et al.，2011）。气候变化引起了可利用的地表水减少，因此人类对地下水开采的需求增加（Russo et al.，2017）。在一些干旱和半干旱地区，强烈的人类活动和气候变化导致地下水排泄量减少和地下水位下降，地下水补给的泉水、湖泊、溪流和湿地随之出现干涸或消失（Lin et al.，2018；Heintzman et al.，2017；Xiao et al.，2015）。许多研究也报道了调水工程对地下水流场和地下水质量的巨大影响。Lin 等（2018）发现中国西北部敦煌盆地的输水工程增加了土壤盐化的风险。内陆河流域的水源保护项目加强了对河流中游地下水的开发，同时减少了下游地下水的河流渗漏（Wang et al.，2016；Schilling et al.，2014）。

基于物理机制模型的地表水与地下水交换研究可以刻画地表水流动过程的时空变化，量化地下水补给和地下水的排泄特征，以及评估干旱和半干旱地区的水资源管理（Wheater et al.，2010）。地下水在为干旱和半干旱地区的农业和植被生态系统提供水源方面发挥着关键作用，因此，地下水与地表水的相互作用是水系统-生态系统-农业系统的一个关键环节（Sun et al.，2018）。理解和构建地下水与地表水的相互作用及其与农业生态系统的联系的模型对地下水的可持续性至关重要。综合生态水文模型为理解复杂系统和农业水资源管理提供强有力的技术支持（Sun et al.，2018）。然而，目前这样的综合模型研究和应用仍然不足。诸如地表水调水、地下水开采和灌溉等农业活动可显著影响地表水和地下水的流动状况，从而使地下水与地表水的相互作用更加复杂化（Tian et al.，2015a）。现有的数据和信息需要通过地表水和地下水系统的综合建模来同化。在农业集约化的半干旱和干旱地区，特别是在大型流域中，地表水-地下水相互作用和农业用水是两个关键且密切相关的水文过程。Tian 等（2015a）将能够模拟高度工程化流动系统的暴雨洪水管理模型（storm water management model，SWMM）与地下水地表水耦合流动模型（coupled groundwater and surface-water FLOW model，简称 GSFLOW）相结合，研究了黑河流域张掖盆地地下水与地表水的相互作用，模拟 2000～2008 年水均衡情况，应用模型计算出系统中地下水与地表水的交换水量。由结果可知，黑河干流渗漏量为 5.3 亿 m^3/年，向干流排放地下水为 7.0 亿 m^3/年。通过比较年平均值、7 月（渗漏量最高）和 1 月（渗漏量最低）的水量，可以发现地表水与地下水交换量的季节性变化。含水层同时发挥着巨大的地下水库的作用，在雨季，含水层地下水得到补充，而在旱季，则将地下水排泄至河流。

在博斯腾湖焉耆盆地，Wu 等（2018）使用模块化三维有限差分地下水流动模型（modular

three-dimensional finite-difference ground-water flow model，简称 MODFLOW），构建了开都河不同河段的地下水流动模型，以研究由地下水开采不断增加引起的地下水与地表水相互作用的变化。模拟结果表明，2000～2013 年研究区内黄河中游流域的河道渗流总量由 $1.05\times10^8\ m^3$/年增加到 $6.17\times10^8\ m^3$/年，地下水开采量的增加引起河流向地下水补给增加，造成开都河下游和博斯腾湖的地下水位下降。河流-含水层水量交换的时空分布受自然和人为等影响因素的控制。在系统内部，冲积平原的地表水与地下水交换主要由含水层和河流沉积物特性、地下水水力梯度、河流的位置和结构三类因素控制，它们共同决定着地表水地下水交换的水量、方向和空间分布等；在系统外部，气候因子和人类水资源开采活动则间接影响着该系统的演化（雷米 等，2022；Winter，1999）。

2.1.3 地表水与地下水相互作用的生态环境效应

由于河岸带的周期性淹水，干旱区内陆河流域中下游的氧化还原条件变化复杂，可能也是生物地球化学反应的活跃区（Dwivedi et al.，2018）。Wang 等（2021）通过野外调查、动态观测、典范对应分析和相似性分析方法研究玛纳斯河流域不同河流-地下水关系类型的植物组成和多样性，结果表明河流-地下水关系的时空变化控制了物种组成和侧向分带性。在地下水位波动带内，汛期地下水埋深和含盐量均呈下降趋势，且湿生草本植物和中生灌木植物的比例较大，多样性最高。当枯水期河流取水，河岸地下水埋深在 4～5 m 以下时，强烈的蒸发结晶作用导致 Cl^-、Na^+和 SO_4^{2-} 富集，总含盐量（total dissolved solids，TDS）大于 6～10 g/L，植物在地下水波动带外退化为多样性较低的盐生草本和灌木。枯水期如果河流干涸，河岸地下水埋深可达 6～10 m 或以上，植物在水分胁迫下退化为旱生草本、中生和旱生灌木，在地下水位波动带外多样性较低。

Alaghmand 等（2014）使用基于物理的完全集成数值模型，研究了 Murry 河流域下游在受地下水位下降强烈影响情况下河流与盐渍漫滩之间的复杂相互作用（图 2-3）。研究结果表明，随着河水位上升，会产生相对较少含盐量的泛滥平原含水层和较大的淡水透镜体。一是河水位的上升使得地下水对洪泛区的咸水补给减少，二是增加的河岸蓄水能够在高流量脉冲期间通过将淡水与咸水地下水混合来使河岸附近的地下水变淡。这启示我们河流水位的控制可以作为一种短期的盐分管理技术。在澳大利亚，区域地下水天然含盐量通常都较高，并且是洪泛区盐分的主要来源。由于周围高地的人为调控灌溉措施增加，地下水补给量可能会增加，可能产生地下水丘。

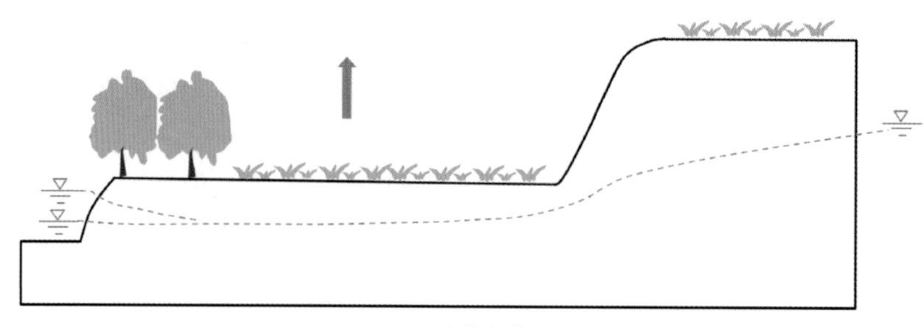

（a）自然条件下

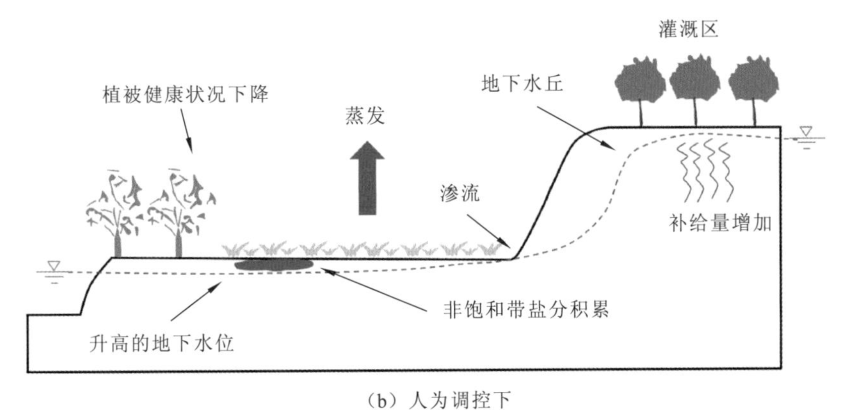

（b）人为调控下

图 2-3　澳大利亚 Murry 河流域下游地区地下水与地表水相互作用示意图

引自 Alaghmand 等（2014）

在干旱区，地下水排泄对维持河道基流量具有重要的作用，尤其是在枯水季节。但是随着我国西北干旱区人类活动引起的地下水位下降，河道基流量大幅度减少，严重威胁着河道生态环境健康（王文科 等，2018）。地下水可以直接支撑植被生态系统，也可以通过排泄到湿地和湖泊等来维持湿地生态系统。有些地表/陆地生态系统由含水层出口附近的泉水和湖泊等支撑，从本质上讲，是地下水型生态系统。地下水型生态系统的恢复力取决于当地的气象条件和土壤层的供水能力（如土壤质地影响土壤水流路径和对根系的可及性）。在干旱条件下，降雨频率可能会减少，但平均降雨深度可能会增加，从而导致地下水补给量增加，使得根系更深的植被可以部分抵消气候变化带来的影响（Liu，2011）。由于气候变化，在高纬度和高海拔地区的雪和冰川补给系统中，可能会出现普遍的地下水位升高（Beniston，2006）。在这种条件下，树木的恢复能力主要取决于该物种对缺氧条件的适应能力（如失去最深的根、产生较浅的根或适应缺氧的根），但这种能力难以评估（Groeneveld，1990；Groeneveld et al.，1988）。泉水依赖地下水的连续排泄，形成地下水-地表水和水-陆生物过渡带，是河流景观生物多样性的重要组成部分（Ward et al.，2001）。泉水和泉水补给的溪流被认为是物理稳定的环境，支撑着稳定的生物群落（Barquin et al.，2006）。鉴于地下水系统的热状态比地表水对气温的响应弱，在泉水生态系统中，气温变化的影响可能不那么明显。然而，气候变化引起的补给变化可能会对春季群落产生深远的影响。这种变化可能反映在夏季地下水位的下降上，但冬季地下水位的上升和相关的洪水可以通过加强水生和陆地环境之间的联系，引起水化学变化，从而更强地影响生物群落（Green et al.，2011）。

2.2　地表水与地下水相互作用的多方法示踪与应用

2.2.1　地表水与地下水相互作用的示踪方法

了解和定量估计地表水和地下水之间的相互转化关系及交换量，对实现水资源利用的可持续发展和生态环境保护具有重要意义（Yang et al.，2020；Liao et al.，2018；Cartwright et al.，2015a；Su et al.，2015；Chapman et al.，2007）。例如，地表水与地下水交换通量的计算结果可以为水资源量评价提供数据，从而避免对水资源量的重复计算，并可为水资源协同管理提供支持（Singh，2014；Peranginangin et al.，2004）。此外，地下水或地表水某一方的污染会影响另一方，因此，研究地表水和地下水之间的相互作用对更好地管理水质也非常必要（Khan et al.，2019；Zhu et al.，2019；Cook，2013；Winter，1999）。

为了有效评估地表水和地下水的相互作用，目前已经开发了若干种方法，包括流量测量（Cartwright et al.，2013；McCallum et al.，2012；Harte et al.，2009）、电导率测定（Lucía et al.，2019；Gilfedder et al.，2015）、温度示踪（Rau et al.，2017，2010；Anibas et al.，2009）、数值模拟（Yang et al.，2017；Tian et al.，2015b；Kurylyk et al.，2014）、水化学示踪（Kong et al.，2019；Cartwright et al.，2015b，2011）、稳定同位素示踪（如水的 δ^2H 和 δ^{18}O，硫酸盐的 δ^{34}S-SO_4 和 δ^{18}O-SO_4，^{87}Sr/^{86}Sr 比值）（文广超 等，2018；Zhao et al.，2018；Brenot et al.，2015）和放射性同位素示踪（Yang et al.，2020；Gilfedder et al.，2015；Su et al.，2015；Cook et al.，2008）等。

通过短暂的河床补给，河水被认为是干旱地区含水层中地下水补给的主要来源；然而，这种补给的量化研究总体还比较少。Shanafield 等（2014）统计了世界多个干旱地区可用的基于现场的含水层补给研究的文献，量化短暂和间歇性水流渗透补给含水层的方法主要包括 7 种：受控入渗实验、含水量变化监测、温度示踪方法、水均衡方法、洪水波前缘追踪、地下水丘估算和地下水测龄。进一步，通过文献调研分析了不同方法应用的时间尺度和空间尺度，以及每种方法的优点和局限性。Kalbus 等（2006）对比了不同方法在场地的适用条件，并强调了在研究中使用多种方法的优点，以避免任何单一方法固有的缺陷，如图 2-4 所示。在选择其中的一种或多种方法时，应该先收集已有数据并分析场地条件，确定研究需求。在计算过程中，还要进行示踪结果的不确定性分析，并结合长期数据的收集和分析，进一步核算地表水传输损失、渗透估算量与实际含水层补给量。朱金峰等（2017）对比了地表水与地下水相互作用的主要研究方法的特点，见表 2-2。

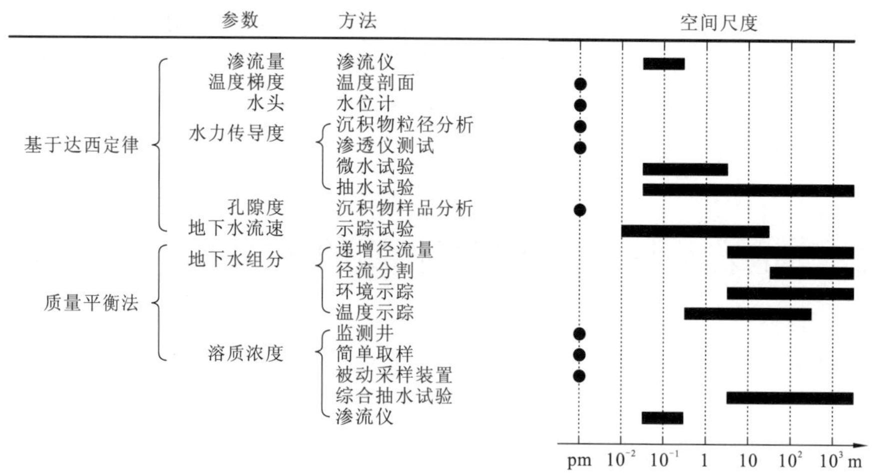

图 2-4　不同地下水与地表水相互作用研究方法的适用空间尺度

空间尺度由影响的半径或距离确定，点代表点尺度测量；引自 Kalbus 等（2006）

表 2-2　地表水与地下水相互作用的主要研究方法对比

研究方法	技术手段	适用情况	主要特点
直接水量测量	利用渗漏测量仪对含水层-河床界面的点尺度水量通量进行观测	实际研究应用较少	测得的是点尺度数据
间接实验法	通过相关的温度观测和热力学方法进行建模推算	在应用中需要较多假设条件	相关的参数依赖估计值，难以考虑地表水量的变化响应
水量平衡法	分为多断面流量观测、河道径流分割和物质追踪等，借助离子示踪、同位素技术等确定地表水和地下水交界处的水量交换	实际应用较为广泛	方法灵活，可结合多种信息源数据进行分析推算

注：引自朱金峰等（2017）

在这些方法中，水化学示踪和同位素示踪方法适合识别并量化区域尺度地表水与地下水相互作用的时空格局（Gil-Márquez et al.，2019；Lucía et al.，2019；Zhao et al.，2018；Xie et al.，2016）。各种化学和同位素示踪剂可用于研究地下水与地表水的相互作用，例如，水的 ^{2}H（即 D）和 ^{18}O 同位素是非常有用的天然示踪剂，可定性识别水分来源和定量评估地下水补给地表水量（Kong et al.，2019；文广超 等，2018）。分析地表水和地下水之间的水化学参数（如电导率和主要离子，特别是 Cl^{-}和 Na^{+}等）的变化也可以有效地确定地下水排入河流的量（Gilfedder et al.，2015；Cartwright et al.，2011；Stellato et al.，2008）。研究表明，氯氟化碳（chlorofluorocarbons，CFCs）对定量估计河流与地下水的交换通量非常有效，这是因为与河水相比，地下水中的 CFCs 浓度较低（Cook et al.，2003）。六氟化硫（SF_6）也可以作为指示河流与地下水相互作用的一个水化学组分（Cook et al.，2006）。通过分析地表水及邻近地下水中的人为钆（Gd），可以追踪地表水与地下水的混合情况（Boester et al.，2020）。锶（Sr）同位素也可以作为地下水与地表水相互作用的示踪剂（Frei et al.，2020）。此外，一些放射性核素也有助于研究地下水与地表水的相互作用。例如，利用河流水的铀（U）系列（如 $^{234}U/^{238}U$ 的比值）可以计算来自深层含水层和浅层含水层的流量贡献（Navarro-Martinez et al.，2017；Schaffhauser et al.，2014）。镭（Ra）与盐度呈正相关，是确定淡水地下水和含盐地表水相互作用的有用示踪剂（Moore，2007，1996）。氡（^{222}Rn）是由 ^{226}Ra 放射性衰变产生的，具有 3.83 天的短半衰期，可以扩散到地下水中，并在大约五个半衰期后达到生产和衰变之间的长期动态平衡（Cartwright et al.，2015b；Cecil et al.，2000）。由于放射性衰变和大气逃逸，地表水中的 ^{222}Rn 浓度远低于地下水；当富含 ^{222}Rn 的地下水流入地表水时，地表水中的 ^{222}Rn 浓度显著增加（Yang et al.，2020；Su et al.，2015；Cook et al.，2008；Ellins et al.，1990）。因此，^{222}Rn 是一种很好的示踪剂，可用于定量计算地表水与地下水的交换通量（Yang et al.，2021；Lucía et al.，2019；Liao et al.，2018；Zhao et al.，2018；Cartwright et al.，2011；Stellato et al.，2008；Wu et al.，2004）。

D'angelo 等（1993）、Harvey 等（1993）、Morrice 等（1997）和 Hart 等（1999）已经提出了使用溶质示踪剂来表征地表水与地下水交换的研究。因地表水与地下水相互作用的复杂性，以及生态水文研究中对水流模式刻画的精细需求，已有的水化学和同位素示踪法、水位与渗流的直接观测及计算法等很难满足精度要求。与之相比，热示踪剂对水流作用的反映强烈且迅速、灵敏度高、成本低、易操作，方便在空间进行密集的连续监测，使得温度示踪方法非常适用于小尺度上地下水流动途径及滞留时间的刻画。此外，温度数据还可用于水流模型的进一步校正，提高地下水流速分布及地表水与地下水交换量的计算精度。利用温度示踪法及水热耦合模型可对河水–地下水作用带内的水流途径、滞留时间、河水与地下水交换量等进行精细刻画。已有的大量研究表明在河流和河床环境中温度普遍具有空间变异，温度数据有助于了解地表水与地下水交换的空间变化。但是也有研究指出在点上的有限监测显示出的空间异质性不足以捕捉到水流的空间分布特征。因此，尺度扩展研究变得非常有必要，以期刻画大尺度上的地表水与地下水交换，并能够尽量减少监测工作量（Gabriel et al.，2014）。结合多种示踪方法被认为是一种更有效的研究方法（Yang et al.，2021）。为了给水文循环过程的理解和水资源管理提供有用的指导，Cox 等（2007）利用热、氯和电导率这三种示踪剂研究了河水与地下水的相互作用过程，并计算了两者的水量交换，经对比分析发现温度示踪法的研究结果与氯、电导率示踪法的研究结果基本一致。在水库渗漏勘察中，张清华等（2021）首先基于温度示踪、电导率示踪对绕坝渗漏形式进行了定性分析，然后利用人工示踪对渗漏进行了定量分析，最后分析得到了具体的渗漏路径。Lamontagne 等（2021）利用几个环境示踪剂（水中的 δD 和 $\delta^{18}O$、25℃电导率、氯化物和 ^{222}Rn），评价了南澳大利亚州 Light 河沿拟开采矿附近 8 km 段的地下水与地表水相互作用。

2.2.2 地表水与地下水相互作用的示踪应用实例

Yang 等（2021）在中国西北巴音河流域利用水化学示踪和同位素（D、^{18}O 和 ^{222}Rn）示踪揭示了补给水源，并识别了沿流动路径的地表水与地下水相互作用；利用 ^{222}Rn 质量平衡模型定量估算了地下水与河水的交换通量，该研究的具体结果和分析如下。

1. 水化学特征

由降水、河水、湖水和地下水（潜水、承压水）的 Piper 三线图（图 2-5）可知，潜水与河水的水化学类型基本相似，说明潜水与巴音河的相互作用较为密切。而承压水的水化学类型相对简单，为 HCO_3·Cl-Ca·Na 或 HCO_3·SO_4-Ca·Na。可鲁克湖水体水化学类型为 HCO_3·Cl-Na、Cl·SO_4-Na·Mg 和 Cl-Na·Mg，而托素湖（终端湖）水体则为 Cl·SO_4-Na·Mg。与总含盐量的差异相似，水化学类型的差异也意味着两个湖泊的补给和排泄过程不同。

2. 稳定同位素特征

降水、地表水和地下水等的稳定同位素组成见表 2-3 和图 2-6。所有地表水和地下水样品均接近全球大气降水线（global meteoric water line，GMWL）为 $\delta D=8\delta^{18}O+10$，表明研究区内的水是由大气降水补给的。研究区平原局部大气水位线（local meteoric water line，LMWL）为 $\delta D=8.47\delta^{18}O+15.2$；局部蒸发线（local evaporation line，LEL）为 $\delta D=5.12\delta^{18}O-12.88$（$R^2=0.98$），其斜率和截距均小于 LMWL，这与研究区干旱气候特征有关。

雨雪样品采集于平原区北部。雪水的 δD 和 $\delta^{18}O$ 的平均值分别为−78.40‰和−11.50‰。夏季雨水的同位素数据较为富集，δD 和 $\delta^{18}O$ 的平均值分别为−13.27‰和−2.12‰。河水

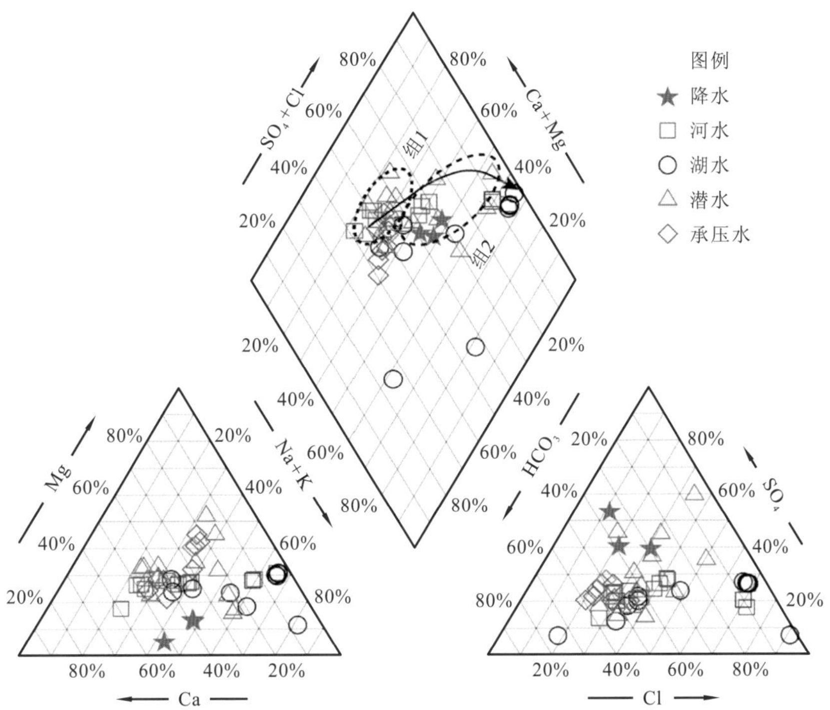

图 2-5　巴音河流域降水、河水、湖水和地下水（潜水、承压水）的 Piper 三线图

黑色箭头表示水化学的演变方向；引自 Yang 等（2021）

和地下水的 δD 稳定同位素值为−67.35‰～−45.12‰，δ^{18}O 稳定同位素值为−10.41‰～−6.09‰，δ^{18}O 的贫化程度大于降水，但富集程度大于降雪。然而，大多数地表水和地下水样品主要位于 LMWL 左侧[图 2-6（a）]，说明平原区较少降水补给地下水和地表水。根据先前对当地水分循环的研究可知，蒸发产生的水汽可以输送到山区，然后凝结成降水，具有高 δD 的特征，位于平原区 LMWL 的左侧。此外，巴音河流量的时间序列曲线与降水的时间序列曲线相似，说明河流流量的动态变化主要受降水动态控制。因此，山区降水是当地水的主要补给源。

河水样品采自巴音河和涟水河，其中，巴音河样品的 δD 值为−61.98‰～−56.04‰，δ^{18}O 值为−9.50‰～−8.55‰，平均值分别为−58.82‰和−9.05‰。从图 2-6（b）可以看出，巴音河样品与潜水位于同一区域。而与巴音河样品相比，涟水河和湖泊样品主要具有富集的同位素特征。此外，托素湖水的稳定同位素浓度（δD=−35.02‰～8.39‰，δ^{18}O=−3.95‰～3.45‰）高于可鲁克湖水（δD=−56.14‰～−39.20‰，δ^{18}O=−8.64‰～−5.59‰）。可鲁克湖水的同位素比值总体上接近于潜水和巴音河水的同位素比值；连接两个湖泊（托素湖和可鲁克湖）的涟水河的同位素值（δD=−56.03‰～−45.12‰，δ^{18}O=−8.06‰～−6.09‰）略低于可鲁克湖。

潜水的 δD 和 δ^{18}O 变化区间为−64.60‰～−55.11‰和−10.20‰～−8.65‰，平均值分别为−59.40‰和−9.22‰（表 2-3），线性回归直线的潜水 $\delta D=5.84\delta^{18}O-5.59$（$R^2$=0.60）的斜率和截距小于 GMWL，表明潜水经历了蒸发。然而，承压水的 δD 和 δ^{18}O 范围分别为−67.35‰～−60.27‰和−10.41‰～−9.39‰，平均值分别为−65.20‰和−10.08‰，相比潜水略有减少。此外，承压水样品位于潜水的左下方，说明承压水不受蒸发作用影响。

表 2-3　雨水、雪水、河水、湖水和地下水的物理化学参数和同位素数据

样品类型	$n(m)$[a]/个	T/℃			pH			TDS/（mg/L）			$\delta^{18}O$/‰			δD/‰			^{222}Rn/（Bq/m^3）		
		最大值	最小值	平均值	最大值	最小值	平均值	最大值	最小值	平均值	最大值	最小值	平均值	最大值	最小值	平均值	最大值	最小值	平均值
雨水[c]	3（0）	n.a.[b]	n.a.	n.a.	8.0	7.8	7.9	541.0	52.0	296.5	0.21	−3.70	−2.12	−12.00	−15.64	−13.27	n.a.	n.a.	n.a.
雪水	7（0）	n.a.	n.a.	n.a.	7.2	7.2	7.2	244.1	244.1	244.1	−2.19	−20.05	−11.05	32.40	−141.73	−78.40	n.a.	n.a.	n.a.
河水[d]	13（12）	10.1	0.3	5.2	8.7	7.6	8.2	2 766.0	373.1	1 033.1	−6.09	−9.50	−8.67	−45.12	−61.98	−57.22	1 722.4	63.0	533.82
可鲁克湖水	7（6）	7.1	0.7	3.1	8.2	7.1	7.7	923.7	183.6	435.4	−5.59	−8.64	−7.28	−39.20	−56.14	−49.85	362.81	7.63	112.65
托素湖水[e]	5（4）	1.1	1.1	1.1	8.9	8.2	8.7	7 735.0	3 859.0	6 083.8	3.45	−3.95	−2.01	8.39	−35.02	−23.71	35.04	18.03	26.50
潜水	21（6）	11.3	7.6	9.0	8.2	7.2	7.8	8 954.0	322.0	1 102.1	−8.65	−10.20	−9.22	−55.11	−64.60	−59.40	29 848.65	6 166.05	16 615.70
承压水	6（2）	9.6	7.1	8.2	8.1	7.6	7.8	626.5	345.2	522.97	−9.39	−10.41	−10.08	−60.27	−67.35	−65.20	29 355.08	17 913.88	23 634.48

注：[a] n 表示样品数量，m 表示 ^{222}Rn 测试样品数量；[b] n.a.表示没有数据或没有分析；[c] 仅有一个雪水样品和两个雨水样品用于分析 pH 和 TDS；[d] 河水样品采自巴音河和涟水河；[e] 仅一个托素湖水样品用于测量温度；引自 Yang 等（2021）

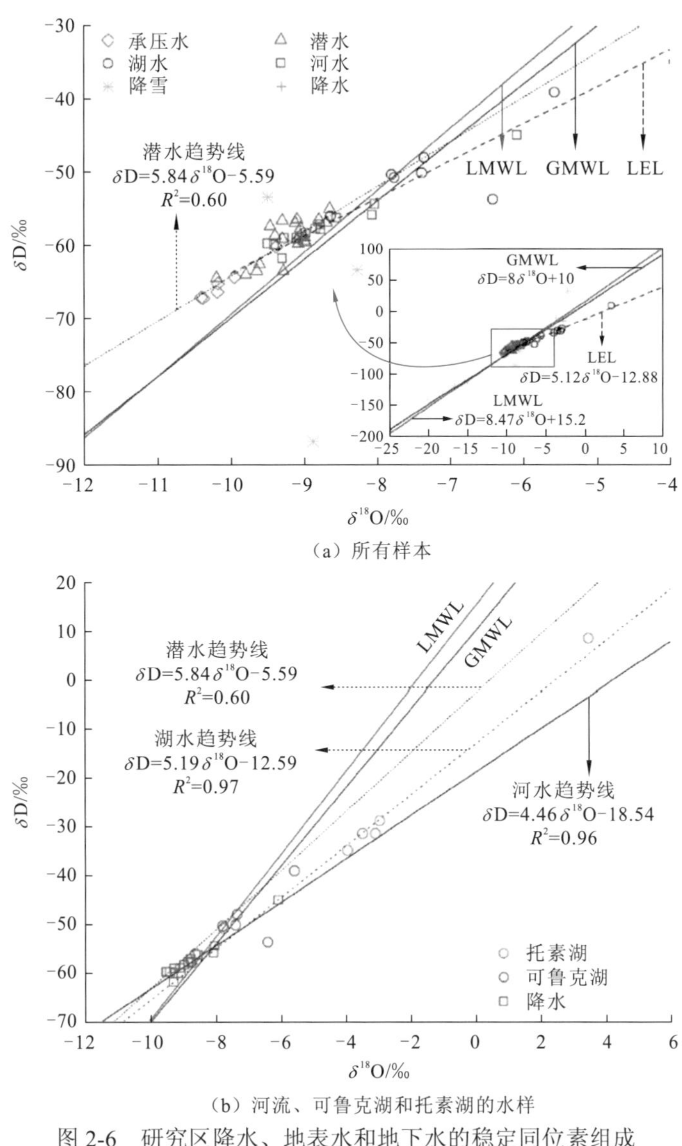

图 2-6　研究区降水、地表水和地下水的稳定同位素组成

引自 Yang 等（2021）

3. 地表水与地下水相互作用的空间分布特征

1）稳定同位素的指示作用

通过分析沿巴音河水流路径上地下水和河水稳定同位素的变化，确定地表水与地下水相互作用的空间分布特征。巴音河水体与潜水稳定同位素组成密切，表明两者之间存在频繁的水力联系。巴音河 δD 和 δ^{18}O 在中游（0～30 km）有明显的波动，在下游（30～55 km）稳定（δD=−59.18‰～−56.40‰，δ^{18}O=−9.27‰～−8.55‰）。地下水稳定同位素先富集后枯竭，δD 从−59.84‰先上升到−55.11‰，再下降到−63.65‰，δ^{18}O 从−9.08‰先上升到−8.65‰，再下降到−9.65‰，反映了水体深度<10 m 的冲洪积平原远端蒸发对地下水的影响。地下水 δD 和 δ^{18}O 耗竭最多的位置在 40 km 左右，水文地质结构由单层向多

层转变，蒸发影响最弱。此外，在冲洪积平原（<30 km），河水（R2、R3、R4 和 R5 样点）与地下水（P1、P2、P3 和 P4 样点）的稳定同位素比值接近，但在 25 km 附近明显减少，表明河水和地下水交互变化从接受河流渗漏转为地下水向河流排泄。然而，在下游（>30 km），地下水与河水的同位素值类似，地下水的同位素值显示出沿流程增加的趋势（δD、δ^{18}O 分别为-63.65‰～-59.20‰、-9.65‰～-9.30‰），指示河流发生渗漏。可鲁克湖的同位素比值更接近潜水和巴音河水，说明可鲁克湖由巴音河水和潜水直接补给。涟水河稳定同位素明显小于可鲁克湖，表明涟水河也受到当地地下水的补给。托素湖的稳定同位素较涟水河和可鲁克湖富集，表明托素湖处于不断蒸发过程中。

2）^{222}Rn 的指示作用

为进一步确定地下水和地表水之间的交互作用，研究分析了地下水、河水和湖水的 ^{222}Rn 浓度（图 2-7）。地下水 ^{222}Rn 浓度比河水高 1～3 个数量级。沿巴音河道，河水 ^{222}Rn 浓度变化趋势为：从 106.40 Bq/m^3（R2 样点）上升到 1 722.41 Bq/m^3（R6 样点），然后下降到 365.72 Bq/m^3（R10 样点）。而地下水 ^{222}Rn 浓度从 29 848.65 Bq/m^3 下降到 8 768.53 Bq/m^3，然后上升到 18 919.91 Bq/m^3。在冲洪积平原顶端和中部（<20 km），黑石山水库流出后，在此河段河水（R2、R3 和 R4 样点）的 ^{222}Rn 浓度的平均值为 81.70 Bq/m^3，显示略有减少（从 106.40 Bq/m^3 减少到 63.00 Bq/m^3），这可能是由于放射性衰变和气体交换；而此河段地下水（P1、P2、P3 样点）的 ^{222}Rn 浓度从 29 848.65 Bq/m^3 显著下降到 8 768.53 Bq/m^3，表明冲洪积平原顶端和中部（<20 km）的地下水是由巴音河渗漏补给的。此外，地下水流场显示的地下水位低于河流水位，是该地区河流向地下水渗漏的另一个证据。在冲洪积平原前缘和冲湖积平原上部（20～45 km），地下水 ^{222}Rn 浓度从 8 768.53 Bq/m^3 逐渐增加到 18 919.91 Bq/m^3。需要注意的是，泉 P7 样点的 ^{222}Rn

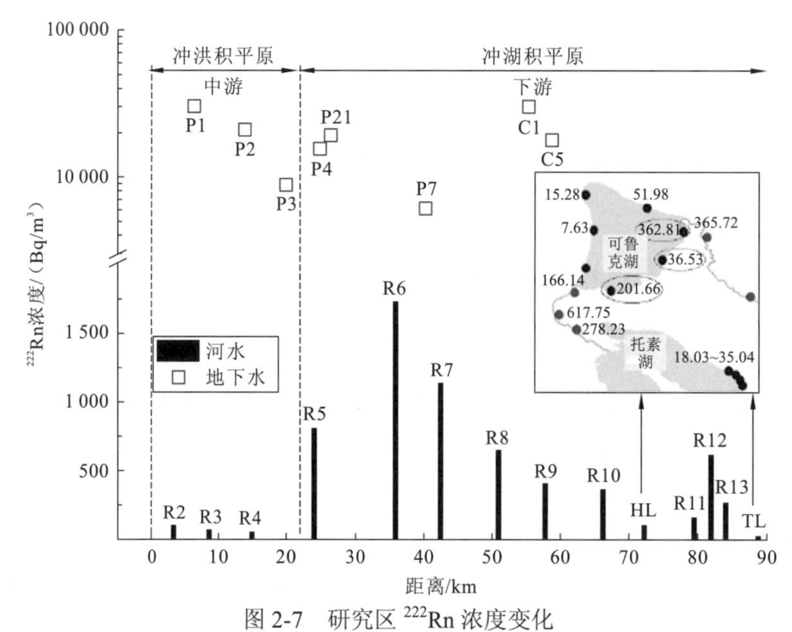

图 2-7　研究区 ^{222}Rn 浓度变化

HL 和 TL 为可鲁克湖和托素湖水体 ^{222}Rn 浓度平均值；小地图上的数字是湖水的 ^{222}Rn 浓度；引自 Yang 等（2021）

浓度（6 166.05 Bq/m^3）是最小的，这可能是因为气体交换和溢出表面后的放射性衰变。在此河段河水（R5、R6、R7 样点）的 ^{222}Rn 浓度也很高，为 805.95～1 722.41 Bq/m^3，说明巴音河在该河段接受地下水补给。此外，局部地下水位高于河水位也说明了局部地下水向巴音河排泄。

在冲湖积平原的末端和中段（>45 km），随着距离增加，河水的 ^{222}Rn 浓度从 653.58 Bq/m^3（R8 样点）下降到 365.72 Bq/m^3（R10 样点），这可能表明该地区地下水入河量减少。可鲁克湖作为该区域水流系统的末端，^{222}Rn 浓度较低，在 7.63～362.81 Bq/m^3，平均值为 112.65 Bq/m^3，一般与放射性衰变和大气逸散有关。另外，可鲁克湖区域 ^{222}Rn 浓度的空间分布显示，^{222}Rn 浓度最高（362.81 Bq/m^3）位于巴音河附近，表明有河水向可鲁克湖排泄。可鲁克湖水流入涟水河后，^{222}Rn 浓度再次呈现明显的增加趋势，达到最大值 617.75 Bq/m^3（R12 样点），可能是当地地下水流入涟水河，这与稳定同位素分析结果一致。最后，由于大气逸散和放射性衰变的影响，在涟水河流入托素湖时，^{222}Rn 浓度再次降低，在 18.03～35.04 Bq/m^3，平均值为 26.50 Bq/m^3。

综上所述，根据 D、^{18}O 稳定同位素和 ^{222}Rn 的特点，一方面，在冲洪积平原的顶端和中间，地下水受到河流渗流影响；在冲洪积平原前缘和冲湖积平原上部，地下水向巴音河排泄，且在冲湖积平原的中部和末端地下水排泄量减少。另一方面，可鲁克湖主要接受巴音河和东侧地下水补给，然后排入涟水河，涟水河不仅接受可鲁克湖的水，还接受地下水补给，最后向托素湖排泄。

3）基于 ^{222}Rn 质量守恒模型对地表水-地下水相互作用的定量估计

水化学示踪和同位素示踪结果揭示了地下水与地表水相互作用沿流动方向的空间分布特征。采用 ^{222}Rn 质量守恒模型和水量均衡模型进一步估算巴音河下游地下水与河流的交换通量（R5 和 R10 样点之间的区域，地下水发生排泄）。在模型计算中，根据河水温度计算 ^{222}Rn 分子扩散系数 D，C_g 为地下水样品 ^{222}Rn 的平均浓度（P4 和 P21 样点，C_g=17 097.75 Bq/m^3），利用监测的 R5、R6、R7、R8 和 R10 样点的平均流速和截面积计算断面流量。

地表水与潜水相互作用的示意图如图 2-8 所示，在冲洪积平原顶端和中间部分（R1 和 R5 样点之间区域），巴音河水主要向潜水渗漏，此处地下水位深度很大。在冲洪积平原的远端部分和冲湖积平原上部（R5 和 R7 样点之间的区域），随着水位的增加，地下水一般向巴音河排泄，排泄量为 2.25×10^{-4}～2.49×10^{-4} m^3/(s·m)。但由于地下水位分布的非均匀性，在 R5 和 R6 样点之间，部分地下水位接受河水渗漏补给，渗漏量为 1.65×10^{-4} m^3/(s·m)。在冲积湖平原中部（R7 和 R10 样点之间的区域），向巴音河排泄的地下水较少，排泄量为 0.55×10^{-4}～0.56×10^{-4} m^3/(s·m)，在 R7 和 R8 样点之间，部分地区出现河流渗漏补给地下水，渗漏率较高，渗漏量为 3.19×10^{-4} m^3/(s·m)。总的来说，所得结果揭示了地表水与地下水相互作用的空间变异性，这有助于认识局部水文过程。此外，巴音河水渗漏量和地下水排泄量的估算结果是合理评价水资源的关键水量预算数据。作为当地地下水重要补给来源之一的巴音河径流量近年来有所增加，由此导致的河流渗漏增加会使当地的地下水位上升，尤其是在冲湖积平原的中部，这表明未来的人类活动（如建筑和农业）不应该在冲湖积平原的中部进行。

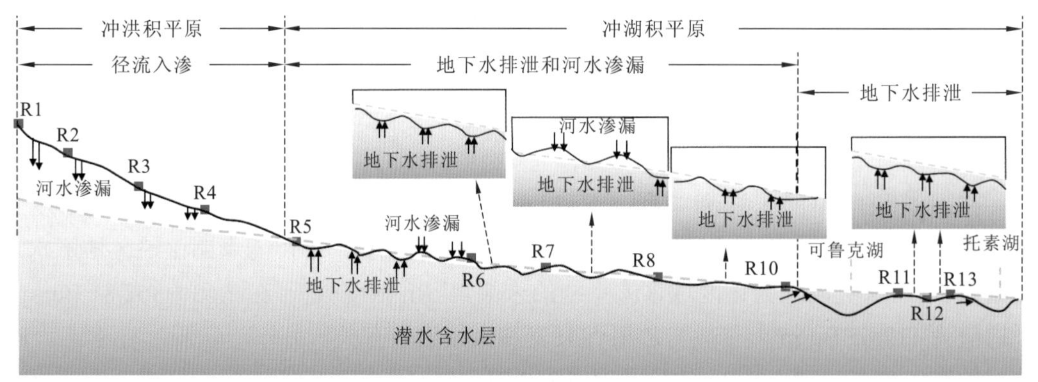

图 2-8　沿黑石山水库至托素湖水流路径地表水与地下水相互作用示意图

引自 Yang 等（2021）

2.3　地表水与地下水相互作用的耦合模拟与应用

数值模型能分布式地模拟流域地表水文过程、地下水的运动，以及地表水与地下水的交换。在模拟水资源可用性时，缺乏对地表水与地下水相互作用的适当量化，这可能导致对水资源管理目的做出不切实际的假设（Aliyari et al.，2019；Dehghanipour et al.，2019；Pai，2015；Tian et al.，2015b；Pérez-Martín et al.，2014；Cho et al.，2010）。地表水与地下水耦合模型对真实地表示地表水和地下水之间的时空交换至关重要（Guzman et al.，2015），也是当前国际水文及水文地质研究领域的热点问题之一（Jafari et al.，2021a）。国外关于地表水与地下水耦合模拟大致始于 20 世纪 70 年代，在这之前，地表水模拟和地下水模拟是分离开来的。后来人们逐渐意识到地表水与地下水之间存在紧密的水力联系，在时空上相互转化，是一个不可分割的整体，这才使得地表水与地下水耦合模拟研究得到重视和发展（安永凯，2019）。

根据耦合策略的不同，可将地表水-地下水耦合模型分为以下两种（Barthel et al.，2016）。

（1）完全耦合模型：同时求解控制表面和地下流动的方程。

（2）松散耦合模型：通过交换两个或多个独立模型的结果进行耦合，其中一个模型的输出作为另一个模型的输入。

2.3.1　地表水与地下水耦合模型

1. 完全耦合模型

完全耦合模型，有时也被称为基于物理机制的模型（Loague et al.，2006），近年来受到了广泛关注，并取得了重大进展（Maxwell et al.，2014；Gaukroger et al.，2011）。文献中提到最多的软件包，包括 ParFlow（Kollet et al，2006）、InHM（VanderKwaak，1999）和 OpenGeoSys（Kolditz et al.，2012）；Maxwell 等（2014）、Sebben 等（2013）、

Partington 等（2013）和 Bronstert 等（2005）描述了更多的实例。这些完全耦合模型的共同之处在于试图实现饱和区、非饱和区和地表水中涉及的所有过程的基于物理的描述，因此通常避免在单独的模型模块之间实现接口（Brunner et al.，2012）。这种方式避免了大量运用不同概念和不同软件包产生的相关问题。

例如，HydroGeoSphere（HGS）是一个基于水文循环物理机制的三维全耦合地表水-地下水模拟软件。HGS 从水文循环物理机制出发，在整个流域范围内模拟地表水、包气带水和饱水带水的运移及其相互作用和转化关系，包括水流模拟、溶质运移模拟和热运移模拟等（安永凯，2019）。HydroGeoSphere 允许河流/地表排水网络的生成，即河流将在模型中自然形成，并基于物理机制与地下水相互作用。不需要预先定义河流的边界或水头，是 HGS 模型突出的优点，因为它避免了与河床导水系数概念有关的问题。此外，在文献中经常提到的软件包还有 InHM（Jones et al.，2006；Blum et al.，2002；VanderKwaak，1999）。然而，迄今为止，这一方法只适用于 0.001～0.1 km^2 的非常小的集水区（Mirus et al.，2013；Jones et al.，2006；Blum et al.，2002；VanderKwaak et al.，2001）。Semenova 等（2015）、Guay 等（2013）列出了更多关于完全耦合建模领域的模型示例。表 2-4 综述了完全耦合模型及其在区域范围集水区中的应用。

表 2-4　完全耦合模型综述

模型名称	描述/评述的文献	应用尺度
HydroGeoSphere	Brunner 等（2012） Colautti（2010） Ebel 等（2009） Park 等（2009） Therrien 等（1996） Therrien 等（2009） Harter 等（2013）	加拿大大陆尺度（Sudicky，2013） Rokua esker 含水层，250 km^2（Ala-aho et al.，2015） 韩国 Haean-myun 流域，62.7 km^2（Bartsch et al.，2014） 比利时 Geer 盆地，480 km^2（Godermiaux et al.，2011） 圣华金河河谷，17 232 km^2（Bolger et al.，2011） Toluca Valley 盆地，2 100 km^2（Calderhead et al.，2011）
OpenGeoSys	Delfs 等（2012） Kolditz 等（2012）	以色列和巴勒斯坦地区西部死海，3 800 km^2（Gräbe et al.，2013） 中国梅江流域，6 983 km^2（Sun et al.，2011）
ParFlow ParFlow.CLM*	Ashby 等（1996） Jones 等（2001） Kollet 等（2006） Maxwell 等（2010） Maxwell 等（2014）	美国大陆尺度模型（Maxwell et al.，2013） 丹麦西部 Ringkobing Fjord/Skjern 流域，208 km^2（Ajami et al.，2014a，2014b） 美国俄克拉何马州 Little Washita 盆地，1 600 km^2（Condon et al.，2014）

注：改自 Barthel 等（2016）；*通用陆面模型（Dai et al.，2003）

2. 松散耦合模型

基于物理的建模概念和软件包的完全耦合模型相对容易识别和描述，但评估松散耦合模型（由两个或更多独立的模型软件包组成）比较困难。除了涉及大量不同类型（水文、水力、数值、概念、2D/3D、集总、分布式等）的模型，这些模型代码可以以不同的方式进行耦合，涉及交换参数和耦合的各种空间和时间（Barthel et al.，2016）。表 2-5 综述了松散耦合模型及其在区域范围集水区中的应用。

表 2-5　松散耦合模型综述

模型名称	描述/评述的文献	授权	地下水模拟	地表水模拟	包气带水模拟	发表的区域尺度应用/最大的已知尺度应用
CATHY	Paniconi 等（1993） Camporese 等（2010） Guay 等（2013）	?	3D 有限元；理查兹方程（Camporese et al.，2010）	1D 有限差，基于路径的扩散波方程（Camporese et al.，2010）	3D 有限元；Richards 方程（Camporese et al.，2010）	加拿大魁北克 Des Anglais 流域，690 km^2（Sulis et al.，2011；Trudel et al.，2014） 索马里 Ged Deeble-Kalqoray 流域，356 km^2（Camporese et al.，2010） 乌克兰切尔诺贝利隔离区，112 km^2（Camporese et al.，2010）
FEFLOW	Dhi-Wasy（2013）	商业	3D 有限元	MIKE11，1-D 非稳定流	2D；HELP（Guay et al.，2013）	中国西北黑河流域中游，1 200 km^2（Zhou et al.，2011） 加拿大新斯科舍安纳波利斯河谷，2 100 km^2（Rivard et al.，2014）
FIPR Hydrologic Model（FHM）	Ross 等（1997） Said 等（2005）	开源	MODLFOW	1D 河道，HSPF（Bicknell et al.，1997）	单蓄水库，HSPF（Bicknell et al.，1997）	美国爱达荷 Big Lost 河，3 730 km^2（Said et al.，2005）
GSFLOW	Markstrom 等（2008） Surfleet 等（2012）	开源	MODFLOW	1D 河道，PRMS（Leavesley et al.，1983）	1D 运动波近似理查兹方程（Markstrom et al.，2008）	美国俄勒冈州桑蒂亚姆河盆地，4 700 km^2（Surfleet et al.，2013；Surfleet et al.，2012） 西班牙 Sardon 流域，80 km^2（Hassan et al.，2014） 美国加利福尼亚东部和内华达 Lower Walker 河盆地，3 210 km^2（Niswonger et al.，2014） 中国张掖盆地，9 097 km^2（Tian et al.，2015b）
IHMS	Ragab 等（2010）	?	MODFLOW	DiCaSM（Ragab et al.，2010）	DiCaSM（Ragab et al.，2010）	塞浦路斯 Kouris 流域，300 km^2（Ragab et al.，2010）
IWFM	Harter 等（2013） California Department of Water Resources（2013）	开源	准 3D 有限元/有限差（Harter et al.，2013）	1D 运动波演算（California Department of Water Resources，2013）	1D（e.g. Morel- Seytoux et al.，2013）	美国加利福尼亚中央河谷，51 000 km^2（Miller et al.，2009）

续表

模型名称	描述/评述的文献	授权	地下水模拟	地表水模拟	包气带水模拟	发表的区域尺度应用/最大的已知尺度应用
MIKE SHE	Refsgaard 等（1995） Hughes 等（2008） Jaber 等（2012）	商业	3D 有限差（Hughes et al.，2008）	2D 圣维南选择性 MIKE11	2-层水均衡方法（Højberg et al.，2013）	丹麦，43 000 km²，局部区域 590～11 600 km²（Højberg et al.，2013） 中国华北平原，140 000 km²（Qin et al.，2013） 澳大利亚西部默里地区，722 km²（Hall et al.，2011）
MODBRANCH	Swain 等（1996） Blum 等（2002）	开源	MODFLOW	1D 圣维南（Swain et al.，1996）	不能模拟包气带中的水流（CDM，2001）	美国新墨西哥州 Rio Grande，51 km²（Wilcox et al.，2007）
MODCOU /EauDyssée	Saleh 等（2011） Pryet 等（2015）	?	SAM 模型(Ledoux et al.，1989；Ledoux et al.，1984）	RAPID，1D 马斯京根方法（David et al.，2011） 1D 河流网络水力学模型 HEC-RAS（Saleh et al.，2011）	概念性模拟水均衡（Pryet et al.，2015）	法国 Seine 盆地，95 600 km²（Ledoux et al.，2007） Rhône 盆地，86 500 km²（Etchevers et al.，2001） 上部 Rhine 盆地，13 900 km²（Thierion et al.，2012） Somme 盆地，6 433 km²(Habets et al.，2010; Korkmaz et al.，2009）
MODFLOW	Prudic 等（2004）	开源	MODFLOW	1D 运动波近似理查兹方程，MODFLOW stream 模块（Prudic et al.，2004）	MODFLOW stream 模块（Prudic et al.，2004）	美国加利福尼亚 Cosumnes 河流域，3 400 km²(Fleckenstein et al.，2006）
MODHMS	Panday 等（2004） Werner 等（2006） HydroGeoLogic 公司(2015）	商业	MODFLOW	Channel flow 模块（CHF1），1D 圣维南（Werner et al.，2006）	理查兹-3D（Werner et al.，2006）	澳大利亚 Sandy 港湾地区，420 km²（Werner et al.，2006）
SWAT-MOD /SWAT-MODFLOW	Sophocleous 等（1999） Sophocleous 等（2000） Kim 等（2008）	?	MODFLOW（river 模块）	SWAT（Arnold et al.，1993；Arnold et al.，2005）	没有描述（Sophocleous et al.，1999）	韩国 Musimcheon 盆地，198 km²（Kim et al.，2008）
WaSiM，WaSiM-ETH	Krause 等（2007） Schulla（1997） Schulla 等（2000）	开源	2D-有限差（Schulla et al.，2000）	运动波方法，单个线性存储（Schulla et al.，2000）	Topmodel 模型或理查兹方法（Schulla et al.，2000）	德国 Rems 流域，580 km²（Singh et al.，2012）

注：？表示授权不明；改自 Barthel 等（2016）

2.3.2 GSFLOW 模型应用实例

GSFLOW 模型集成了降水径流模拟系统（precipitation runoff modeling system，PRMS）和 MODFLOW，可以模拟所有主要的水文过程，如坡面流、径流、蒸散发、入渗、非饱和流、地下水排泄和地下水流动等。其非饱和流模块为 UZF（unsaturated-zone flow）（Niswonger et al.，2006），地表水流模块为 SFR2（Niswonger et al.，2005），并用一个井模块来代表地下水的开采（Wu et al.，2014）。GSFLOW 已被用于解决不同的水相关问题，如地表水与地下水相互作用（Huntington et al.，2012；Doherty et al.，2010，2009）和气候变化评估（Surfleet et al.，2013，2012）。

图 2-9 展示了地表水与地下水耦合水文模型的多元数据集成过程，需要的数据可分为 4 类。第一类是用于模型设置和初始参数化的数据。第二类是模型输入的动态数据，主要包括气象数据、地表水引水和地下水抽采数据。第三类是用于模型校准和验证的水文观测数据，为保证复杂水文模型的适用性，需要利用水文测站的流量观测值和监测井的地下水位观测值对模型进行校准和验证。第四类是用于交叉检查建模结果的独立数据。

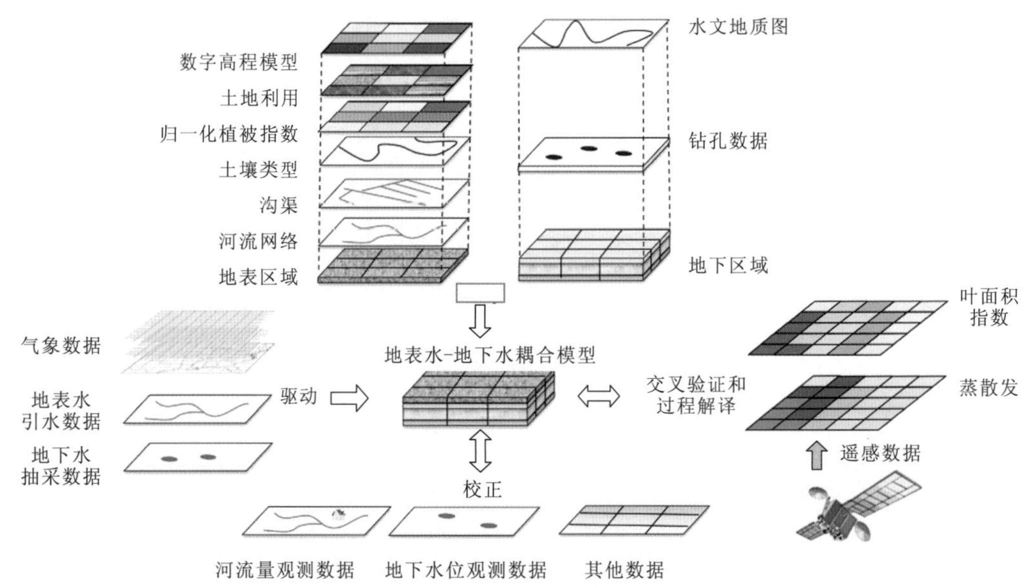

图 2-9 地表水与地下水耦合水文模型的多元数据集成过程

引自 Tian 等（2015a）

Tian 等（2015a）应用 GSFLOW 模型对黑河流域进行了地表水与地下水耦合模拟，应用 4 个观测站每月流量对模型进行校正和验证。结果表明，校正后的模型能较好地再现水文曲线。图 2-10（a）和（b）分别为年平均地下水埋深的校正和验证结果，可以看到所有的点位都接近 45° 线，与线的偏差小于 2.5 m。因此，校准的模型充分地反映了区域地下水位的长期特征。对该模型来说，再现地下水位精细尺度的波动仍然是一个挑战。许多井容易受到抽水量变化的影响，但由于数据的限制，假设每一年每个区域的日抽水速率不变，这不可避免地给地下水日模拟带来了显著的不确定性。然而，校正后的模型在近河井处仍然表现良好[图 2-10（c）]，因为这些井的水头波动主要受自然的地表水与地下水交换控制，对当地抽水的响应不太敏感。

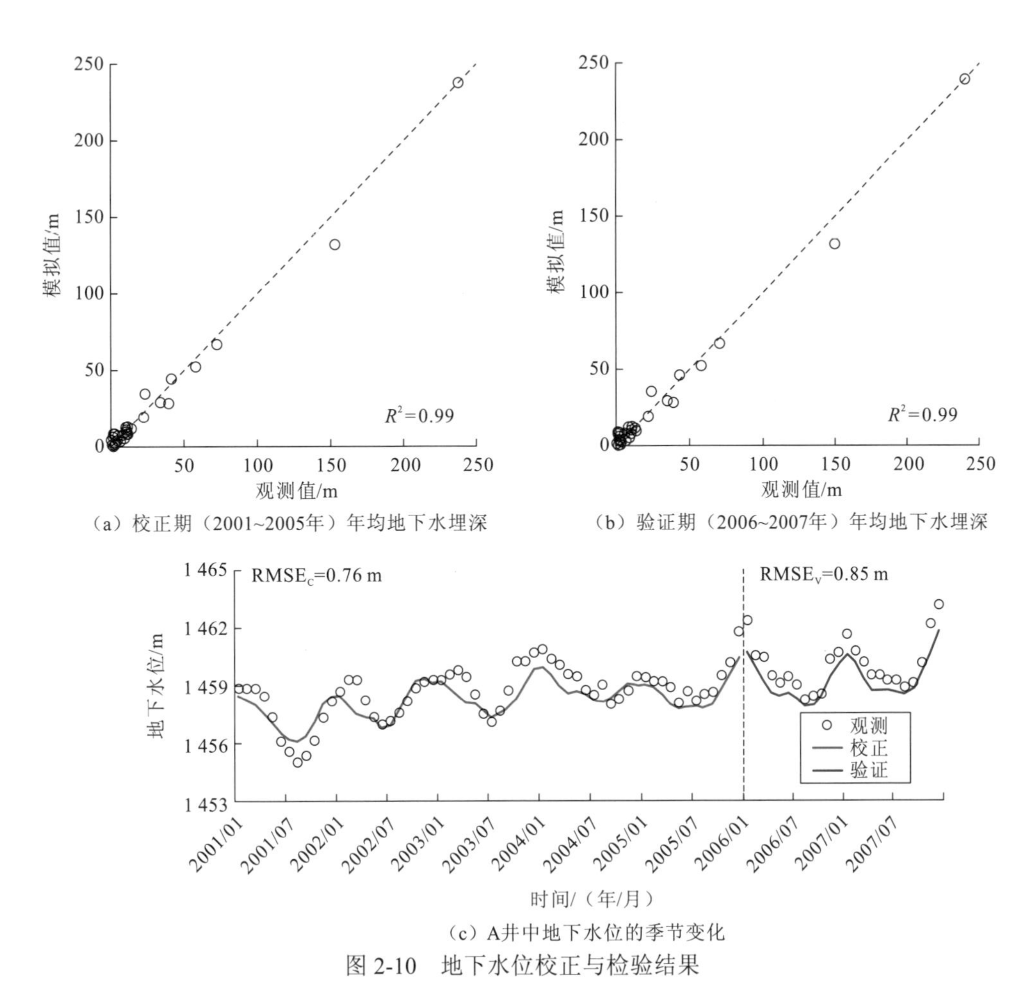

图 2-10　地下水位校正与检验结果

RMSE$_c$为校正均方根误差；RMSE$_v$为验证均方根误差；引自 Tian 等（2015a）

图 2-11 显示了基于 GSFLOW 模型模拟的 2001～2012 年水均衡情况。局部降水是系统的上部输入（占 67.9%），其次是地表水和上游地下水的补给。模型假设侧向地下水流出量为零。由于黑河流域是内陆河流域，地表水流出量也等于零。因此，所有的输入水量最终都转化为蒸散发和地下水排泄。从图中可以发现，总储量变化值（ΔS）接近地下水流入量（GW_{in}）和地下水开采量（P_m）的一半左右，呈现明显的下降趋势。因此，从长远来看，目前的用水是不可持续的，必须采取适当的管理措施。从图 2-11 还可以看出，地表水与地下水相互作用显著且复杂，在区域水循环中起着关键作用。地下水补给总量（S2G）由河流渗漏（19.13 亿 m^3/年）和入渗水（17.7 亿 m^3/年）组成。根据模型结果可知，约 70%的入渗水（12.31 亿 m^3/年）发生在灌溉农田区域。地下水总排泄量（G2S）由向河流排泄量（10.75 亿 m^3/年）和向地表水排泄量（13.84 亿 m^3/年）组成。

图 2-12 展示了黑河主河道从莺落峡一直延伸到东居延海的交换通量变化。正值表示河流向含水层渗漏，负值表示地下水向河流排泄。由图 2-12 可以总结出三种不同的交换模式：从莺落峡延伸到 312 桥的上段是河流向含水层渗漏的部分；从 312 桥到正义峡下游约 30 km，是地下水向河流排泄段；之后为第三段，河段水位超过地下水位，河水再次向含水层渗漏补给。

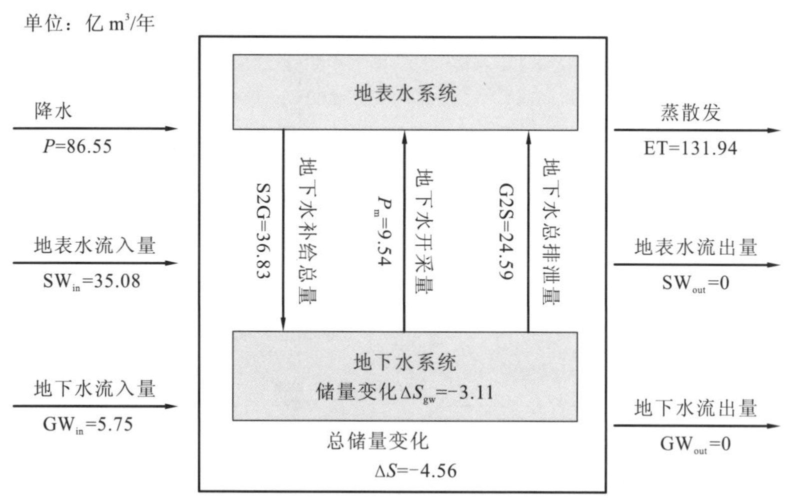

图 2-11　GSFLOW 模型模拟的 2001～2012 年水均衡情况

引自 Tian 等（2015a）

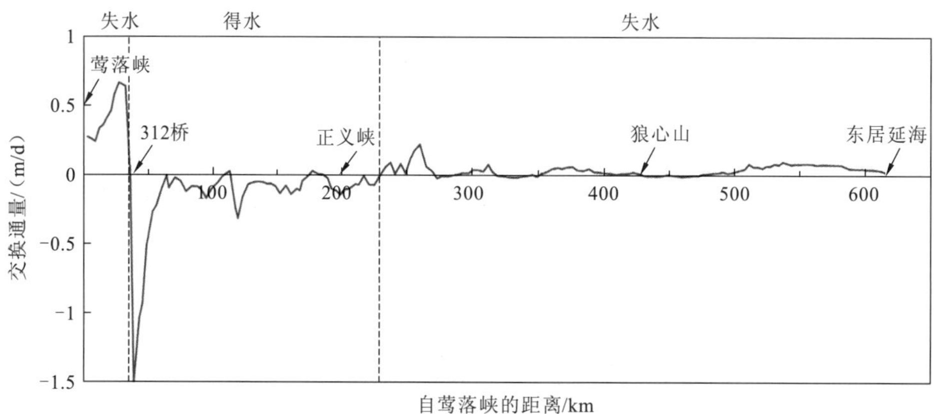

图 2-12　黑河主河道（莺落峡到东居延海）的交换通量变化

引自 Tian 等（2015a）

2.3.3　SWAT-MODFLOW 模型应用实例

SWAT-MODFLOW 模型耦合了土壤和水评估工具（soil and water assessment tool，SWAT）（Arnold et al.，1998）和 MODFLOW 模型（McDonald et al.，1988）以克服每个单独模型固有的局限性，并试图将地表水和地下水作为一个整体系统进行模拟，是连接地表水水文与地下水系统的综合水文模型（Bailey et al.，2016），已应用在全球许多盆地中（Chunn et al.，2019；Molina-Navarro et al.，2019；Wei et al.，2019；Ehtiat et al.，2018）。SWAT 模拟降雨径流，模拟了包括降雨、土壤水分、径流、补给地下水和蒸散发在内的地表水水文过程（Deb et al.，2020）。SWAT-MODFLOW 模型已成功应用于小流域尺度（Bailey et al.，2016；Guzman et al.，2015；Kim et al.，2008）和大流域（区域）尺度（Jafari et al.，2021a；Aliyari et al.，2019；Deb et al.，2019a，2019b；Gao et al.，2019；Mosase et al.，2019）。与 SWAT 或 MODFLOW 模型本身相比，SWAT-MODFLOW

模型能更真实地反映输出结果（Aliyari et al.，2019；Chunn et al.，2019；Gao et al.，2019；Molina-Navarro et al.，2019；Sith et al.，2019）。SWAT-MODFLOW 模型已被证明在气候变化的影响（Chunn et al.，2019）、水资源可持续（Molina-Navarro et al.，2019；Wei et al.，2019）和营养物质向含水层的运移（Jafari et al.，2021b；Wei et al.，2019；Ehtiat et al.，2018）研究中具有优势。

以评价区域尺度地表水与地下水相互作用的时空模式为例（Bailey et al.，2016），介绍 SWAT-MODFLOW 模型的应用。SWAT-MODFLOW 模型仿真和连接过程如图 2-13 所示。在读取 SWAT 和 MODFLOW 模型的输入数据后，模型每天重复进行 SWAT 水文响应单元（hydrologic response unit，HRU）计算，将数据传递给 MODFLOW 模型，运行 MODFLOW 模型，再将数据传递给 SWAT（Bailey et al.，2016）。

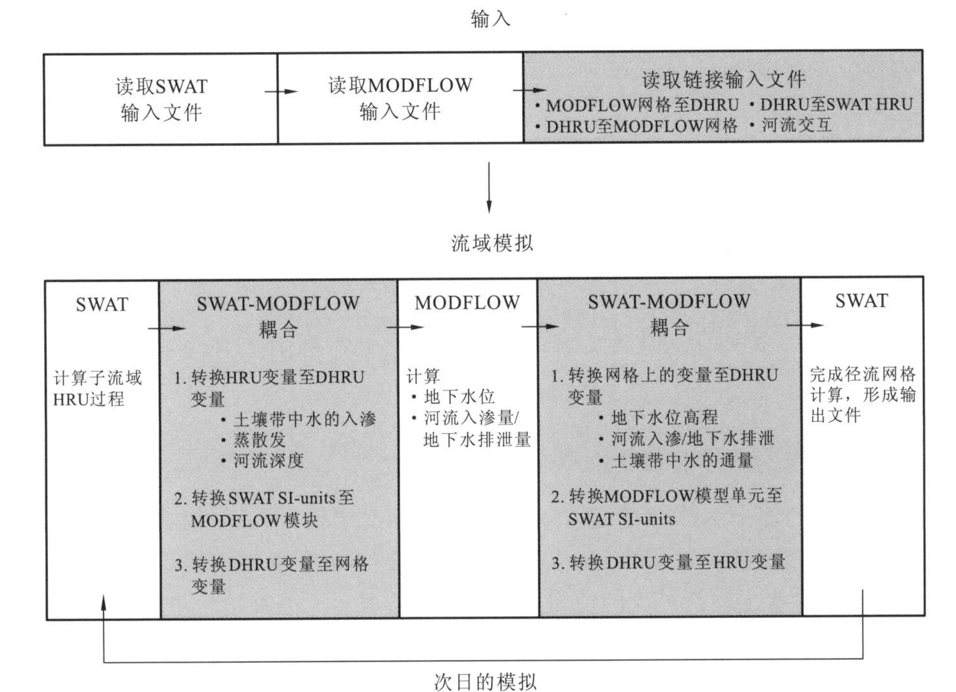

图 2-13　耦合 SWAT-MODFLOW 模型的模型代码序列的图表

引自 Bailey 等（2016）

为保证模型的精度，需要对其进行如下校正。

1）径流量校正

斯普雷格河北福克观测站的观测和模拟流量如图 2-14（a）所示，SWAT-MODFLOW 模拟结果与观测的水文曲线具有良好的相似性。为了提供监测点观测值和模拟的水流量的额外对比，研究计算了水流持续时间曲线。从图 2-14（b）可以看出，模型模拟流量持续时间曲线的形状和大小与观测数据的曲线相似，流量在约 2.0 m^3/s 和 1.0 m^3/s 的时间分别超过了 20%和 40%。SWAT-MODFLOW 模型低估了中高区间流量（1.0～20.0 m^3/s），高估了低区间流量（<1.0 m^3/s）。例如，模拟流量始终≥1.0 m^3/s，而观测数据表明，流量在 1.0 m^3/s 以下的时间占 50%，超过 0.9 m^3/s 和 0.85 m^3/s 的时间分别占 80%和 90%。

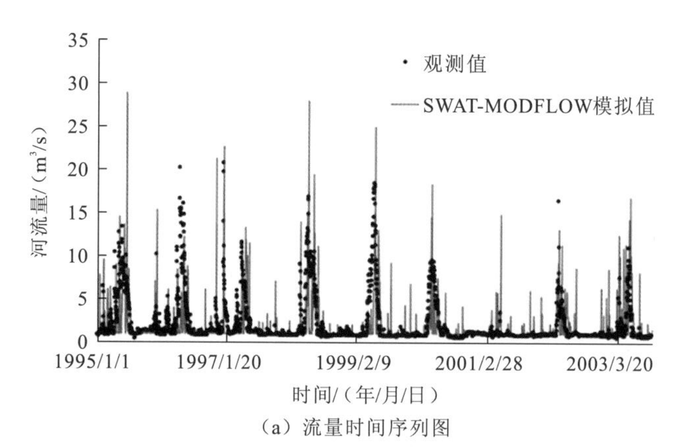

（a）流量时间序列图

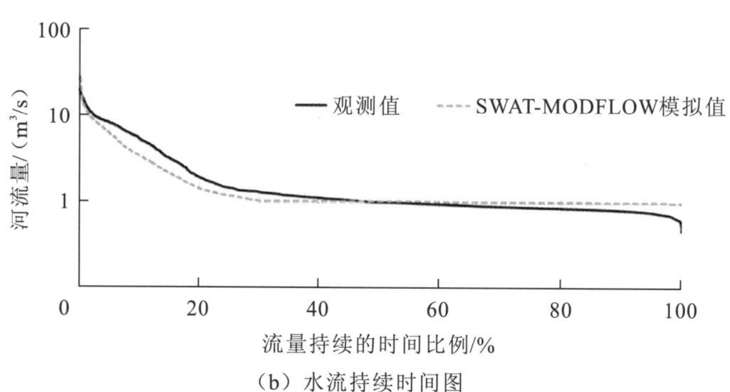

（b）水流持续时间图

图 2-14　斯普雷格河北福克观测站的观测值和 SWAT-MODFLOW 模拟结果

引自 Bailey 等（2016）

2）地下水位及地下水排泄量校正

对特定河段的地下水排泄量进行场地估计和模拟比较，以期量化流域地下水与地表水相互作用的时空格局。图 2-15（a）显示了 763 个河流单元的地下水年均排泄量，红色的竖条表示含水层补给河流的流量，绿色的竖条表示河流补给含水层的流量。可知，绝大多数地下水与地表水相互作用是从含水层向河流排泄，这与已有实地研究相吻合

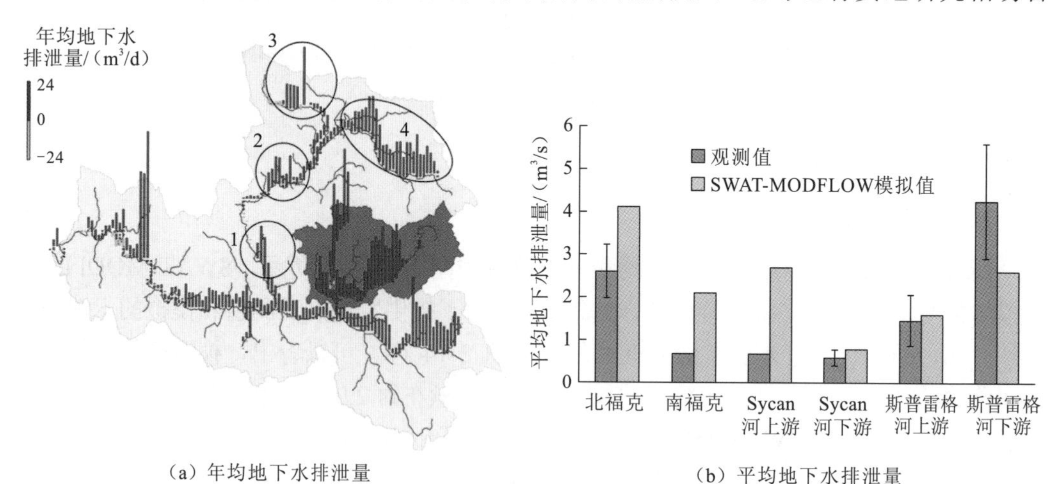

（a）年均地下水排泄量　　（b）平均地下水排泄量

图 2-15　斯普雷格河流域观测和 SWAT-MODFLOW 模拟结果

编号 1～4（图中圈出）为沿 Sycan 河的主要地下水排泄点，1 和 2 为 Sycan 河下游，3 和 4 为 Sycan 河上游；引自 Bailey 等（2016）

（Gannett et al.，2010）。地下水排泄量的大小具有高度的空间变异性，关键的排泄位置包括北福克流域、南福克流域和斯普雷格河干流下游段。整个流域 1970～2003 年逐月、逐年的地下水平均流量计算结果显示，地下水排泄量在早春明显减少，3 月为 18.4 m^3/s，4 月为 18.6 m^3/s，随后在整个夏季均呈增加趋势，初秋出现最大流量，9 月为 22.2 m^3/s。

参考文献

安永凯, 2019. 浑河流域地表水地下水耦合模拟及不确定性分析. 长春: 吉林大学.

靳孟贵, 鲜阳, 刘延锋, 2017. 脱节型河流与地下水相互作用研究进展. 水科学进展, 28(1): 149-160.

雷米, 周金龙, 张杰, 等, 2022. 新疆博尔塔拉河流域平原区地表水与地下水水化学特征及转化关系. 环境科学, 43(4): 1873-1884.

王根绪, 程国栋, 1999. 黑河流域土地荒漠化及其变化趋势. 中国沙漠, 19(4): 72-78.

王文科, 宫程程, 张在勇, 等, 2018. 旱区地下水文与生态效应研究现状与展望. 地球科学进展, 33(7): 702-718.

文广超, 王文科, 段磊, 等, 2018. 基于水化学和稳定同位素定量评价巴音河流域地表水与地下水转化关系. 干旱区地理, 41(4): 734-743.

张清华, 陈亮, 颜书法, 等, 2021. 综合示踪技术在水库渗漏勘察中的应用. 地基过程, 3(4): 349-354.

朱金峰, 刘悦忆, 章树安, 等, 2017. 地表水与地下水相互作用研究进展. 中国环境科学, 37(8): 3002-3010.

AJAMI H, EVANS J P, MCCABE M F, et al., 2014a. Technical note: Reducing the spin-up time of integrated surface water-groundwater models. Hydrology and Earth System Sciences, 18(12): 5169-5179.

AJAMI H, MCCABE M F, EVANS J P, et al., 2014b. Assessing the impact of model spin-up on surface water-groundwater interactions using an integrated hydrologic model. Water Resources Research, 50(3): 2636-2656.

ALA-AHO P, ROSSI P M, ISOKANGAS E, et al., 2015. Fully integrated surface-subsurface flow modelling of groundwater-lake interaction in an esker aquifer: Model verification with stable isotopes and airborne thermal imaging. Journal of Hydrology, 522: 391-406.

ALAGHMAND S, BEECHAM S, JOLLY I D, et al., 2014. Modelling the impacts of river stage manipulation on a complex river-floodplain system in a semi-arid region. Environmental Modelling & Software, 59: 109-126.

ALIYARI F, BAILEY R T, TASDIGHI A, et al., 2019. Coupled SWAT-MODFLOW model for large-scale mixed agro-urban river basins. Environmental Modelling & Software, 115: 200-210.

ANIBAS C, FLECKENSTEIN J H, VOLZE N, et al., 2009. Transient or steady-state? Using vertical temperature profiles to quantify groundwater-surface water exchange. Hydrological Processes, 23(15): 2165-2177.

ARNOLD J G, ALLEN P M, BERNHARDT G, 1993. A comprehensive surface-groundwater flow model. Journal of Hydrology, 142(1-4): 47-69.

ARNOLD J G, SRINIVASAN R, MUTTIAH R S, et al., 1998. Large area hydrologic modeling and assessment Part I: Model development. Journal of the American Water Resources Association, 34(1): 73-89.

ARNOLD J G, FOHRER N, 2005. SWAT2000: Current capabilities and research opportunities in applied watershed modelling. Hydrological Processes, 19(3): 563-572.

ASHBY S F, FALGOUT R D, 1996. A parallel multigrid preconditioned conjugate gradient algorithm for groundwater flow simulations. Nuclear Science and Engineering, 124(1): 145-159.

BAILEY R T, WIBLE T C, ARABI M, et al., 2016. Assessing regional-scale spatio-temporal patterns of groundwater-surface water interactions using a coupled SWAT-MODFLOW model. Hydrological Processes, 30(23): 4420-4433.

BARQUIN J, DEATH R G, 2006. Spatial patterns of diversity in New Zealand springs and rhithral streams. Journal of the North American Benthological Society, 25: 768-786.

BARTHEL R, BANZHAF S, 2016. Groundwater and surface water interaction at the regional-scale: A review with focus on regional integrated models. Water Resources Management, 30(1): 1-32.

BARTSCH S, FREI S, RUIDISCH M, et al., 2014. River-aquifer exchange fluxes under monsoonal climate conditions. Journal of Hydrology, 509: 601-614.

BENISTON M, 2006. Mountain weather and climate: A general overview and a focus on climatic change in the Alps. Hydrobiologia, 562: 3-16.

BICKNELL B R, IMHOFF J C, KITTLE J L, et al., 1997. Hydrological simulation program-fortran: User's manual for version 11. U.S. Environmental Protection Agency, National Exposure Research Laboratory. EPA/600/SR-97/080.

BLUM V S, HATHAWAY D L, WHITE K M, 2002. Modeling flow at the stream-aquifer interface: A review of this feature in tools of the trade//American Water Resource Association Conference on Surface Water - Groundwater Interactions. Keystone, Colorado: 7-12.

BOESTER U, RUDE T R, 2020. Utilize gadolinium as environmental tracer for surface water-groundwater interaction in Karst. Journal of Contaminant Hydrology, 235: 103710.

BOLGER B L, PARK Y, UNGER A J A, et al., 2011. Simulating the pre-development hydrologic conditions in the San Joaquin Valley, California. Journal of Hydrology, 411(3-4): 322-330.

BRENOT A, PETELET-GIRAUD E, GOURCY L, 2015. Insight from surface water-groundwater interactions in an alluvial aquifer: Contributions of δ^2H and δ^{18}O of water, $\delta^{34}S_{SO_4}$ and $\delta^{18}O_{SO_4}$ of sulfates, $^{87}Sr/^{86}Sr$ ratio. Procedia Earth and Planetary Science, 13: 84-87.

BRONSTERT A, CARRERA J, PAVEL K, et al., 2005. Coupled models for the hydrological cycle: Integrating atmosphere, biosphere and pedosphere. Berlin: Springer.

BRUNNER P, COOK P G, SIMMONS C T, 2009. Hydrogeologic controls on disconnection between surface water and groundwater. Water Resources Research, 45(1): W1422.

BRUNNER P, SIMMONS C T, 2012. HydroGeoSphere: A fully integrated, physically based hydrological model. Ground Water, 50(2): 170-176.

CALDERHEAD A I, THERRIEN R, RIVERA A, et al., 2011. Simulating pumping-induced regional land subsidence with the use of InSAR and field data in the Toluca Valley, Mexico. Advances in Water Resources, 34(1): 83-97.

CALIFORNIA DEPARTMENT OF WATER RESOURCES, 2013. Integrated water flow model(IWFM v4.0): Theoretical Documentation. California.

CAMPORESE M, PANICONI C, PUTTI M, et al., 2010. Surface-subsurface flow modeling with path-based runoff routing, boundary condition-based coupling, and assimilation of multisource observation data. Water Resources Research, 46(2): W02512.

CARTWRIGHT I, HOFMANN H, SIRIANOS M A, et al., 2011. Geochemical and ^{222}Rn constraints on baseflow to the Murray River, Australia, and timescales for the decay of low-salinity groundwater lenses. Journal of Hydrology, 405(3): 333-343.

CARTWRIGHT I, GILFEDDER B, HOFMANN H, 2013. Contrasts between chemical and physical estimates of baseflow help discern multiple sources of water contributing to rivers. Hydrology and Earth System Sciences Discussions, 10(5): 5943-5974.

CARTWRIGHT I, HOFMANN H, 2015a. Using geochemical tracers to distinguish groundwater and parafluvial inflows in rivers (the Avon Catchment, SE Australia). Hydrology and Earth System Sciences Discussions, 12(9): 9205-9246.

CARTWRIGHT I, GILFEDDER B, 2015b. Mapping and quantifying groundwater inflows to Deep Creek (Maribyrnong catchment, SE Australia) using ^{222}Rn, implications for protecting groundwater-dependant ecosystems. Applied Geochemistry, 52: 118-129.

CDM, 2001. Evaluation of integrated surface water and groundwater modeling tools. Copenhagen: Camp Dresser & McKee.

CECIL L D, GREEN J R, 2000. Radon-222, 2000//COOK P G, HERCZEG A L. Environmental tracers in subsurface hydrology. Boston: Springer: 175-194.

CHAPMAN S W, PARKER B L, CHERRY J A, et al., 2007. Groundwater-surface water interaction and its role on TCE groundwater plume attenuation. Journal of Contaminant Hydrology, 91(3-4): 203-232.

CHO J, MOSTAGHIMI S, KANG M S, 2010. Development and application of a modeling approach for surface water and groundwater interaction. Agricultural Water Management, 97(1): 123-130.

CHUNN D, FARAMARZI M, SMERDON B, et al., 2019. Application of an integrated SWAT-MODFLOW model to evaluate potential impacts of climate change and water withdrawals on groundwater-surface water interactions in west-central Alberta. Water, 11(1): 110.

COLAUTTI D, 2010. Modelling the effects of climate change on the surface and subsurface hydrology of the Grand River watershed. Waterloo: University of Waterloo.

CONDON L E, MAXWELL R M, 2014. Groundwater-fed irrigation impacts spatially distributed temporal scaling behavior of the natural system: A spatio-temporal framework for understanding water management impacts. Environmental Research Letters, 9(3): 34009.

COOK P G, 2013. Estimating groundwater discharge to rivers from river chemistry surveys. Hydrological Processes, 27(25): 3694-3707.

COOK P G, FAVREAU G, DIGHTON J C, et al., 2003. Determining natural groundwater influx to a tropical river using radon, chlorofluorocarbons and ionic environmental tracers. Journal of Hydrology, 277(1-2): 74-88.

COOK P G, LAMONTAGNE S, BERHANE D, et al., 2006. Quantifying groundwater discharge to Cockburn

River, southeastern Australia, using dissolved gas tracers ^{222}Rn and SF_6. Water Resources Research, 42(10): W10411.

COOK P G, WOOD C, WHITE T, et al., 2008. Groundwater inflow to a shallow, poorly-mixed wetland estimated from a mass balance of radon. Journal of Hydrology, 354(1): 213-226.

COX M H, SU G W, CONSTANTZ J, 2007. Heat, chloride, and specific conductance as ground water tracers near streams. Ground Water, 45(2): 187-195.

DAI Y, ZENG X, DICKINSON R E, et al., 2003. The common land model. Bulletin of the American Meteorological Society, 84(8): 1013-1024.

D'ANGELO D J, WEBSTER J R, GREGORY S V, et al., 1993. Transient storage in Appalachian and Cascade mountain streams as related to hydraulic characteristics. Journal of the North American Benthological Society, 12(3): 223-235.

DAVID C H, HABETS F, MAIDMENT D R, et al., 2011. RAPID applied to the SIM-France model. Hydrological Processes, 25(22): 3412-3425.

DEB P, KIEM A S, WILLGOOSE G, 2019a. Mechanisms influencing non-stationarity in rainfall-runoff relationships in southeast Australia. Journal of Hydrology, 571: 749-764.

DEB P, KIEM A S, WILLGOOSE G, 2019b. A linked surface water-groundwater modelling approach to more realistically simulate rainfall-runoff non-stationarity in semi-arid regions. Journal of Hydrology, 575: 273-291.

DEB P, KIEM A S, 2020. Evaluation of rainfall-runoff model performance under non-stationary hydroclimatic conditions. Hydrological Sciences Journal, 65(10): 1667-1684.

DEHGHANIPOUR A H, ZAHABIYOUN B, SCHOUPS G, et al., 2019. A WEAP-MODFLOW surface water-groundwater model for the irrigated Miyandoab plain, Urmia Lake Basin, Iran: Multi-objective calibration and quantification of historical drought impacts. Agricultural Water Management, 223: 105704.

DELFS J, SUDICKY E A, PARK Y, et al., 2012. An inter-comparison of two coupled hydrogeological models. XIX International Conference on Water Resources. University of Illinois at Urbana-Champaign.

DHI-WASY, 2013. FEFLOW 6. 2 finite element subsurface flow & transport simulation system: User's manual. Berlin: WASY GmbH.

DOHERTY J, HUNT R J, 2009. Two statistics for evaluating parameter identifiability and error reduction. Journal of Hydrology, 366(1-4): 119-127.

DOHERTY J, HUNT R J, 2010. Response to comment on "Two statistics for evaluating parameter identifiability and error reduction". Journal of Hydrology, 380(3): 489-496.

DWIVEDI D, STEEFEL C I, ARORA B, et al., 2018. Geochemical exports to river from the intrameander hyporheic zone under transient hydrologic conditions: East River mountainous watershed, Colorado. Water Resources Research, 54(10): 8456-8477.

EBEL B A, MIRUS B B, HEPPNER C S, et al., 2009. First-order exchange coefficient coupling for simulating surface water-groundwater interactions: Parameter sensitivity and consistency with a physics-based approach. Hydrological Processes, 23(13): 1949-1959.

EHTIAT M, JAMSHID MOUSAVI S, SRINIVASAN R, 2018. Groundwater modeling under variable operating conditions using SWAT, MODFLOW and MT3DMS: A catchment scale approach to water resources management. Water Resources Management, 32(5): 1631-1649.

ELLINS K K, ROMAN-MAS A, LEE R, 1990. Using ^{222}Rn to examine groundwater/surface discharge interaction in the Rio Grande de Manati, Puerto Rico. Journal of Hydrology, 115(1): 319-341.

ELSAWWAF M, FEYEN J, BATELAAN O, et al., 2014. Groundwater-surface water interaction in Lake Nasser, Southern Egypt. Hydrological Processes, 28(3): 414-430.

ETCHEVERS P, GOLAZ C, HABETS F, 2001. Simulation of the water budget and the river flows of the Rhone Basin from 1981 to 1994. Journal of Hydrology, 244(1-2): 60-85.

FLECKENSTEIN J H, NISWONGER R G, FOGG G E, 2006. River-aquifer interactions, geologic heterogeneity, and low-flow management. Ground Water, 44(6): 837-852.

FREI R, FREI K M, KRISTIANSEN S M, et al., 2020. The link between surface water and groundwater-based drinking water-strontium isotope spatial distribution patterns and their relationships to Danish sediments. Applied Geochemistry, 121: 104698.

GABRIEL C R, ANDERSEN M S, MCCALLUM A M, et al., 2014. Heat as a tracer to quantify water flow in near-surface sediments. Earth-Science Reviews, 129: 40-58.

GANNETT M W, WAGNER B J, LITE K E, 2010. Ground-water hydrology of the upper Klamath Basin, Oregon and California. Reston: U.S. Geological Survey. Scientific Investigations Report 2007-5050, version 1-1.

GAO F, FENG G, HAN M, et al., 2019. Assessment of surface water resources in the Big Sunflower River watershed using coupled SWAT-MODFLOW model. Water, 11(3): 528.

GAUKROGER A M, WERNER A D, 2011. On the Panday and Huyakorn surface-subsurface hydrology test case: Analysis of internal flow dynamics. Hydrological Processes, 25(13): 2085-2093.

GILFEDDER B S, FREI S, HOFMANN H, et al., 2015. Groundwater discharge to wetlands driven by storm and flood events: Quantification using continuous Radon-222 and electrical conductivity measurements and dynamic mass-balance modelling. Geochimica et Cosmochimica Acta, 165: 161-177.

GIL-MÁRQUEZ J M, ANDREO B, MUDARRA M, 2019. Combining hydrodynamics, hydrochemistry, and environmental isotopes to understand the hydrogeological functioning of evaporite-karst springs: An example from southern Spain. Journal of Hydrology, 576: 299-314.

GODERNIAUX P, BROUYÈRE S, BLENKINSOP S, et al., 2011. Modeling climate change impacts on groundwater resources using transient stochastic climatic scenarios. Water Resources Research, 47(12): W12516.

GOSLING S N, TAYLOR R G, ARNELL N W, et al., 2011. A comparative analysis of projected impacts of climate change on river runoff from global and catchment-scale hydrological models. Hydrology and Earth System Sciences, 15(1): 279-294.

GRÄBE A, RÖDIGER T, RINK K, et al., 2013. Numerical analysis of the groundwater regime in the western Dead Sea escarpment, Israel + West Bank. Environmental Earth Sciences, 69(2): 571-585.

GREEN T R, TANIGUCHI M, KOOI H, et al., 2011. Beneath the surface of global change: Impacts of climate change on groundwater. Journal of Hydrology, 405(3-4): 532-560.

GROENEVELD D P, 1990. Shrub rooting and water acquisition on threatened shallow groundwater habitats in the Owens Valley, California//MCARTHUR E D, ROMNEY E M, SMITH S D. Proceedings:

Symposium on cheatgrass invasion, shrub die-off, and other aspects of shrub biology and management. USDA Forest Service GTR INT-276: 221-237.

GROENEVELD D P, CROWLEY D E, 1988. Root system response to flooding in three desert shrub species. Functional Ecology, 2: 491-497.

GUAY C, NASTEV M, PANICONI C, et al., 2013. Comparison of two modeling approaches for groundwater-surface water interactions. Hydrological Processes, 27(16): 2258-2270.

GUZMAN J A, MORIASI D N, GOWDA P H, et al., 2015. A model integration framework for linking SWAT and MODFLOW. Environmental Modelling & Software, 73: 103-116.

HABETS F, GASCOIN S, KORKMAZ S, et al., 2010. Multi-model comparison of a major flood in the groundwater-fed basin of the Somme River (France). Hydrology and Earth System Sciences, 14(1): 99-117.

HALL J, MARILLIER B, KRETSCHMER P, et al., 2011. Integrated surface water and groundwater modelling to support the Murray Drainage and Water Management Plan, south-west Western Australia//19th International Congress on Modelling and Simulation. Perth: 3938-3944.

HART D R, MULHOLLAND P J, MARZOLF E R, et al., 1999. Relationships between hydraulic parameters in a small stream under varying flow and seasonal conditions. Hydrological Processes, 13(10): 1497-1510.

HARTE P T, KIAH R G, 2009. Measured river leakages using conventional streamflow techniques: The case of Souhegan River, New Hampshire, USA. Hydrogeology Journal, 17(2): 409-424.

HARTER T, MOREL-SEYTOUX H, 2013. Peer review of the IWFM, MODFLOW and HGS model codes: Potential for water management applications in California's Central Valley and other irrigated groundwater basins. Final Report, California Water and Environmental Modeling Forum, Sacramento.

HARVEY J W, BENCALA K E, 1993. The Effect of streambed topography on surface-subsurface water exchange in mountain catchments. Water Resources Research, 29(1): 89-98.

HASSAN S M T, LUBCZYNSKI M W, NISWONGER R G, et al., 2014. Surface-groundwater interactions in hard rocks in Sardon Catchment of western Spain: An integrated modeling approach. Journal of Hydrology, 517: 390-410.

HEINTZMAN L J, STARR S M, MULLIGAN K R, et al., 2017. Using satellite imagery to examine the relationship between surface-water dynamics of the salt lakes of western Texas and Ogallala aquifer depletion. Wetlands, 37(6): 1055-1065.

HØJBERG A L, TROLDBORG L, STISEN S, et al., 2013. Stakeholder driven update and improvement of a national water resources model. Environmental Modelling & Software, 40: 202-213.

HU L, XU Z, HUANG W, 2016. Development of a river-groundwater interaction model and its application to a catchment in Northwestern China. Journal of Hydrology, 543: 483-500.

HUGHES J D, LIU J, 2008. MIKE SHE: Software for integrated surface water/ground water modeling. Ground Water, 46(6): 797-802.

HUNTINGTON J L, NISWONGER R G, 2012. Role of surface-water and groundwater interactions on projected summertime streamflow in snow dominated regions: An integrated modeling approach. Water Resources Research, 48(11): W11524.

JABER F H, SHUKLA S, 2012. Mike She: Model use, calibration, and validation. Transactions of the ASABE, 55(4): 1479-1489.

JAFARI T, KIEM A S, JAVADI S, et al., 2021a. Fully integrated numerical simulation of surface water-groundwater interactions using SWAT-MODFLOW with an improved calibration tool. Journal of Hydrology: Regional Studies, 35: 100822.

JAFARI T, KIEM A S, JAVADI S, et al., 2021b. Using insights from water isotopes to improve simulation of surface water-groundwater interactions. Science of the Total Environment, 798: 149253.

JOLLY I D, RASSAM D W, 2009. A review of modelling of groundwater-surface water interactions in arid/semi-arid floodplains//The 18th World IMACS/MODSIM Congress. Cairns, Modelling and Simulation Society of Australia and New Zealand and International Association for Mathematics and Computers in Simulation: 3088-3094.

JONES J E, WOODWARD C S, 2001. Newton-Krylov-multigrid solvers for large-scale, highly heterogeneous, variably saturated flow problems. Advances in Water Resources, 24(7): 763-774.

JONES J P, SUDICKY E A, BROOKFIELD A E, et al., 2006. An assessment of the tracer-based approach to quantifying groundwater contributions to streamflow. Water Resources Research, 42(2): W2407.

KALBUS E, REINSTORF F, SCHIRMER M, 2006. Measuring methods for groundwater-surface water interactions: A review. Hydrology and Earth System Sciences, 10(6): 873-887.

KHAN H H, KHAN A, 2019. Groundwater-surface water interaction along river Kali, near Aligarh, India. HydroResearch, 2: 119-128.

KIM N W, CHUNG I M, WON Y S, et al., 2008. Development and application of the integrated SWAT-MODFLOW model. Journal of Hydrology, 356(1-2): 1-16.

KOLDITZ O, BAUER S, BILKE L, et al., 2012. OpenGeoSys: An open-source initiative for numerical simulation of thermo-hydro-mechanical/chemical (THM/C) processes in porous media. Environmental Earth Sciences, 67(2): 589-599.

KOLLET S J, MAXWELL R M, 2006. Integrated surface-groundwater flow modeling: A free-surface overland flow boundary condition in a parallel groundwater flow model. Advances in Water Resources, 29(7): 945-958.

KONG F, SONG J, ZHANG Y, et al., 2019. Surface water-groundwater interaction in the Guanzhong section of the Weihe River basin, China. Ground Water, 57(4): 647-660.

KORKMAZ S, LEDOUX E, ÖNDER H, 2009. Application of the coupled model to the Somme River Basin. Journal of Hydrology, 366(1-4): 21-34.

KRAUSE S, BRONSTERT A, ZEHE E, 2007. Groundwater-surface water interactions in a North German lowland floodplain: Implications for the river discharge dynamics and riparian water balance. Journal of Hydrology, 347(3-4): 404-417.

KURYLYK B L, MACQUARRIE K T B, VOSS C I, 2014. Climate change impacts on the temperature and magnitude of groundwater discharge from shallow, unconfined aquifers. Water Resources Research, 50(4): 3253-3274.

LAMONTAGNE S, KIRBY J, JOHNSTON C, 2021. Groundwater-surface water connectivity in a chain-of-ponds semiarid river. Hydrological Processes, 35(4): e14129.

LEAVESLEY G, LICHTY R, TROUTMAN B, et al., 1983. Precipitation-runoff modeling system: User's manual. Water-Resources Investigations Report 83-4238, U.S.

LEDOUX E, GIRARD G, VILLENEUVE J P, 1984. Proposal for a coupled model to simulate surface water and groundwater run-off in a catchment area. Houille Blanche, 39: 101-110.

LEDOUX E, GIRARD G, DE MARSILY G, et al., 1989. Spatially distributed modeling: Conceptual approach, coupling surface water and groundwater//MOREL-SEYTOUX H J. Unsaturated flow in hydrologic modeling. Dordrecht: Springer: 435-454.

LEDOUX E, GOMEZ E, MONGET J M, et al., 2007. Agriculture and groundwater nitrate contamination in the Seine Basin: The STICS-MODCOU modelling chain. Science of the Total Environment, 375(1-3): 33-47.

LIAO F, WANG G, SHI Z, et al., 2018. Estimation of groundwater discharge and associated chemical fluxes into Poyang Lake, China: Approaches using stable isotopes (δD and δ^{18}O) and Radon. Hydrogeology Journal, 26(5): 1625-1638.

LIN J, MA R, HU Y, et al., 2018. Groundwater sustainability and groundwater/surface-water interaction in arid Dunhuang Basin, northwest China. Hydrogeology Journal, 26(5): 1559-1572.

LIU H H, 2011. Impact of climate change on groundwater recharge in dry areas: An ecohydrology approach. Journal of Hydrology, 407: 175-183.

LOAGUE K, HEPPNER C S, MIRUS B B, et al., 2006. Physics-based hydrologic-response simulation: Foundation for hydroecology and hydrogeomorphology. Hydrological Processes, 20(5): 1231-1237.

LUCÍA S, ROMINA S, ELEONORA C, et al., 2019. Using H, O, Rn isotopes and hydrometric parameters to assess the surface water-groundwater interaction in coastal wetlands associated to the marginal forest of the Río de la Plata. Continental Shelf Research, 186: 104-110.

MARKSTROM S L, NISWONGER R G, REGAN R S, et al., 2008. GSFLOW: Coupled ground-water and surface-water FLOW model based on the integration of the precipitation-runoff modeling system (PRMS) and the modular ground-water flow model (MODFLOW-2005). U.S. Geological Survey Techniques and Method Report 6-D1: 240.

MAXWELL R M, KOLLET S J, SMITH S G, et al., 2010. ParFlow user's manual. International Ground Water Modeling Center Report GWMI 2010-01.

MAXWELL R M, CONDON L, KOLLET S, 2013. Diagnosing scaling behavior of groundwater with a fully-integrated, high resolution hydrologic model simulated over the continental U.S.//AGU Fall Meeting. San Francisco: American Geophysical Union.

MAXWELL R M, PUTTI M, MEYERHOFF S, et al., 2014. Surface-subsurface model intercomparison: A first set of benchmark results to diagnose integrated hydrology and feedbacks. Water Resources Research, 50(2): 1531-1549.

MCCALLUM J L, COOK P G, BERHANE D, et al., 2012. Quantifying groundwater flows to streams using differential flow gaugings and water chemistry. Journal of Hydrology, 416-417: 118-132.

MCDONALD M G, HARBAUGH A W, 1988. A modular three-dimensional finite-difference ground-water flow model. U.S. Geological Survey Techniques of Water-Resources Investigations 6-A1.

MILLER N L, DALE L L, BRUSH C F, et al., 2009. Drought resilience of the california central valley surface-ground-water-conveyance system. Journal of the American Water Resources Association, 45(4): 857-866.

MIRUS B B, LOAGUE K, 2013. How runoff begins (and ends): Characterizing hydrologic response at the catchment scale. Water Resources Research, 49(5): 2987-3006.

MOLINA-NAVARRO E, BAILEY R T, ANDERSEN H E, et al., 2019. Comparison of abstraction scenarios simulated by SWAT and SWAT-MODFLOW. Hydrological Sciences Journal, 64(4): 434-454.

MOORE W S, 1996. Large groundwater inputs to coastal waters revealed by ^{226}Ra enrichments. Nature, 380(6575): 612-614.

MOORE W S, 2007. Seasonal distribution and flux of radium isotopes on the southeastern U.S. continental shelf. Journal of Geophysical Research: Oceans, 112(C10): C10013.

MORRICE J A, VALLETT H M, DAHM C N, et al., 1997. Alluvial characteristics, groundwater-surface water exchange and hydrological retention in headwater streams. Hydrological Processes, 11(3): 253-267.

MOSASE E, AHIABLAME L, PARK S, et al., 2019. Modelling potential groundwater recharge in the Limpopo River Basin with SWAT-MODFLOW. Groundwater for Sustainable Development, 9: 100260.

NAVARRO-MARTINEZ F, SALAS GARCIA A, SÁNCHEZ-MARTOS F, et al., 2017. Radionuclides as natural tracers of the interaction between groundwater and surface water in the River Andarax, Spain. Journal of Environmental Radioactivity, 180: 9-18.

NISWONGER R G, PRUDIC D E, 2005. Documentation of the streamflow-routing (SFR2) package to include unsaturated flow beneath streams: A modification to SFR1. U.S. Geological Survey Techniques and Methods 6-A13: 50.

NISWONGER R G, PRUDIC D E, REGAN R S, 2006. Documentation of the unsaturated-zone flow (UZF1) package for modeling unsaturated flow between the land surface and the water table with MODFLOW-2005. Reston: U.S. Geological Survey.

NISWONGER R G, ALLANDER K K, JETON A E, 2014. Collaborative modelling and integrated decision support system analysis of a developed terminal lake basin. Journal of Hydrology, 517: 521-537.

OCHOA C G, SIERRA A M, VIVES L, et al., 2020. Spatio-temporal patterns of the interaction between groundwater and surface water in plains. Hydrological Processes, 34(6): 1371-1392.

PAI H, 2015. High resolution synoptic sampling and analysis for understanding groundwater-surface water interactions in lowland rivers. Merced: University of California.

PANDAY S, HUYAKORN P S, 2004. A fully coupled physically-based spatially-distributed model for evaluating surface/subsurface flow. Advances in Water Resources, 27(4): 361-382.

PANICONI C, WOOD E F, 1993. A detailed model for simulation of catchment scale subsurface hydrologic processes. Water Resources Research, 29(6): 1601-1620.

PARK Y, SUDICKY E A, PANDAY S, et al., 2009. Implicit subtime stepping for solving nonlinear flow equations in an integrated surface-subsurface system. Vadose Zone Journal, 8(4): 825-836.

PARTINGTON D, BRUNNER P, FREI S, et al., 2013. Interpreting streamflow generation mechanisms from integrated surface-subsurface flow models of a riparian wetland and catchment. Water Resources Research, 49(9): 5501-5519.

PERANGINANGIN N, SAKTHIVADIVEL R, SCOTT N R, et al., 2004. Water accounting for conjunctive groundwater/surface water management: Case of the Singkarak-Ombilin River Basin, Indonesia. Journal of Hydrology, 292(1): 1-22.

PÉREZ-MARTÍN M A, ESTRELA T, ANDREU J, et al., 2014. Modeling water resources and river-aquifer interaction in the Júcar River Basin, Spain. Water Resources Management, 28(12): 4337-4358.

PRUDIC D E, KONIKOW L F, BANTA E R, 2004. A new streamflow-routing (SFR1) package to simulate stream-aquifer interaction with MODFLOW-2000. Carson, Nevada: U.S. Geological Survey.

PRYET A, LABARTHE B, SALEH F, et al., 2015. Reporting of stream-aquifer flow distribution at the regional scale with a distributed process-based model. Water Resources Management, 29(1): 139-159.

QIN H, CAO G, KRISTENSEN M, et al., 2013. Integrated hydrological modeling of the North China Plain and implications for sustainable water management. Hydrology and Earth System Sciences, 17(10): 3759-3778.

RAGAB R, BROMLEY J, DÖRFLINGER G, et al., 2010. IHMS-integrated hydrological modelling system. part 2. application of linked unsaturated, DiCaSM and saturated zone, MODFLOW models on Kouris and Akrotiri catchments in Cyprus. Hydrological Processes, 24(19): 2681-2692.

RAU G C, ANDERSEN M S, MCCALLUM A M, et al., 2010. Analytical methods that use natural heat as a tracer to quantify surface water-groundwater exchange, evaluated using field temperature records. Hydrogeology Journal, 18(5): 1093-1110.

RAU G C, HALLORAN L J S, CUTHBERT M O, et al., 2017. Characterising the dynamics of surface water-groundwater interactions in intermittent and ephemeral streams using streambed thermal signatures. Advances in Water Resources, 107: 354-369.

REFSGAARD J C, STORM B, 1995. MIKE SHE//SINGH V P. Computer models of watershed hydrology. Colorado: Water Resources Publications: 806-846.

RIVARD C, LEFEBVRE R, PARADIS D, 2014. Regional recharge estimation using multiple methods: An application in the Annapolis Valley, Nova Scotia (Canada). Environmental Earth Sciences, 71(3): 1389-1408.

ROSS M A, TARA P D, GEURINK J S, et al., 1997. FIPR hydrologic model users manual and technical documentation. Tampa: Center for modeling hydrologic and aquatic systems, University of South Florida.

RUSSO T A, LALL U, 2017. Depletion and response of deep groundwater to climate-induced pumping variability. Nature Geoscience, 10(2): 105-108.

SAID A, STEVENS D K, SEHLKE G, 2005. Estimating water budget in a regional aquifer using HSPF-modflow integrated model. Journal of the American Water Resources Association, 41(1): 55-66.

SALEH F, FLIPO N, HABETS F, et al., 2011. Modeling the impact of in-stream water level fluctuations on stream-aquifer interactions at the regional scale. Journal of Hydrology, 400(3-4): 490-500.

SCHAFFHAUSER T, CHABAUX F, AMBROISE B, et al., 2014. Geochemical and isotopic (U, Sr) tracing of water pathways in the granitic Ringelbach catchment (Vosges Mountains, France). Chemical Geology, 374: 117-127.

SCHILLING O S, DOHERTY J, KINZELBACH W, et al., 2014. Using tree ring data as a proxy for transpiration to reduce predictive uncertainty of a model simulating groundwater-surface water-vegetation interactions. Journal of Hydrology, 519: 2258-2271.

SCHULLA J, 1997. Hydrologische modellierung von Flussgebieten zur Abschätzung der Folgen von Klimaänderungen. Zurich: University of Zurich.

SCHULLA J, JASPER K, 2000. Model description WaSiM-ETH. Institute for Atmospheric and Climate Science, Swiss Federal Institute of Technology.

SEBBEN M L, WERNER A D, LIGGETT J E, et al., 2013. On the testing of fully integrated surface-subsurface hydrological models. Hydrological Processes, 27(8): 1276-1285.

SEMENOVA O, BEVEN K, 2015. Barriers to progress in distributed hydrological modelling. Hydrological Processes, 29(8): 2074-2078.

SHANAFIELD M, COOK P G, 2014. Transmission losses, infiltration and groundwater recharge through ephemeral and intermittent streambeds: A review of applied methods. Journal of Hydrology, 511: 518-529.

SHI Y, DAVIS K J, DUFFY C J, et al., 2013. Development of a coupled land surface hydrologic model and evaluation at a critical zone observatory. Journal of Hydrometeorology, 14(5): 1401-1420.

SINGH A, 2014. Conjunctive use of water resources for sustainable irrigated agriculture. Journal of Hydrology, 519: 1688-1697.

SINGH S K, LIANG J, BÁRDOSSY A, 2012. Improving the calibration strategy of the physically-based model WaSiM-ETH using critical events. Hydrological Sciences Journal, 57(8): 1487-1505.

SITH R, WATANABE A, NAKAMURA T, et al., 2019. Assessment of water quality and evaluation of best management practices in a small agricultural watershed adjacent to Coral Reef area in Japan. Agricultural Water Management, 213: 659-673.

SOPHOCLEOUS M A, KOELLIKER J K, GOVINDARAJU R S, et al., 1999. Integrated numerical modeling for basin-wide water management: The case of the Rattlesnake Creek Basin in south-central Kansas. Journal of Hydrology, 214(1-4): 179-196.

SOPHOCLEOUS M, PERKINS S P, 2000. Methodology and application of combined watershed and ground-water models in Kansas. Journal of Hydrology, 236(3-4): 185-201.

STELLATO L, PETRELLA E, TERRASI F, et al., 2008. Some limitations in using (super 222) Rn to assess river-groundwater interactions: The case of Castel di Sangro alluvial plain (central Italy). Hydrogeology Journal, 16(4): 701-712.

SU X, XU W, YANG F, et al., 2015. Using new mass balance methods to estimate gross surface water and groundwater exchange with naturally occurring tracer ^{222}Rn in data poor regions: A case study in northwest China. Hydrological Processes, 29(6): 979-990.

SUDICKY E A, 2013. A physically-based modelling approach to assess the impact of climate change on canadian surface and groundwater resources//The 3rd International HydroGeoSphere User Conference. Neuchatel, Switzerland.

SULIS M, PANICONI C, RIVARD C, et al., 2011. Assessment of climate change impacts at the catchment scale with a detailed hydrological model of surface-subsurface interactions and comparison with a land surface model. Water Resources Research, 47(1): 1-22.

SUN F, CHEN C, WANG W, et al., 2011. Compartment approach for regional hydrological analysis: Application to the Meijiang catchment, China. IAHS-AISH Publication, 341: 102-108.

SUN Z, ZHENG Y, LI X, et al., 2018. The Nexus of water, ecosystems, and agriculture in Endorheic River Basins: A system analysis based on integrated ecohydrological modeling. Water Resources Research, 54(10): 7534-7556.

SURFLEET C G, TULLOS D, CHANG H, et al., 2012. Selection of hydrologic modeling approaches for climate change assessment: A comparison of model scale and structures. Journal of Hydrology, 464: 233-248.

SURFLEET C G, TULLOS D, 2013. Variability in effect of climate change on rain-on-snow peak flow events in a temperate climate. Journal of Hydrology, 479: 24-34.

SWAIN E D, WEXLER E J, 1996. A coupled surface-water and ground-water flow model (MODBRANCH) for simulation of stream-aquifer interaction. U.S. Geological Survey Techniques of Water-Resources Investigations 6-A6.

THERRIEN R, SUDICKY E A, 1996. Three-dimensional analysis of variably-saturated flow and solute transport in discretely-fractured porous media. Journal of Contaminant Hydrology, 23(1-2): 1-44.

THERRIEN R, MCLAREN R G, SUDICKY E A, et al., 2009. HydroGeoSphere-a three-dimensional numerical model describing fully-integrated subsurface and surface flow and solute transport. Waterloo: Groundwater Simulations Group, University of Waterloo.

THIERION C, LONGUEVERGNE L, HABETS F, et al., 2012. Assessing the water balance of the Upper Rhine Graben hydrosystem. Journal of Hydrology, 424-425: 68-83.

TIAN Y, ZHENG Y, WU B, et al., 2015a. Modeling surface water-groundwater interaction in arid and semi-arid regions with intensive agriculture. Environmental Modelling & Software, 63: 170-184.

TIAN Y, ZHENG Y, ZHENG C, et al., 2015b. Exploring scale-dependent ecohydrological responses in a large endorheic river basin through integrated surface water-groundwater modeling. Water Resources Research, 51(6): 4065-4085.

TRUDEL M, LECONTE R, PANICONI C, 2014. Analysis of the hydrological response of a distributed physically-based model using post-assimilation (EnKF) diagnostics of streamflow and in situ soil moisture observations. Journal of Hydrology, 514: 192-201.

VANDERKWAAK J E, 1999. Numerical simulation of flow and chemical transport in integrated surface-subsurface hydrologic systems. Waterloo: University of Waterloo.

VANDERKWAAK J E, LOAGUE K, 2001. Hydrologic-response simulations for the R-5 catchment with a comprehensive physics-based model. Water Resources Research, 37(4): 999-1013.

WANG J, GAO Y, WANG S, 2016. Land use/cover change impacts on water table change over 25 years in a Desert-Oasis transition zone of the Heihe River Basin, China. Water, 8(1): 11.

WANG P, YU J, POZDNIAKOV S P, et al., 2014. Shallow groundwater dynamics and its driving forces in extremely arid areas: A case study of the lower Heihe River in northwestern China. Hydrological Processes, 28(3): 1539-1553.

WANG W, WANG Z, HOU R, et al., 2018. Modes, hydrodynamic processes and ecological impacts exerted by river-groundwater transformation in Junggar Basin, China. Hydrogeology Journal, 26(5): 1547-1557.

WANG Z, WANG W, ZHANG Z, et al., 2021. River-groundwater interaction affected species composition and diversity perpendicular to a regulated river in an arid riparian zone. Global Ecology and Conservation, 27: e1595.

WARD J V, TOCKNER K, 2001. Biodiversity: Towards a unifying theme for river ecology. Freshwater Biology, 46: 807-819.

WEI X, BAILEY R T, RECORDS R M, et al., 2019. Comprehensive simulation of nitrate transport in coupled surface-subsurface hydrologic systems using the linked SWAT-MODFLOW-RT3D model. Environmental Modelling & Software, 122: 104242.

WERNER A D, GALLAGHER M R, WEEKS S W, 2006. Regional-scale, fully coupled modelling of stream-aquifer interaction in a tropical catchment. Journal of Hydrology, 328(3-4): 497-510.

WHEATER H S, MATHIAS S A, LI X, 2010. Groundwater modelling in arid and semi-arid areas. New York: Cambridge University Press.

WILCOX L J, BOWMAN R S, SHAFIKE N G, 2007. Evaluation of Rio Grande management alternatives using a surface-water/ground-water model1. Journal of the American Water Resources Association, 43(6): 1595-1603.

WINTER T C, 1999. Relation of streams, lakes, and wetlands to groundwater flow systems. Hydrogeology Journal, 7(1): 28-45.

WOLDEAMLAK S T, BATELAAN O, De SMEDT F, 2007. Effects of climate change on the groundwater system in the Grote-Nete catchment, Belgium. Hydrogeology Journal, 15(5): 891-901.

WU B, ZHENG Y, TIAN Y, et al., 2014. Systematic assessment of the uncertainty in integrated surface water-groundwater modeling based on the probabilistic collocation method. Water Resources Research, 50(7): 5848-5865.

WU M, WU J, LIN J, et al., 2018. Evaluating the interactions between surface water and groundwater in the arid mid-eastern Yanqi Basin, northwestern China. Hydrological Sciences Journal, 63(9): 1313-1331.

WU Y, WEN X, ZHANG Y, 2004. Analysis of the exchange of groundwater and river water by using Radon-222 in the middle Heihe Basin of northwestern China. Environmental Geology, 45(5): 647-653.

XIAO S, XIAO H, PENG X, et al., 2015. Hydroclimate-driven changes in the landscape structure of the terminal lakes and wetlands of the China's Heihe River Basin. Environmental Monitoring and Assessment, 187: 4091.

XIE Y, COOK P G, SHANAFIELD M, et al., 2016. Uncertainty of natural tracer methods for quantifying river-aquifer interaction in a large river. Journal of Hydrology, 535: 135-147.

YANG J, MCMILLAN H, ZAMMIT C, 2017. Modeling surface water-groundwater interaction in New Zealand: Model development and application. Hydrological Processes, 31(4): 925-934.

YANG J, YU Z, YI P, et al., 2020. Evaluation of surface water and groundwater interactions in the upstream of Kui River and Yunlong Lake, Xuzhou, China. Journal of Hydrology, 583: 124549.

YANG N, ZHOU P, WANG G, et al., 2021. Hydrochemical and isotopic interpretation of interactions between surface water and groundwater in Delingha, Northwest China. Journal of Hydrology, 598: 126243.

YANG Z, ZHOU Y, WENNINGER J, et al., 2014. A multi-method approach to quantify groundwater/surface water-interactions in the semi-arid Hailiutu River Basin, northwest China. Hydrogeology Journal, 22(3): 527-541.

ZHAO D, WANG G, LIAO F, et al., 2018. Groundwater-surface water interactions derived by hydrochemical and isotopic (^{222}Rn, deuterium, oxygen-18) tracers in the Nomhon area, Qaidam Basin, NW China. Journal of Hydrology, 565: 650-661.

ZHOU Y, LI W, 2011. A review of regional groundwater flow modeling. Geoscience Frontiers, 2(2): 205-214.

ZHOU Y, WENNINGER J, YANG Z, et al., 2013. Groundwater-surface water interactions, vegetation dependencies and implications for water resources management in the semi-arid Hailiutu River catchment, China: A synthesis. Hydrology and Earth System Sciences, 17(7): 2435-2447.

ZHU M, WANG S, KONG X, et al., 2019. Interaction of surface water and groundwater influenced by groundwater over-extraction, waste water discharge and water transfer in Xiong'an New Area, China. Water, 11(3): 539.

第3章 地表水与地下水相互作用影响下植被生态系统响应

3.1 水位波动下植被生态用水响应机制

3.1.1 植物水分来源

植物水分关系是干旱条件下生态水文过程研究的基础（徐耿龙 等，1993；杨文斌，1988；张立运 等，1988；汤章城，1983）。水在植物体内运输及其响应调控机制均属于植物水分关系研究的范畴（赵文智 等，2001）。植物对水分的吸收及利用效率直接影响生态系统的结构和演化过程。目前，植物水分关系主要集中在植物水分来源、水分利用效率、蒸腾作用等方面。

受上游冰雪融水和降雨补给的年内变化影响，干旱区河流的径流量通常具有季节性变化的特点，对这种变化的长期适应使植被在水分来源、水分利用效率和蒸腾耗水量等水分生理生态方面形成了独特的节律。但在世界范围内，受气候变化和人类活动的影响，干旱区河流的原有水文节律正在改变，这必然会给植物的水分生理生态特征带来深刻的影响，进而改变植被群落原有的物种组成和林分结构。如何利用有限的水分维持生态系统的正常运转，植物水分来源及其分配规律等是水分关系研究的关键（赵文智 等，2001）。

研究植物水分来源的方法很多，传统的根系挖掘法不仅费时费力，而且严重损伤植物和破坏生境，此外，由于植物主要吸水的活性根垂向分布格局与其地下根系生物量分布现状可能不一致，容易造成吸水层位判断的误差。近年来，随着稳定同位素技术的发展，氢氧同位素作为水的“指纹”，以其微创、微量及精确等优点，成为生态与水文过程研究的重要手段。20 世纪 80 年代，以 White 等（1985）为代表的研究人员开始利用氢氧同位素来分析植物水分来源，通过 δD 同位素组成发现，在潜水面埋藏较深的区域中北美乔松在干旱季节内利用少量的雨水（占 20%），而在湿润季节中其利用雨水的比例有所增加（达 32%）；相对而言，在地下水浅埋深区，北美乔松对雨水的利用比例显著下降，旱季和湿润季节分别为 10%和 16%。Ehleringer 等（1992）创建了土壤水和茎干水的水分提取低温真空蒸馏抽提技术，极大促进了植物水分来源的稳定同位素示踪研究。Dawson 等（1991）采用氢同位素发现了河岸成年树木很少利用水量丰富的河水，而趋向于吸收更为稳定的地下水，如图 3-1 所示。这标志着应用 D、^{18}O 同位素技术确定植物水分来源已得到国际公认（Ellsworth et al.，2007）。

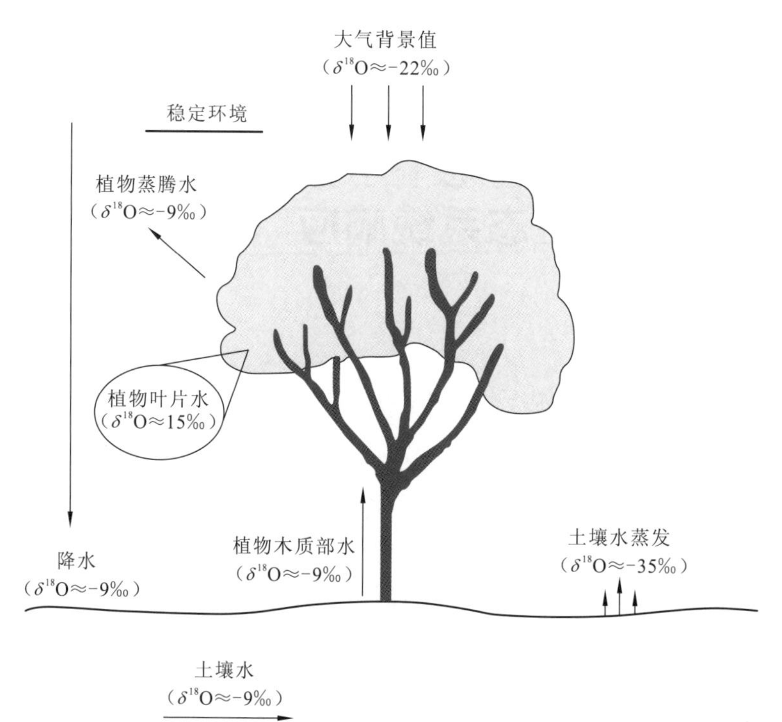

图 3-1 降水、幼茎、老茎、叶片和土壤中提取水的平均同位素组成

引自 Ellsworth 等（2007）

此后，越来越多的研究者使用同位素技术判断植物的水分来源和水分利用策略。通常，各研究区涉及不同的气候和不同景观的植被群落，而干旱区和河岸带由于具有复杂的水分特征和生态意义，在水分来源的研究中具有特殊地位。

Ehleringer 等（1991）研究表明了美国犹他州与亚利桑那州交界的荒漠一年生和肉质荒漠植物只利用夏季降雨（利用率为 91%），多年生木本植物主要利用夏季降雨（利用率为 57%），多年生深根植物利用地下水和冬季残留的深层土壤水。Valentini 等（1992）证明了落叶植物几乎只利用地下水，而常绿植物更多地依赖降雨。Chimner 等（2004）发现了植物吸水来源随季节变化，同时在地下水不同埋深梯度带上也有明显差异，并首次报道了 *Chrysothamnus nauseosus* 可以利用夏季降雨。Lin 等（1996）认为水分来源差异是植物在干旱环境下共存的机制，四翅滨藜和 *Chrysothamnus nauseosus* 几乎不利用降雨，*Artemisia filifoli* 和 *Vanclevea stylosa* 对降雨的利用率约为 50%，*Coleogyne ramosissima* 对降雨的吸收利用率最高。国内利用 D、^{18}O 同位素示踪植物水分来源的研究起步较晚，主要对 D、^{18}O 应用进行过综述（王平元 等，2010；边俊景 等，2009；段德玉 等，2007；孙双峰 等，2006；石辉 等，2003；曹燕丽 等，2002；严昌荣 等，1998）。应用研究主要包括：Ohte 等（2003）研究发现，在毛乌素沙地的旱柳和沙地柏利用地下水和深层土壤水，而油蒿仅利用浅层的土壤水分；Cheng 等（2006）研究了鄂尔多斯草原地区三种荒漠植物的水分来源，并通过模型分析了不同时间段内各物种的水分利用情况；孙双峰等（2006）对三峡库区次生松栎混交林进行了研究，发现乔木都利用降雨，而不利用江水；Li 等（2006）研究发现了内蒙古东部的树木不利用深层土壤水，主要利用近期的当地降雨；褚建民（2007）在黑河下游额济纳地区的研究发现，白刺、梭梭、沙拐枣三种植物的吸水层位依次向下延伸，分别利用浅层土壤水、深层土壤水和地下水；周辰昕等（2011）在黑河中游临泽地区，对河岸-绿洲-戈壁水分梯度带上植物水分来源的差异、凝结水对戈壁荒漠植物的水分补给作用、沙丘植物对降雨和地下水的依赖性等方面展开了深入的研究。

河岸带植物可利用的潜在水源基本有降雨、地下水和河水三种。Thorburn 等（1993）研究发现了河岸带植被在一般情况下利用地下水或降雨，占总利用率的 50%，而当存在季节性河流并且水量丰富时，其对河水利用达 30%，水分利用模式随径流变化而调整。Jolly 等（1996）针对洪水条件的对比研究发现，在洪泛区河岸带植被首先利用洪水和降雨，之后利用地下水，而在非洪泛区植物主要利用地下水和浅层土壤水，当潜水埋深大于 4 m 时吸收地下水。Dawson 等（1991）、Busch 等（1993）和 Kolb 等（1997）研究发现河岸带植被均以地下水作为主要水分来源，造成这种现象的原因是河流在洪水的冲击下经常改道，水源不稳定，为保持稳定的生长过程及适应干旱胁迫，植物选择性吸收稳定的地下水而不利用河水。此外，Dawson 等（1996）对澳大利亚西南部研究发现，桉树对不同水分的依赖随着水源可利用程度的改变发生响应，证明了植物吸收水分策略存在“二元模式”。

迄今为止，国内关于河岸带植物水分来源的研究相对较少。赵良菊等（2008）发现了黑河下游荒漠河岸林中，胡杨与柽柳主要利用地下水，而苦豆子则利用土壤水。

以上研究表明，由于时间和空间的差异，不同地区的河岸带植物水分利用模式各不相同，很难用已有的研究成果预测另一地区的植物水分来源及利用方式。

3.1.2 水位波动下植被生态用水策略

水分限制了植物的生长和变化，直接影响着植物个体的生长和生物群落的进化更替。根据不同的物种和栖息地，植物将选择不同的水源作为其生长的主要水源（Evaristo et al.，2017；Grossiord et al.，2017；Eggemeyer et al.，2008；Dawson et al.，2002）。特别是在干旱半干旱地区，水资源稀缺且波动较大，植物的可用水资源较少，大部分植物只能依赖地下水，其吸收能力受地下水位和种间竞争的影响（Ling et al.，2016；Yang et al.，2014）。

作为植物的重要水源，地下水可能对植物生长和当地环境的整体生态产生长期影响（Nilsson et al.，1997）。已有研究表明，在区域地下水位持续波动的影响下，不同植物的用水模式对水位波动有响应（Sun et al.，2016），如地下水位上升可能增加植物的水分供应，但也可能导致根系被淹没和缺氧胁迫（Armstrong et al.，2002）。地下水位的动态变化通常决定着植物群落的类型，地下水埋深在很大程度上影响杨树物种的细根生长和死亡率（Imada et al.，2010）。因此，为了适应干旱和洪水等多种条件，季节性地下水波动对许多植物来说是一个重大挑战。分析和了解地下水位的波动特征，是研究植被生态功能的前提条件，也是保护和改善生态环境的基础。

植物生活型与植物生态用水策略具有极强的相关性。通常情况下，草本植物可能会持续依赖浅层土壤中的水，对地下水位波动的响应较弱，而乔木和灌木则倾向于从深层土壤和地下水中取水，容易受到地下水位波动的影响（Priyadarshini et al.，2016；Wu et al.，

2016a ；McCole et al.，2007）。本小节主要从乔木和灌木出发，探究水位波动下的植物生态用水策略。

1. 植物生态用水对水位波动的生理响应

根系的功能型直接决定植物对环境水分条件变化的响应与适应。Schwinning 等（2001）认为，在干旱生境中，植物的表现型发生适应性改变，从而最大限度地获取水分，其中深根系被视为荒漠植物规避环境水分匮缺的根本策略。以深根系为主的植物通常具有根冠较大、叶片导度较低、气孔对水分有效性的敏感度较低等特征，从而能够最大限度获取深层土壤水。如柽柳属植物的深根系可利用稳定的地下水，此类根系功能型和用水策略使水势在整个生长季保持稳定，并有效避免植被的光合生理活动及群落碳获取受浅层土壤水分变化的影响（许皓 等，2010）。

特殊的气孔控制行为被视为柽柳属等荒漠植物用水策略的关键机制之一（Ehleringer et al.，1995）。经过长期进化过程中的利弊权衡，多枝柽柳形成一系列应对有利水分条件的用水策略，即当深根系到达可利用的地下水源时，植株以高水分消耗为代价，将碳获取最大化（许皓 等，2010）。同样以柽柳这种兼性地下水湿生植物为例，柽柳具有极强的耐旱性，其气体交换速率、光合速率、生长速度等生理指标对地下水位下降的响应并不敏感，在地下水可利用性显著降低的情况下仍保持相对稳定。王思宇等（2017）研究表明，柽柳的水分利用效率与地下水的涨落有着较强的相关性：通常随地下水位抬升，柽柳叶片的碳同位素分馏值增大，因此在高水位时段，柽柳的水分利用效率较低；而在低水位时段的中后期，因重力释水和植物蒸腾，根系吸水层变得越来越干燥，为了从中吸收到足够的水分，柽柳叶片水势降低，导致部分叶片气孔闭合，水分利用效率增强。

表 3-1 展示了柽柳生态系统的气象要素、地下水位、碳收支与叶面积指数的季节变化。由表可知，5～7 月，地下水位在 3～4 m 的波动对群落碳吸收的负面影响不显著。这说明，若地下水位仅在一定范围内自然波动，地下水位下降时潜水层的土壤仍能够供给多枝柽柳根系向下发育以接近新水源的潜能。到 8 月时，水位进一步下降至 4.5 m 左右，此时平原区 44.2 mm 的降水对地下水的补给几乎无效，地下水位下降和辐射能的减少对群落碳同化造成影响，这表示根区的土壤水分已匮缺。到 9 月时，地下水位回升，但受限于低光合有效辐射，群落碳同化显著下降，这与生理水平光合作用物候特征表现一致（许皓 等，2010）。

表 3-1　柽柳生态系统的气象要素、地下水位、碳收支与叶面积指数的季节变化

项目	月份				
	5 月	6 月	7 月	8 月	9 月
每日净辐射/（W/m^2）	4 471	4 392	5 170	4 635	2 638
每日光合有效辐射/[mmol/（m^2·d）]	47 745	47 462	50 848	39 629	34 533
平均温度/℃	19.1	27.0	24.3	22.1	17.5
潜在蒸发力/mm	202.7	205.3	208.5	160.0	138.0

续表

项目	月份				
	5月	6月	7月	8月	9月
降水量/mm	6.8	7.2	11.1	44.2	1.1
地下水位/m	3.12	4.04	3.69	4.43	3.87
群落碳收支/[gC/（m^2·d）]	−0.40[a]	−0.42[a]	−0.51[a]	−0.33[a]	−0.24[a]
群落蒸腾耗水/（mm/d）	0.95	0.84	0.91	0.21	0.46
叶面积指数	0.19	0.17	0.25	0.15	0.18
碳平衡/[gC/（m^2·d）]	−0.07[b]	−0.10[b]	−0.11[b]	−0.19[b]	−0.26[a]
水分蒸散/（mm/d）	1.17	1.07	1.28	1.64	0.50

注：同一列中标有不同字母的数据在 $p=0.05$ 上差异显著，标有相同字母的数据在 $p=0.05$ 上差异不显著；数据为 2005～2007 年的平均值；引自许皓等（2010）

2. 天然条件下的植被生态用水策略

地下水位对湿地植物的生长和繁殖至关重要，但其对植物生长的影响程度会随着植物根系特征和植物群落类型的不同，以及不同季节降水量的变化而变化。在整个生长季节，草本植物可能会持续依赖浅层土壤中的水，而树木（灌木）则倾向于从深层土壤中取水（Priyadarshini et al.，2016；Wu et al.，2016a；McCole et al.，2007）。先前研究表明，在干旱和半干旱生态系统中，与溪水相比，生长在溪流附近的多年生成熟树木更容易利用根系吸收地下水（Mensforth et al.，1994；Busch et al.，1993；Thorburn et al.，1993；Dawson et al.，1991）。

Mensfroth 等（1996）研究了自然条件下 *Melaleuca halmaturorum* 根系对地下水波动的季节性变化，通过测试稳定同位素、土壤水势和叶水势，发现树木在大多数时间都吸收地下水。具体来看，夏季结束时，地下水最深且盐分在表层土壤中积累，树木主要使用地下水；冬季结束时，地下水位上升至近地表，树木使用降水和地表土壤中的地下水。

Di 等（2018）在地下水位平均波动（年均波动幅度为 363 cm）条件下，对适应地下水位季节波动的毛白杨人工林的粗根结构和细根形态进行了研究。研究结果表明，毛白杨人工林的平均根深为 200 cm（最大根深为 270 cm），其根系系统包括深根和浅土层中广泛分布的侧根及一些结构性根系。基于这种特征，毛白杨可以利用地下水；当深根吸收功能被洪水抑制时，毛白杨则吸收浅层土壤水。

适应荒漠环境的胡杨对地下水有着更强的依赖性。地下水的可利用性对以胡杨为代表的干旱区河岸树木的生长非常重要，成熟胡杨主要利用土壤水和地下水，其吸水能力受地下水埋深和种间竞争的影响。当水分较为充足时，在单一种植和混合种植的树木之间，未发现土壤水分吸收模式的显著差异；然而，不同物种之间土壤水分吸收的差异与叶物候和树木蒸腾速率有关，物种特定的树木的水分获取模式不变（Schwendenmann et al.，2015）。当有枝梗胡杨的干扰时，胡杨幼苗的水源随地下水位的下降而下移（Sher et al.，2003）。因此，如果生态系统内发生竞争或水变得极其有限，胡杨吸水深度的可塑性使它在水分、光合养分方面更具竞争性，有利于植物的生长（Ehleringer et al.，1992）。与乔木利用深水源相反，小灌木可能依赖更不可靠的水源，这主要与小灌木浅根系有关。浅根树种在表层土层中，可能具有更密集的根毛和较少的木栓化根，因此可以更积极地从干燥的表层土壤中吸收水分（Sekiya et al.，2002）。根据 Nie 等（2011）的研究结果，生长在露头上的红背山麻杆的水分基本全部来自储存在浅裂缝/裂缝中的雨水，而生长在薄土上的个体在旱季主要利用降水补给的土壤水。

Wu 等（2019）研究了青藏高原河岸灌木的水分利用模式对土壤水分有效性的响应，通过对比青海沙柳河下游不同退化区植被的水分利用模式，得出了如下结论：相较之下，轻度退化区的灌木对浅层土壤水的利用比例较高，而重度退化区的灌木更多地依赖地下水，这种水分利用模式的差异与地下活性根区的分布密切相关。此外，在黎明前，轻度退化区灌木的叶片水势较高，而重度退化区灌木的叶片水势较低，这表明植物在水分利用过程中可以改变自身的生理特征来缓解水分胁迫，提升自身的水分利用能力。Geris 等（2017）研究了相对潮湿环境中 4 种不同土壤-植被环境中植被的吸水特征，通过比较不同土壤深度的同位素结果发现，没有明确证据证实植被从可移动或紧密结合的土壤水分中有优先吸收，几乎所有的植被始终在土壤/大气界面吸收水分。Chang 等（2019）研究了黄土高原地区退耕还林工程后原始耕地植被群落的演化，随着植被群落的逐渐演替，土壤中的根系含量逐渐增加，根系吸水的土层范围从 0～20 cm 逐渐增大到 0～100 cm。上述研究表明，在不同的生态环境背景下，植物群落的水分吸收模式不尽相同，植物可以通过改变根系的结构以适应复杂的环境条件。对于水资源丰富的地区，植物主要利用浅层的土壤水或雨水；对于水资源匮乏的地区，存在很多具备二态根系的植物，它们拥有两个根区，其中一个根区可以从表层土壤中吸取水分，另一个根区则可以从深层土壤中吸取水分。在水分有限的环境中，具有二态根系的植物比只依赖表层土壤水分的植物更具竞争力，植物能从深层的土壤中获取水分（Wang et al.，2017）。

3. 人工调控下的植被生态用水策略

面对日益严重的水生态环境问题，许多流域如美国的洛杉矶河，中国的塔里木河、黑河和石羊河等，都采取了生态调水措施以缓解生态环境的恶化（龙翔 等，2014）。

随着生态输水和流量自然化等旨在恢复受损河岸生态系统措施的实施，许多干旱半干旱区的地下水位下降趋势已得到遏制，而地下水位年内的波动更为明显。人工调控下的地下水位波动与自然条件下的波动有所不同，输水效益的显现是一个漫长的过程。由于地下水对生态输水的响应存在时空滞后期，且植物生长具有季节性，当年的生态输水在一定程度上可影响次年的土壤含水量，进而影响植物的生态用水策略。具体表现在：①地下水埋深与生态输水量呈正相关关系，但地下水埋深对生态输水的时间响应具有滞后性。塔里木河下游库尔干断面的研究结果显示，2010～2017 年各次输水的起始时段地下水位有小幅回落，约半月后出现明显抬升，反映了输水对地下水补给的延迟现象（廖淑敏 等，2019）。②在生态输水期间，地下水位的空间变化存在一定的滞后期，离河距离和径流损失是影响地下水位的两个关键因素。在短期内，距离河道越近，地下水位波动越大，而远离河道区域的地下水位波动所受影响较小，且随着离河距离的增加，水位波动的滞后期增大（古力米热·哈那提 等，2018）。

植物水分利用模式与周围水环境的变化有关，当外来水源使当地水位发生波动时，植物的用水策略也会发生变化。如通过洪水等方式补给地下水时，水源环境的变化可有效改善植物生长条件并影响植物生长（Garssen et al.，2015；Capon et al.，2006）。Singer等（2013）发现，在洪水过程中，植物可能会优先使用地表水作为主要水源，并在洪水消退后逐渐转向使用地下水。Sun等（2016）研究了外来水源影响下黑河下游柽柳的生态用水策略，当地下水位相对较浅时，植被直接从地下水中吸收水分；当地下水位下降时，柽柳的水源从地下水转为接受地下水补给的不饱和土壤水。

姜生秀等（2019）通过测定距人工湖面不同距离的白刺灌丛生长季降水、土壤水、地下水、植物水的稳定氢氧同位素变化特征，定量分析了白刺灌丛生长季的水分利用策略。结果显示，随着样地与湖面距离的增加，水平范围内白刺灌丛各土层的平均土壤水分逐渐减小，白刺灌丛受水淹的频率降低，同时由于降水补给的表层土壤水时空变化大，白刺灌丛逐渐利用更深层的土壤水和地下水，这反映了白刺灌丛对变化水文环境的水分利用策略。陆凯等（2017）对额济纳三角洲胡杨的研究表明，对于地下水埋深较浅（2 m）、距离过水河道较近（75 m）的胡杨，其主要土壤水供给层位在1～2 m；地下水埋深较深（3.3 m）、距离过水主河道较远（>2 km）处生长的胡杨，其主要土壤水供给层位在1.4～3.2 m。随地下水埋深增加，胡杨吸水的土壤层位也随之变深。

干旱区河岸植被受频繁的水环境波动影响，在维持河岸生态系统中发挥着重要作用。近几十年来，受到地下水位下降的威胁，胡杨幼苗大面积枯萎。为了更好地理解植被对水文过程变化的适应机制，Wang等（2018a）设计了一个实验，通过模拟塔里木河岸的野生栖息地条件，利用氧同位素确定胡杨幼苗在不同地下水情景下的水源。实验结果表明，随着地下水埋深增加，胡杨幼苗对地下水的利用比例降低。在埋藏较浅地下水条件下，胡杨幼苗株高降低，生物量积累减少。一方面，由于强烈的蒸发，土壤中积累了更多的盐，显著抑制了光合作用，从而影响了幼苗生长和生物量积累。另一方面，根系部分淹水会抑制淹水层细根的生长（Imada et al.，2010），植物根际土壤缺氧会影响水分和矿质养分的吸收，并改变植物代谢（Armstrong et al.，2002）。此外，与生长在具有可用的浅层地下水的混合池中的胡杨相比，枝梗胡杨的竞争优势涉及几个生态生理方面。因此，地下水埋深较浅不利于胡杨的生长。在地下水埋深较大的情况下，胡杨幼苗的根冠较大，根茬分配给根系的生物量较多，分配给地上部分的生物量较少，这表明随着土壤湿度的降低，分配给根系的生物量增加（Imada et al.，2010）。随着塔里木河沿线地下水位逐渐加深，植物物种多样性减少，植物群落结构简化（Buras et al.，2012）。

Sher等（2003）对盐杉、棉白杨和柳树幼苗进行了一系列竞争实验，然后在新墨西哥州格兰德河天然河岸进行了研究。他们比较了地下水位稳定和下降两种情况下，幼苗在春夏两季的生长情况。结果表明，在所有情况下，盐杉幼苗的生长速度都比本地树木慢。此外，在田间条件下，棉白杨抑制了盐杉幼苗的生长，而在大多数处理下，本地树木不受盐杉的影响。

综合天然条件和人工调控条件及实验条件下地下水位波动对植被生态用水策略的影响可知，随着地下水位的降低，植被主要利用的水源深度也降低。但当有较大量的外来水分输入时，植物也可能有限使用就近的地表水。总体来说：①不同条件对植被生态用水策略的影响速度和程度可能不同，当有外来水源影响时，受地下水位波动滞后性的影响，植被的生态用水也具有滞后性；②不同植被可能具有不同的适宜地下水位，深根系植被对地下水通常具有更高的利用率，而具有丰富水平根的小灌木和草本植被则对地下水的依赖性相对较低，更倾向吸收浅层土壤水；③当几种植被共存时，具有深根系的植被具有更好的可塑性，在水资源减少时能更快地调整自身的水分利用策略，更有利于自身的生长。

3.2 生态输水下地表水与地下水作用的生态调蓄功能

通常情况下，河岸带地下水的水位随河流水位变化的影响而发生改变，表明河流与地下水之间具有连通性。在生态输水条件下，河流的高流量通常出现在引水期，与通常的双向河水-地下水相互作用模式不同，生态输水条件下全年大部分时间河水位高于地下水位。

目前国内外已有地下水回补的大量研究与成功实践。美国利用当地有利的地形和地质条件，采用河道与人工湖渗入、竖井回灌等地下水回灌技术，将水回灌到地下，储存在近地表的含水层中，形成地下水库。这样不仅保存了珍贵的水资源，避免了无效蒸发，做到了水资源的多年调蓄，还保证了水的年度和年际的稳定供给（成自勇 等，2008；邓铭江 等，2007）。地下水库的调蓄能力由三个方面的影响因素控制：①地下水库的蓄存能力，即库容；②地下水库含水层系统的补给能力，由含水层的天然补给能力和地下水库人工补给能力两部分组成；③补给水源的保证能力，取决于外流域调水能力和河道的输水能力。河道的输水能力要通过水资源的联合调度实现，因此地下水库原则上都在河流地表水库的下游，形成地表水库和地下水库联合储存和调度的运转模式（李志萍 等，2011；成自勇 等，2008；杜新强 等，2005）。

植被非生长季节生态输水条件下，地表水库和地下水库都会因外来水源的影响而产生剧烈的波动，通过地表水和地下水水分的运移交换、地下水的储存、地表水和地下水的蒸发及被植物利用等过程，起到了良好的生态调蓄作用。

3.2.1 生态输水对地表水与地下水相互作用的影响

地表水和地下水是相互关联的水文连续体，存在于山区岩层、河流系统、海岸和喀斯特等地形环境中，是流域水文循环必须考虑的要素。地表水和地下水的水量、热量和物质交换维持着河流生态系统的基本功能，其对流域的水资源管理保护、水污染防治和生态健康具有重要意义（朱金峰 等，2017；Ji et al.，2006）。人类在社会经济发展中通过开发利用水资源，干扰了天然状态的水循环，进而改变了河流与地下含水层的补排关系（朱金峰 等，2017）。

河道的输水过程实际上是水量转化的动态过程，转化方式有水面蒸发、河床渗漏等。河床渗漏主要补给土壤水和地下水，供给天然植被消耗，形成潜水蒸发（邓铭江 等，2017）。对于输水终端是尾闾湖的生态输水，输水去向主要有三个：一是用于补给输水渠道两侧的地下水与土壤水；二是用于补给尾闾湖的湖水；三是用于补给在输水渠道和湖区附近一定范围内被蒸发蒸腾消耗的水分，包括植被蒸腾、水面蒸发与土壤蒸发（邓铭江 等，2017）。对于地下水位较深的地区，可以从河流中横向补给沿河两岸的地下水，将地下水提升到临界深度，使植被获得足够的土壤水分，从而维持河岸生态平衡（Di et al.，2011；Hu et al.，2007）。以青土湖为例，从青土湖主湖到浅水湖、沼泽水的过渡中，氢氧重同位素逐渐富集，蒸发逐渐增强，周边绿洲地下水的氢氧同位素值接近地表水，说明绿洲地下水接受地表水的补给，且青土湖生态输水影响区限制在绿洲范围内（刘秀强 等，2021）。

从整体上看，生态输水后河水位迅速增加，地下水位与河水位有着相同的变化趋势，且距离河水越远，地下水位越低，水位的变化幅度越小。虽然非引水期内引水对受水区地下水位和水化学的影响出现消退，但是较短的非引水期无法将生态输水对河岸带地下水的影响完全消除。河岸带地下水对引水期/非引水期交替引起的水位和水化学变化的响应具有一定的滞后性（买合木提·巴拉提 等，2005）。

随着生态输水的进行，从河床漏出的河水由于水势差在河道周围移动，河道周围的土壤区首先饱和。因此，经过一段时间后，从河床到不透水基岩出现三个区域，分别为饱和土壤水分区、非饱和土壤水分区和地下水区（Di et al.，2011）。在实际情况中，移动边界随河流高程而变化（Di et al.，2011）。生态输水期间，由于河水位远高于地下水位，河道两侧局部范围内的水力坡度迅速增大，地下水由河中心向两侧及下游方向的径流排泄运动增强，河水可在短时间内到达地下水位（Xie et al.，2010；买合木提·巴拉提 等，2005）。在此过程中，含水层的非均质性会影响地下水流的水力学参数，非均质程度会影响地下水位、河流-含水层的连通状态（朱金峰 等，2017）。此外，河水在集中下渗补给地下水的同时，在沿程产生裸地蒸发及植被蒸腾消耗。当边界条件不变时，随着地下水位的上升，潜水蒸发量逐渐增大，从而抑制地下水的上升幅度，即两者间会形成相互制约的均衡机制，当两者平衡时，河流的影响范围达到最大（邓铭江 等，2017）。

从生态输水后地下水位动态变化情况看，初期地下水位恢复很快，但达到一定程度后，地下水位上升的速率呈递减趋势且在一定范围内波动，并逐渐趋于一定值。生态输水后，地下水位呈缓慢上升的趋势，河流地下水埋深的上游区域比下游区域上升得高且快，这实质上是单位河长耗水率逐渐下降的结果（邓铭江 等，2017）。

以塔里木河为例，塔里木河下游分布有宽 10～20 km 的冲积平原，海拔位于 780～840 m。地形总体上由西北向东南倾斜，最低点位于台特玛湖。塔里木河下游河道宽 30～50 m，河床下切 2～7 m，两岸分布有胡杨、柽柳、骆驼刺、盐生草、花花柴等乔木灌木，以及固定/半固定沙丘，在低洼地带有盐土和盐壳分布（Wu et al.，2010）。在构造上，塔里木河是一个长时期的缓慢沉积带，具有较厚的第四系松散堆积层。在漫长的地质时期，河流改道频繁，河水携带的大量泥沙经过沉积或淤积形成了以细砂和粉砂为主的带状冲积湖积层，这十分有利于地下水的储存和运动。塔里木河下游含水层岩性单一，主要为河湖相细砂和粉细砂，属于典型的孔隙含水层。按地下水埋藏条件，含水层可分为潜水含水层和承压含水层。其中浅层地下水与河水联系密切，对于河道两侧植被维持生命活动具有重要作用（王希义 等，2018）。塔里木河下游干旱少雨，但蒸发强烈，少量的大气降水很容易蒸发殆尽。因此，大气降水对地下水补给几乎无作用，区域内地下水主要受到河水的补给。由于水力坡度小，含水层的透水性较差，地下水径流速度小。因此，地下水径流不活跃，有些区域甚至处于停滞状态。在垂直于河道方向上，地下水径流受河水位的影响十分显著。在生态输水的过程中，地下水位低于河水位，导致河水向河道两侧渗透，因此横向径流较为活跃（李丽君 等，2018；王希义 等，2018）。

塔里木河下游输水引起河道两侧地下水位抬升，水位上升值的大小与过水断面的流量、过水时间、观测井距河道的距离、地下水位初始值及土壤性质等因素有关。过水断面流量越大，河道水位越高，地表水对地下水位的补给量越大。第三次第二阶段输水与第一阶段输水相比，地下水抬升迅速，主要原因是过水断面的流量增加。地下水位的初始值对地下水位的上升量也有影响，第一次输水与第三次第二阶段输水相比，地下水位的初始值较低，因此输水前后的地下水位变化幅度较大（Hao et al.，2014；买合木提·巴拉提 等，2005）。此外，Kong 等（2018）发现，随着距河道距离的增加，生态输水对地下水的影响逐渐减弱，河岸带地下水位明显高于河岸带以外的水位；受水河段的河水通过侧向径流在河岸带内形成长期存在的地下水丘。

3.2.2 地表水与地下水相互作用对生态输水的调蓄功能

为了缓解用水矛盾，干旱区生态输水有时在秋季开展。生态输水到达尾闾湖后，由于温度降低，地表水可以通过与地下水和土壤水的转化，减小蒸散发，实现水分的储存。水分通常以冰和季节性冻土的形式储存下来，以便在来年植物生长季起到维持植被生长和环境恢复的作用（龙翔 等，2014）。Sun 等（2016）通过研究黑河中游河岸林中柽柳的水分利用方式发现，在地下水位波动的影响下，春季地下水位较高时向上补给的水分以土壤水的形式储存在质地细密的土壤孔隙中，进而满足夏季地下水位下降后植物生长的需要。Moore 等（2016）研究奥格兰德河下游芦苇发现，洪水引起的近地表土壤水分的增大足以维持草本植被（芦苇）的生长。

西部干旱区往往分布大面积的多年冻土和季节性冻土，其对水分储存转化也有重要作用。多年冻土活动层或季节性冻土的存在使干旱区水分的跨季节储存成为可能（樊贵盛 等，2000）。刘帅等（2009）分析了蒙古高原中部土壤冻融过程，发现 10 月至来年 4 月的冻结过程有利于保持土壤水分，有助于春季植被返青。周宏飞等（2009）研究了古尔班通古特沙漠雪融水的储存特征，发现 3 月上旬 78.8%～92%的雪融水转化为土壤水，这为荒漠植被在春季的生长提供了良好的水分条件。

对地表水来说，当河湖在完全封冻期时，湖面被冰覆盖，冰面升华明显小于水面蒸发（王欣语 等，2021）。地下水的储存相对复杂，受土壤质地和外部环境影响极大，通过土壤的冻融过程可以将水分储存在地下水库中。在有冻土存在的地区，冻土的冻融过程会影响生态输水后水分的迁移转化。

在季节性冻土区，伴随着土壤的水热传递过程，冬春期间土壤经历冻结和消融两大过程，但由于冻融期间土壤所处的外部环境不断变化，在不同的发展阶段冻融土壤表现出不同的特点（樊贵盛 等，2000；Thunholm et al.，1989）。

季节性冻土区土壤包气带中含有特定的含冰土体，冻土层具有一定的透水性、储水性及抑制水分蒸发的性能，致使土壤冻融期融雪水入渗、土壤墒情状况及降水-蒸发-径流之间的转换异于非冻结土壤（付强 等，2016）。大量实验研究表明，冻融循环作用影响土壤水分的相变，冻结期土壤水分的蒸发量减小，积蓄水量，融化期冻结水的下渗增加了土壤浅层水资源量，含水率的增加抑制了土壤温度的提升，减小了土壤热量的散失与能量的传递，对缓解土壤水资源短缺和春旱，以及促进作物的稳定生长具有积极的影响。

植物对地下水源的利用与地下水深度密切相关，当地下水埋深较浅时，植物优先利用地下水，当地下水埋深较深时，植物会优先利用雨水。Young-Robertson 等（2017）在多年冻土区开展了寒带森林植物水分来源的同位素调查，为了便于研究，将土壤自上而下分为苔藓层、有机质层及矿质土层。结果发现季节性融化冰是寒区植物重要的水分来源。在湿润年，季节性融化冰为植物提供 10%～20%的水源；在干旱年或生长季早期，季节性融化冰分别为植物提供 30%～50%或 60%～80%的稳定水源。此外，植物对水分的吸收随着土壤融化锋面的变化而变化。在丰水季，与季节性融化的地面冰相比，植物更多利用雨水；在干旱季，随着土壤解冻，植物完全从深层土壤吸收水分。这种水分吸收模式一方面证明了冻土区季节性融化水源的可用性，另一方面证明了植物水分吸收模式的可塑性。在多年冻土区，活动层中的季节性冻土会将前几年从雨水中获得的水分冻结并储存起来，在生长季节缓慢融化，为植被生长提供除降雨之外稳定的水分来源。而植物生根深度和水分利用的灵活性使植物在应对季节性干旱或降雨稀少条件时有利用任何可用水源的能力，这也成为寒区植物应对变异性降雨的两种缓冲机制。

我国西北干旱区，在强力蒸发作用下，表土水分消耗迅速，近地表-饱水带形成的负压使地下水（潜水）向上输送并成为维持土壤水分和植被耗水的重要来源。位于下游荒漠边缘的尾闾湖周边，地下水位、土壤水分和植被状态变化较大。特别是近年来上游向尾闾湖输水量增加，尾闾湖向周边地下水补给量也不断增大，地下水位抬升，进而改善了土壤水分和地表覆被状态，这反映了生态输水条件下地表水与地下水作用的生态调蓄功能（刘秀强 等，2021；Chunyu et al.，2019）。

天然植被的生存和生长主要受土壤水分和地下水埋深的影响。地下水位的上升有利于已有植被的生存，包气带补给量的增加则有利于植被的更新。下泄水量补给地下水和包气带水对受损天然植被的恢复和更新是必要的（邓铭江 等，2017）。在秋季输水条件下，地表水向地下水转化，导致地下水位年内波动频繁，地下水又有一部分转化为土壤水供植物吸收（王希义 等，2018）。

部分生态输水直接补给地表水，河湖区的地表水可对该地区的温度和湿度起到一定的调节作用。作为气候变化风向标的河流和湖泊，巨大的蒸发量是调节河岸带和湖泊“小气候”的重要因素，也是影响周边植物分布的主要因素。由于河湖的热容量远大于陆地，结冰时间较迟，在相当长时间内，因为水面对太阳辐射的反射率小，加上水体比热容大，所以湖面上的气温较周围陆地高，使得夏天凉爽、冬天温暖。另外，由于水陆的热力差异，在较大的河湖区也形成类似于海陆风的“湖陆风”。白天风从水面吹向岸边，夜间风从岸边吹向水面，使湖滨地区冬季气温偏高。在河湖区的下风方向，由于水面输入的丰富水汽，云量和降水可能增加，生态环境得以实现一定程度的恢复。

例如，生态输水前，台特玛湖湖区湿地上的芦苇等植被已日渐枯萎、死亡，湖周围只剩下残存的红柳、胡杨根系固定的沙包，湖面则成了龟裂的盐壳。此外，20 世纪 90 年代，该地区风沙灾害频发，沙尘暴天数为 122.4 天，地表受到风沙吹蚀长达 8 个月。

随着生态输水的持续进行，台特玛湖附近地区的小气候得到了重要的改善，沙尘天总数减少，风力强度降低，空气湿度从 30%上升到约 40%。土壤湿度的增加弱化了风蚀沙化，恶劣灾害性天气随着荒漠化土地逆转得到很大程度的改善，沙尘暴天气出现频率降低。此外，台特玛湖湖区水域面积逐渐增大，由 1990 年的 15 km^2 扩大到 2018 年的 271.6 km^2，全年最大水域面积约 500 km^2，水域面积的扩大也使周围地下水得到了有效补给。随着地下水位的抬升、地下水的水质逐渐变好，水环境得到明显改善，湖区周围大量死亡或濒临死亡的植被复苏，植被对生态输水的响应范围扩展到 1 000 m^2 以上，植被覆盖区面积由 2000 年的 318 km^2 增加至 2018 年的 327 km^2。湖区植被（如红柳、胡杨、芦苇等）面积的增大一定程度上遏制了塔克拉玛干沙漠和库鲁克塔格沙漠的合拢，增强了环塔克拉玛干沙漠的绿色屏障，起到了改善生态环境的作用（王慧玲 等，2020）。

从 1972 年起，塔里木河下游持续断流，地下水位不断下降，以胡杨和柽柳为代表的两岸植被几近消亡。在实施生态输水前，由于经历了长期的断流，老河道对地下水埋深的影响已经很微弱，距河道不同距离处地下水埋深基本差异不大，水位的高低与距河道距离几乎没有明显的相关关系。下游地下水位超过绝大多数下游植被的生长临界水位，造成下游已由河岸胡杨林、盐化草甸及盐柴类灌木植被向仅残存个别植株的沙漠过渡。自 2000 年开展生态输水以来，各监测断面的平均水位均有较大幅度的抬升，且各断面的抬升幅度从上而下呈现出逐渐递减的趋势（塔依尔江·艾山，2011），大量死亡或濒临死亡的植被又开始复苏，植被覆盖度和多样性有所回升（王希义 等，2018；Wu，2010）。

作为古尔班通古特沙漠西北边缘的重要生态环节，玛纳斯湖泊的干涸对周围植被有直接影响。由于湖域面积减少，湖泊湿地不能正常调节和维持区域的气候环境，不仅对周围生态带来毁灭性的影响，而且干涸的湖底还会增加沙尘天气的频率。自 1999 年玛纳斯河流域常年向下游输水以来，古尔班通古特沙漠腹地的玛纳斯湖水域面积不断扩大，玛纳斯湖湿地面积已超过 100 km^2。输水前后玛纳斯湖湿地的植被覆盖度变化也非常显著。2000～2016 年，各个阶段都有不同植被覆盖度之间的转移，总体上表现出极低覆盖度植被、中高覆盖度植被和高覆盖度植被增加，低覆盖度植被和中覆盖度植被减少（王丽春 等，2018）。

总之，生态输水通过输水渠到达河湖区后，一部分向下补给地下水，然后由地下水补给土壤水后以季节性冻土的形式储存在地下，经历冬季漫长的冻融阶段后，来年在生长季供植物吸收，促进植被的更新和复苏。另一部分则补给湖水使湖面积扩大，同时，在冬季以冰的形式保留在河/湖水中，供来年春季和夏季蒸发，提高环境温度和湿度，起到改善生态环境的作用。

3.3 生态水文耦合模型

为解决生态水文学研究面临的问题，调查、实验和模拟是主要的研究手段。其中，生态水文模型通过动态模拟植被与水分、能量和物质的变化过程，成为分析生态过程-水文过程相互作用的基础，也是定量评价变化环境下生态水文响应的重要工具，对水资源优化管理和生态保护具有重要作用（Guswa et al.，2020；徐宗学 等，2016；陈腊娇 等，2011）。

3.3.1 生态水文模型研究进展

传统水文模型关注流域的产汇流等水文过程，很少或没有考虑植被生态过程对水文过程的影响（Wigmosta et al.，1994）。传统生态模型的重点在于土壤-植被-大气连续体（soil，plants and the atmosphere，SPAC）垂向机制，对土壤水运动进行简化甚至忽略，并且没有考虑水平方向的侧向径流过程（Waring et al.，1998）。根据生态水文学的定义，传统水文模型及传统生态模型不能满足研究需求。在这种背景下，为突破生态水文学研究的瓶颈，能够定量描述水文及生态过程及其相互作用的生态水文模型应运而生（徐宗学 等，2016）。生态水文模型的定义涉及广义及狭义两个方面：广义而言，凡是可用于生态水文研究的模型均可看作生态水文模型；狭义地讲，考虑生态过程-水文过程的模型就是生态水文模型（王根绪 等，2001）。基于传统的水文模型和生态模型，生态水文模型的构建大致可分为两个方面：一是在水文过程模拟中增加植被的物理及生物化学过程，包括植被蒸腾、根系吸水、冠层能量传输及碳-氮-磷交换等；二是在生态过程模拟中考虑垂向土壤水分运动与水循环过程（冯起 等，2014；陈腊娇 等，2011；Ivanov et al.，2008）。王凌河等（2009）和王根绪等（2001）根据生态过程-水文过程耦合程度和算法对生态水文模型进行了分类，包括经验模型、机理模型、随机模型、确定性模型、集总式模型、分布式模型等，但此分类并未区分植被对水文过程变化的响应。当前，生态水文模型重点关注在模拟生态水文过程时，植被是否动态响应水文过程的改变，进而将生态水文模型分为生态水文单向耦合模型与生态水文双向耦合模型两类。生态水文单向耦合模型以水文模型为基础，在水文模拟过程中，考虑植被对水文过程的单向影响，不考虑水文状态改变对植被动态变化的反馈；生态水文双向耦合模型则是在水文模型中嵌入动态植被模型，实现植被-水文动态过程及相互作用的模拟（王根绪 等，2021；曾思栋 等，2020a）。

1. 生态水文单向耦合模型

生态水文单向耦合模型主要是从水文模拟的角度出发，通过引入植被模块，在降雨-径流过程模拟中构建生物物理方程以反映植被对有效降雨、入渗、蒸散发等的影响，从而使模拟的水文过程更符合实际。此类模型包括可变下渗容量（variable infiltration capacity，VIC）模型（Liang et al.，1994）、分布式水文土壤植被模型（distributed hydrology soil vegetation model，DHSVM）（Wigmosta et al.，1994）、SHE（system hydrological European）模型（Abbott et al.，1986）、Hydrus 模型（Šimůnek et al.，2008）等。VIC 模型通过区分不同的植被覆盖类型，利用空气动力学原理计算显热和潜热，从而将植被对有效降雨、冠层及土壤蒸发和蒸腾的影响进行表征。DHSVM 采用类似的方法，结合彭曼-蒙特斯（Penman-Monteith）公式和冠层导度 Jarvis 模型（Jarvis，1976）来计算蒸散发。Hydrus 模型通过引入根系密度和根系吸水方程，考虑植被根系吸水对土壤水分运动的影响。这些模型没有考虑水文过程对植被生理生化过程的影响，因此不能描述植被的动态变化，如物候发育、叶面积指数、生物量等。

气候变化和人为活动对水文过程和生态过程产生了显著的影响（Malhi et al.，2020；Mamuye et al.，2018；宋晓猛 等，2013；董李勤 等，2011），遥感技术为获取和分析大尺度范围内植被的动态变化特征，如植被类型演替（Caughlin et al.，2021；Xie et al.，2008）、冠层特征（He et al.，2020；Zheng et al.，2009；）、物候特征（Zeng et al.，2020）等提供了手段，并成功应用于改善生态水文模型的模拟结果。Schaperow 等（2021）和 Yuan 等（2014）通过融合卫星遥感提供的植被类型、植被覆盖度数据，显著提升了 VIC 模型的模拟效果。Pan 等（2018）利用遥感估计的陆面蒸散发数据也明显改善了 DHSVM 对径流的模拟效果。结合遥感提供的植被参数可以提升生态水文单向耦合模型的模拟结果，但是没有考虑植被对水文过程的反馈，因此生态水文单向耦合模型不能用于预测和评估未来气候变化和人类活动情景下的生态水文过程，只适用于对历史已发生的生态水文过程进行模拟与评估（徐宗学 等，2016；冯起 等，2014）。

2. 生态水文双向耦合模型

随着对生态水文耦合认识的不断深入，也因生态水文学研究的需求，变化环境下植被类型及生长发育动态变化对水文过程的影响受到越来越多的关注和重视（Rasouli et al.，2019；Bai et al.，2018），由此出现了生态水文双向耦合模型并得到广泛的研究。耦合具有物理机制的水文模型和生物地球化学生态模型对认识水文过程-生态过程的相互作用及反馈机制具有重要意义（曾思栋 等，2020a；Krysanova et al.，2010）。与生态水文单向耦合模型相比，生态水文双向耦合模型不仅能体现植被对水文过程的影响，还可以刻画植被对水文过程的响应，进而影响后续的水文过程模拟。根据水文过程-生态过程相互作用机制描述的复杂程度，可将生态水文双向耦合模型分为概念性生态水文模型、半物理过程生态水文模型和物理生态水文模型三类。

1）概念性生态水文模型

概念性生态水文模型是指在水文模型的基础上，耦合了参数植被模型或经验性的作物生长模型，以实现植被-水文相互作用模拟。Verhulst 逻辑曲线模型（Ridolfi et al.，2006）、SWAP（soil water atmosphere plant）模型（Kroes et al.，2017）、SWAT 模型（Arnold et al.，1998）、SWIM（soil and water integrated model）（Krysanova et al.，2005）和 EcoHAT 模型（刘昌明 等，2009）等都属于概念性生态水文模型。此类模型采用简单的、经验性的方程来反映植被的动态生长，首先计算无环境胁迫下的植被潜在生长量，然后引入水分、盐分和养分等胁迫来计算实际生长量。蒸散发的计算也采用类似的思想，先计算潜在蒸发量，而后引入胁迫计算实际蒸散量。

Verhulst 逻辑曲线模型可用于模拟地下水生态系统内植被的动态生长过程，其主要思想是构建地下水埋深与植被生物量或反映生物量因子的逻辑曲线关系，通过多年历史数据校验模型参数，从而实现探究地下水埋深变化对植被生长的影响。SWAP 模型是一维农业水文生态模型，其土壤水分模拟过程与 Hydrus 模型一样，但是在植被模拟时采用 WOFOST（world food studies）作物生长模型的通用性作物生长模块（de Wit et al.，2019）。SWAP 模型先根据光能利用率模型计算出植被的潜在干物质合成量，然后根据根系吸水胁迫方程计算实际干物质合成量，实际干物质合成量与潜在干物质合成量的比值等于实际蒸腾量与潜在蒸腾量的比值，最后根据植被各器官生物量分配比例计算植被各器官的实际增长量。在蒸散发计算方面，该模型先利用彭曼-蒙特斯公式计算潜在蒸散发量，然后根据植被参数（如叶面积指数等）计算潜在土壤蒸发与潜在植被蒸腾，实际蒸发量根据土壤表层水力传导度计算，并与潜在土壤蒸发量进行比较，取两者最小值，实际植被蒸腾量由植被水分胁迫与潜在植被蒸腾量计算得到。SWAT 模型采用侵蚀-土地生产力影响评估（erosion-productivity impact calculator，EPIC）模型（Williams et al.，1989）模拟植被的动态生长过程，在计算植被生长过程和蒸散发方面采用与 SWAP 模型类似的思路，先计算潜在量，然后根据土壤水分状态和植被参数计算实际量。

概念性生态水文模型是生态过程与水文过程松散耦合的结果，缺乏对植被生长及植被-水文相互作用关系的机理性描述。

2）半物理过程生态水文模型

相较于概念性生态水文模型，半物理过程生态水文模型在模拟植被动态生长和植被-水文相互作用关系时增强了机理性描述，如 TOPOG 模型（Dawes et al.，1997）、PnET-II3SL/SWAT 模型（Kirby et al.，2007）。它们在模拟植被生长时考虑植被最大光合速率，然后利用植被生长指数函数引入温度、水分等胁迫，进而得到实际的光合速率。在模拟植被蒸腾作用时，TOPGO 模型采用彭曼-蒙特斯公式，结合冠层气孔导度模拟的 Ball-Berry 模型（Ball et al.，1987），直接计算实际蒸腾量，不再采用潜在蒸散发折算的方法。相比于 Jarvis 模型，Ball-Berry 模型在一定程度上耦合了蒸腾作用-光合作用，具有一定的物理基础。虽然半物理过程生态水文模型考虑了一定的物理过程，但其对光合作用过程的描述过于简单，仍不能详细刻画水文过程对植被生化（如碳、氮、磷等的循环）过程的影响。

3）物理生态水文模型

随着植物生理学及生态学的不断发展，生态模型的机理性描述不断完善，大量模型不断涌现：生物地球化学模型，如 BIOME-BGC 模型（Running et al.，1993）、CENTURY 模型（Parton et al.，1993）、CASA（Carnegie-Ames-Stanford approach）模型（Potter et al.，1993）、CEVSA（carbon exchange between vegetation，soil and atmosphere）模型（Cao et al.，1998）、CASACNP 模型（Houlton et al.，2008；Wang et al.，2007）；陆面生物物理模型，如 SiB（simple biosphere）模型（Sellers et al.，1986）、LSM 模型（Bonan，1995）；动态植被模型，如 LPJ 模型（Sitch et al.，2003）、HYBRID 模型（Friend et al.，1997）、LPJ-TEM 模型（Pan et al.，2004）、IBIS（the integrated biosphere simulator）模型（Foley et al.，1996）等。上述模型被不同程度地耦合到水文模型[如 TOPMODEL（Beven et al.，2021）、DHSVM、分布式时变增益模型（distributed time variant gaint model，DTVGM）（夏军 等，2004）]中，形成了一系列具有较强物理机制的生态水文模型，如 RHESSys 模型（Tague et al.，2004）、VIP 模型（Mo et al.，2004）、BEPS-TerrainLab 模型（Govind et al.，2009）、tRIBS-VEGIE 模型（Ivanov et al.，2008）、Macaque 模型（Watson et al.，1999）、DTVGM-CASACNP 模型（曾思栋 等，2020a）等。物理生态水文模型是植被生态过程模拟在机理方面的进一步增强，部分模型还耦合了水能量通量及碳氮磷过程。

曾思栋等（2020a）耦合夏军等开发的 DTVGM 水文模型和 CASACNP 生态模型，

构建了 DTVGM-CASACNP 生态水文模型。该模型以流域水循环为纽带，耦合了伴随的能量通量及碳氮磷的生物地球化学过程，实现了水、能量通量及碳氮磷过程的紧密耦合，可反映各过程之间的相互作用及实时动态关系。DTVGM-CASACNP 生态水文模型由流域水循环模块、能量平衡模块、光合作用模块和碳氮磷生物地球化学循环模块 4 大部分组成。流域水循环模块主要包括垂直方向大气水-植物水-地表水-土壤水-地下水等的转化及水平方向的径流传输模拟。能量平衡模块主要包括冠层辐射传输、冠层及地表能量平衡及土壤热传导中能量转化过程的模拟。光合作用模块主要包括光合有效辐射吸收、光合作用及气孔导度等碳同化相关过程的模拟。碳氮磷生物地球化学循环模块主要包括植物生长，碳、氮、磷元素在不同生物地球化学库（包括植物库、凋落物库）及土壤库中相互转化过程的模拟。该模型应用于森林生态系统时，在水、能量通量和碳通量模拟方面均取得了较好的结果。

虽然物理生态水文模型机理性强，但是其包含复杂的机理性水文过程和生态过程，引入了众多的水文参数、生态参数，特别是复杂的植被生理特性参数（如酶活性、羧化速率、电子传输速率、呼吸速率）和形态参数（如冠层高度、冠层结构）。此类模型在应用时普遍面临参数获取困难、输入数据缺乏等问题，从而限制了模型的推广和应用。

3.3.2 生态水文模型发展趋势

生态水文模型是开展生态水文研究的重要手段，在森林生态系统（Son et al.，2019；Pretzsch et al.，2007）、草原生态系统（Douinot et al.，2019；Choler et al.，2010）、湿地生态系统（吴燕锋 等，2018；Chui et al.，2011）、河流生态系统（Norvanchig et al.，2021；Hattermann et al.，2005）、湖泊生态系统（Siniscalchi et al.，2019）、地下水生态系统（Huang et al.，2020；Li et al.，2017）、农田生态系统（Porporato et al.，2015）、城市生态系统（Revelli et al.，2018；Shields et al.，2015）和冰原生态系统（Yu et al.，2020）研究中得到了广泛的应用，其通过定量描述生态过程、水文过程及其相互作用，为生态环境及水资源管理决策提供了重要支撑。生态水文模型的产生发展与生态水文学的学科发展和社会需求紧密联系，其发展趋势包括以下三个方面。

（1）对生态水文过程更细致的刻画是生态水文模型开发的关键。生态水文过程领域的研究难点与热点包括植物水分利用与调控、碳氮水耦合循环过程、水文循环关键过程、径流形成与变化和陆-气作用的降水反馈效应等（王根绪 等，2021）。这些研究热点均涉及多个尺度，小尺度实验的结论和建立的模型是否适用于大尺度研究是生态水文模型亟待解决的问题之一。

（2）多源数据利用与参数获取是生态水文模型应用的前提。生态水文过程的细致刻画将模型变得更加复杂，不仅对数据的需求不断提升，同时也引入更多的模型参数，导致参数获取更加具有挑战性。当前，获取地球物理状态参数的手段多样，如探地雷达、同位素技术、高-中-低空遥感技术、物联网监测系统等。不同源头的数据一般具有不同的尺度，因此，如何利用多源多尺度数据服务生态水文模型研究与应用也值得探究。针对模型参数获取，一方面部分参数可以通过直接观测得出，另一方面可以结合多源观测数据，利用模型参数优化方法，如遗传算法（Katoch et al.，2020）、SCE-UA 算法（Naeini et al.，2019）、综合似然不确定性估计（generalized likelihood uncertainty estimation，GLUE）算法（Blasone et al.，2008）等，来率定模型参数。数据同化方法，如集合卡尔曼滤波（ensemble Kalman filter，EnKF）（Evensen，2003）、粒子滤波（particle filter，PF）（Gordon et al.，1993），不仅能利用多源数据校正模型变量，还可以估计模型参数，被研究者用于生态水文过程模拟研究中（Tsutsui et al.，2021；Sawada et al.，2015；Ng et al.，2014）。全球陆面数据同化系统（global land data assimilation system，GLDAS）（Rodell et al.，2004）和北美陆面数据同化系统（North American land data assimilation system，NLDAS）（Sheffield，et al.，2012）利用数据同化方法和生态水文模型提供了全球约 25 km 尺度和北美约 12.5 km 尺度的陆面水文及植被状态。

（3）生态-水文-社会耦合是生态水文模型发展的重要方向和必经之路。气候变化影响着生态水文过程，社会活动对生态水文过程的影响也不断加深，这使生态水文过程变得越来越复杂。城市发展、生态修复和保护、水库调度、地下水开采、农业生产对地下水-土壤水-径流-降雨等水文过程和植被类型-覆盖度-生产力等生态过程产生了复杂而重要的影响，仅考虑天然的生态水文过程早已不能真实刻画人类活动影响下的生态水文过程。因此，耦合生态-水文-社会的细致刻画才能使建立的生态水文模型为决策管理提供可靠支持，这也成为不可回避的难题。

3.3.3 水文-植物生态吸水耦合模拟

刻画植物生态吸水的过程十分重要，了解自然界中植物对水分的吸收过程有助于进一步掌握水在土壤-植被-大气中的循环过程，也有助于提升人类对植物生长发育过程的认识（Deng et al.，2017）。但是植被吸水的规律十分复杂，不仅受到土壤质地、气候条件、物理化学过程等多种因素的影响，也与植物自身的结构密切相关，还可能与其他物种之间存在竞争或共存的关系（Comas et al.，2015；Scott，2000）。研究还发现植物可以利用根系之外的构造来获取水分，如梭梭树可以用叶片吸收大气中的水分（Gong et al.，2019）。因此，对植物吸水过程的刻画仍然是生态水文领域的一项重要挑战。目前，植被吸水的研究主要从两个方面开展。

其一是构建植被根系吸水模型。对大多数植物而言，根系是植物吸收水分的重要器官，对植物的生长起到关键作用（Ristova et al.，2014）。然而影响根系吸水的因素很多，包括根系的形状、范围、深度及水分条件等（吴元芝 等，2011）。因此，建立合适的根系吸水模型可以综合考虑上述影响因素，简化根系的吸水过程。常见的根系吸水模型主要分为微观模型和宏观模型两类。微观模型是从微观尺度刻画根系的吸水过程，也被称为单根径向流模型，即将单根视为纵向无限长、横向半径均匀的圆柱体，并假设圆柱体的各个部位具有均匀的吸水特性（Gardner，1960）。这种模型较为详尽地考虑了根系在吸水过程中所受的影响因素，但是实用性不强，难以广泛推广。宏观模型是将所有根系看作一个整体来研究吸水过程，包括基于电学模拟法建立的模型和权重因子类模型。前者在使用过程中需要考虑水流在土壤及根系内部受到的阻力，因此在使用时常常受到限制；后者以 Feddes 模型为代表，应用较为广泛。在 Feddes 模型中，根系吸水量由水分胁迫函数、根系密度分布函数及植物潜在蒸腾量三部分组成（Feddes et al.，1978）。受水分胁迫函数的影响，根系在某一位置的吸水量会减少，然而根系是一个相互联系的统一体，当土壤剖面中的含水量分布不均匀时，根系在某一位置减少的吸水量会在含水率更高的土壤中得到补偿，这就是根系吸水的补偿作用。由此产生了多种刻画补偿作用的根系吸水模型，包括 Couvreur 模型（Couvreur et al.，2014）、Li 模型（Li et al.，2001）、Jarvis 模型（Jarvis，1989）等。其中，Jarvis 模型是在 Feddes 模型的基础上加入了补偿函数 φ，将根系在土壤各层的吸水量变为原来的 φ 倍，该模型提升了根系整体的吸水量，但是这种补偿机制是将根系各层按照同等的比重进行补偿的，与实际情况不符。除上述模型外，部分学者对根系吸水模型进行了修正和改进，Wang 等（2018b）在构建吸水模型的过程中考虑了根系的动态变化过程，提出了耦合根系动态变化的吸水模型，与原有的模型相比，耦合模型描述了根系剖面随地下水变化的规律，改善了模型的模拟结果；Lv 等（2013）根据土壤温度对根系吸水模型进行了修正，考虑了盐分胁迫对根系吸水的影响，在模型中引入了相应的盐分胁迫函数。

其二是利用氢氧同位素研究植被的吸水过程。氢氧同位素是自然水体中广泛存在的环境同位素，它们在不同水体中的相对丰度变化可以指示自然界中水分的迁移和循环过程（Burgess et al.，2000）。应用氢氧同位素可以量化植物的根系吸水量，判断植物的吸水层位，比较不同植物在吸水过程中的差异。Wu 等（2016b）测定了玉米田中茎秆水、土壤水、降水及灌溉水中的氢氧同位素，并采用多元质量平衡法估算了玉米根系的吸水量。Xu 等（2021）在西北干旱区利用氧同位素研究了垄沟式雨水收集系统下玉米根区不同土层对根系吸水量的贡献。Liu 等（2018）通过氢氧同位素技术研究了季节性干旱对 4 种主要植被吸水层位的影响，结果发现：侧柏在干旱时节主要从中深层土壤中获取水分，在潮湿时节主要从表层土壤中获取水分；栓皮栎在干旱时节主要从中浅层土壤中获取水分，在潮湿时节主要从深层土壤中获取水分；牡荆在降雨较少的 5 月和 11 月主要利用中深层土壤中的水分，而在降雨较多的 7 月到 9 月则主要利用中浅层土壤中的水分；平榛在全年内主要从中浅层土壤中获取水分，对深层土壤中的水分依赖较小。Wang 等（2017）基于稳定同位素分析了黄土高原白花针茅（草本）、黄花蒿（亚灌木）和牡荆（灌木）三种植物的水分吸收模式，结果发现白花针茅生长季 80%的水分来自 0～120 cm 的土壤，其水分吸收波动较小，对水源具有较低的可塑性，而 Eggemeyer 等（2008）研究发现草本植物主要利用上层土壤（5～50 cm）中的水分；与之相比，黄花蒿主要从浅层土壤中吸收水分，7 月时植物从浅层土壤中吸收的水分比例最大，这与 7 月时该地的高降雨量有关（Lü et al.，2018）；三种植物中，牡荆从深层土壤中吸收水分的比例最大，并且深层土壤水分在生长季的贡献率逐渐增加，在吸水方面表现出较高的可塑性。通过调查上述三种植物的根系分布特征可以发现，白花针茅及黄花蒿的根系主要分布在土壤表层，而牡荆含有多组直根及从主根冠向外辐射的一组侧根，这种根系也被称为二态根。

除上述研究外，氢氧同位素还被广泛应用于区域尺度的植被吸水研究。在不同的生态环境背景下，植物群落的吸水特征存在一定的差异，特别是在有多种植物共生或竞争的区域。Rossatto 等（2012）对巴西中部的热带稀树草原开展了研究，结果发现同一坡面上植被的吸水特征有所不同，特别是在旱季，坡面高海拔区域的地下水位相对较深，该区域的植物更易吸收深层土壤中的水分（包括地下水）；而坡面低海拔区域的地下水位接近地表，生长在该区域的植物通常仅吸收表层土壤中的水分。因此植被可以根据水源的分布调整根系的吸水策略，这种能力与根系的结构密切相关。例如，Scholz 等（2008）研究证实塞拉多地区部分木本物种存在二态根系，这种二态根能够从表层及深层土壤中吸取水分。此外，由于草本植物只能利用表层土壤中的水分，而木本植物可以根据需要利用表层或深层土壤中的水分，两种植物之间产生生态位分离，在缺水的生态系统中，这种水分吸收模式可以减少植物之间的恶性竞争，允许不同植物群落在生态系统中共存。

植物根系吸水模型或氢氧同位素示踪技术均可以刻画植物的吸水过程。根系吸水模型的优点是可以预测植物的水分吸收规律，模拟不同条件（自然或人为）下植物的吸水方式；但是其模拟结果存在偏差，且多数模型是一维模型，难以形成区域尺度的研究。同位素示踪技术对植物吸水层位的判断更加准确，但是人工成本较高，难以预测植物在不同环境下的吸水方式。目前还缺乏两种方法相结合的根系吸水研究。

参考文献

边俊景, 孙自永, 周爱国, 等, 2009. 干旱区植物水分来源的 D、^{18}O 同位素示踪研究进展. 地质科技情报, 28(4): 117-120.

曹燕丽, 卢琦, 林光辉, 2002. 氢稳定性同位素确定植物水源的应用与前景. 生态学报, 22(1): 111-117.

陈腊娇, 朱阿兴, 秦承志, 等, 2011. 流域生态水文模型研究进展. 地理科学进展, 30(5): 535-544.

成自勇, 张芮, 张步翀, 2008. 石羊河流域生态水利调控的思路与对策//中国水利学会. 中国水利学会学术年会会议论文集 2008(上册). 海口: 中国水利学会: 608-613.

褚建民, 2007. 干旱区植物的水分选择性利用研究. 北京: 中国林业科学研究院.

邓铭江, 裴建生, 王智, 等, 2007. 干旱区内陆河流域地下水调蓄系统与水资源开发利用模式. 干旱区地理, 30(5): 621-628.

邓铭江, 杨鹏年, 周海鹰, 等, 2017. 塔里木河下游水量转化特征及其生态输水策略. 干旱区研究, 34(4): 717-726.

董李勤, 章光新, 2011. 全球气候变化对湿地生态水文的影响研究综述. 水科学进展, 22(3): 429-436.

杜新强, 廖资生, 李砚阁, 等, 2005. 地下水库调蓄水资源的研究现状与展望. 科技进步与对策, 22(2): 178-180.

段德玉, 欧阳华, 2007. 稳定氢氧同位素在定量区分植物水分利用来源中的应用. 生态环境, 16(2): 655-660.

樊贵盛, 郑秀清, 贾宏骥, 2000. 季节性冻融土壤的冻融特点和减渗特性的研究. 土壤学报, 37(1): 24-32.

冯起, 尹振良, 席海洋, 2014. 流域生态水文模型研究和问题. 第四纪研究, 34(5): 1082-1093.

付强, 侯仁杰, 李天霄, 等, 2016. 冻融土壤水热迁移与作用机理研究. 农业机械学报, 47(12): 99-110.

古力米热·哈那提, 王光焰, 张音, 等, 2018. 干旱区间歇性生态输水对地下水位与植被的影响机理研究. 干旱区地理, 41(4): 726-733.

姜生秀, 安富博, 马剑平, 等, 2019. 石羊河下游青土湖白刺灌丛水分来源及其对生态输水的响应. 干旱区资源与环境, 33(9): 176-182.

李丽君, 张小清, 陈长清, 等, 2018. 近 20 a 塔里木河下游输水对生态环境的影响. 干旱区地理, 41(2): 238-247.

李志萍, 谢振华, 杨艳, 等, 2011. 北京平谷盆地地下水库建库条件分析. 上海国土资源, 32(1): 20-23.
廖淑敏, 薛联青, 陈佳澄, 等, 2019. 塔里木河生态输水的累积生态响应. 水资源保护, 35(5): 120-126.
刘昌明, 杨胜天, 温志群, 等, 2009. 分布式生态水文模型 EcoHAT 系统开发及应用. 中国科学(E 辑: 技术科学), 39(6): 1112-1121.
刘帅, 于贵瑞, 浅沼顺, 等, 2009. 蒙古高原中部草地土壤冻融过程及土壤含水量分布. 土壤学报, 46(1): 46-51.
刘秀强, 陈喜, 刘琴, 等, 2021. 西北干旱区尾闾湖过渡带陆面蒸发和潜水对土壤水影响的同位素分析. 干旱区资源与环境, 35(6): 52-59.
龙翔, 孙自永, 周爱国, 等, 2014. 黑河中游河岸带柽柳水分来源的 ^{18}O 同位素示踪研究. 干旱区资源与环境, 28(7): 150-155.
陆凯, 于静洁, 王平, 等, 2017. 干旱区植物用水对水文条件的响应: 以额济纳三角洲胡杨为例. 南水北调与水利科技, 15(1): 88-94.
买合木提·巴拉提, 丛振涛, 吾买尔江·吾布力, 等, 2005. 塔里木河下游应急生态输水的"四水"转化研究. 人民黄河, 27(4): 22-24.
石辉, 刘世荣, 赵晓广, 2003. 稳定性氢氧同位素在水分循环中的应用. 水土保持学报, 17(2): 163-166.
宋晓猛, 张建云, 占车生, 等, 2013. 气候变化和人类活动对水文循环影响研究进展. 水利学报, 44(7): 779-790.
孙双峰, 黄建辉, 林光辉, 等, 2006. 三峡库区岸边共存松栎树种水分利用策略比较. 植物生态学报, 30(1): 57-63.
塔依尔江·艾山, 2011. 河道输水干扰下塔里木河下游胡杨林长势变化对比研究. 乌鲁木齐: 新疆大学.
汤章城, 1983. 植物干旱生态生理的研究. 生态学报, 3(3): 196-204.
王根绪, 钱鞠, 程国栋, 2001. 生态水文科学研究的现状与展望. 地球科学进展, 16(3): 314-323.
王根绪, 夏军, 李小雁, 等, 2021. 陆地植被生态水文过程前沿进展: 从植物叶片到流域. 科学通报, 66(Z2): 3667-3683.
王慧玲, 吐尔逊·哈斯木, 2020. 生态输水前后台特玛湖生态环境变化探究分析. 生态科学, 39(1): 93-100.
王丽春, 焦黎, 来风兵, 等, 2019. 基于遥感生态指数的新疆玛纳斯湖湿地生态变化评价. 生态学报, 39(8): 2963-2972.
王凌河, 严登华, 龙爱华, 等, 2009. 流域生态水文过程模拟研究进展. 地球科学进展, 24(8): 891-898.
王平元, 刘文杰, 李鹏菊, 等, 2010. 植物水分利用策略研究进展. 广西植物, 30(1): 82-88.
王思宇, 龙翔, 孙自永, 等, 2017. 干旱区河岸柽柳水分利用效率(WUE)对地下水位年内波动的响应. 地质科技情报, 36(4): 215-221.
王希义, 徐海量, 闫俊杰, 等, 2018. 基于氧同位素(δ^{18}O)的塔里木河下游河水向地下水的转化研究. 水资源与水工程学报, 29(2): 84-89.
王欣语, 高冰, 2021. 青海湖水量平衡变化及其对湖水位的影响研究. 水力发电学报, 40(10): 60-70.
吴燕锋, 章光新, 2018. 湿地生态水文模型研究综述. 生态学报, 38(7): 2588-2598.
吴元芝, 黄明斌, 2011. 基于 Hydrus-1D 模型的玉米根系吸水影响因素分析. 农业工程学报, 27(S2): 66-73.
夏军, 王纲胜, 谈戈, 等, 2004. 水文非线性系统与分布式时变增益模型. 中国科学(D 辑: 地球科学),

34(11): 1062-1071.
徐耿龙, 赵世元, 李小明, 1993. 荒漠中的绿洲. 当代矿工, 9(6): 18.
徐宗学, 赵捷, 2016. 生态水文模型开发和应用: 回顾与展望. 水利学报, 47(3): 346-354.
许皓, 李彦, 谢静霞, 等, 2010. 光合有效辐射与地下水位变化对柽柳属荒漠灌木群落碳平衡的影响. 植物生态学报, 34(4): 376-386.
严昌荣, 韩兴国, 陈灵芝, 等, 1998. 暖温带落叶阔叶林主要植物叶片中 δ^{13}C 值的种间差异及时空变化. 植物学报, 40(9): 76-82.
杨文斌, 1988. 干旱区几种树木的蒸腾速率及其与环境因子关系. 干旱区研究, 5(4): 47-55.
曾思栋, 夏军, 杜鸿, 等, 2020a. 生态水文双向耦合模型的研发与应用: I. 模型原理与方法. 水利学报, 51(1): 33-43.
曾思栋, 夏军, 杜鸿, 等, 2020b. 生态水文双向耦合模型的研发与应用: II. 模型应用. 水利学报, 51(4): 439-447.
张立运, 张希明, 武成, 1988. 新疆莫索湾沙区白梭梭当年生枝条生长特点及产量的初步研究. 干旱区研究, 5(4): 30-35.
赵良菊, 肖洪浪, 程国栋, 等, 2008. 黑河下游河岸林植物水分来源初步研究. 地球学报, 29(6): 709-718.
赵文智, 程国栋, 2001. 干旱区生态水文过程研究若干问题评述. 科学通报, 46(22): 1851-1857.
周辰昕, 孙自永, 余绍文, 2011. 黑河中游临泽地区沙丘植物水分来源的 D、^{18}O 同位素示踪. 地质科技情报, 30(5): 103-109.
周宏飞, 李彦, 汤英, 等, 2009. 古尔班通古特沙漠的积雪及雪融水储存特征. 干旱区研究, 26(3): 312-317.
朱金峰, 刘悦忆, 章树安, 等, 2017. 地表水与地下水相互作用研究进展. 中国环境科学, 37(8): 3002-3010.
ABBOTT M B, BATHURST J C, CUNGE J A, et al., 1986. An introduction to the European Hydrological System: Systeme Hydrologique Europeen, “SHE”, 2: Structure of a physically-based, distributed modelling system. Journal of Hydrology, 87(1-2): 61-77.
ARMSTRONG W, DREW M C, 2002. Root growth and metabolism under oxygen deficiency//WAISEL Y, ESHEL A, BEECKMAN T, et al. Plant roots. Boca Raton: CRC Press: 1139-1187.
ARNOLD J G, SRINIVASAN R, MUTTIAH R S, et al., 1998. Large area hydrologic modeling and assessment: Part I, model development. Journal of the American Water Resources Association, 34(1): 73-89.
BAI P, LIU X, ZHANG Y, et al., 2018. Incorporating vegetation dynamics noticeably improved performance of hydrological model under vegetation greening. Science of the Total Environment, 643: 610-622.
BALL J T, WOODROW I E, BERRY J A, 1987. A model predicting stomatal conductance and its contribution to the control of photosynthesis under different environmental conditions//BIGGINS J. Progress in Photosynthesis Research. Dordrecht: Springer: 221-224.
BEVEN K J, KIRKBY M J, FREER J E, et al., 2021. A history of TOPMODEL. Hydrology and Earth System Sciences, 25: 527-549.
BLASONE R, VRUGT J A, MADSEN H, et al., 2008. Generalized likelihood uncertainty estimation (GLUE) using adaptive Markov Chain Monte Carlo sampling. Advances in Water Resources, 31(4): 630-648.
BONAN G B, 1995. Land-atmosphere interactions for climate system models: Coupling biophysical,

biogeochemical., and ecosystem dynamical processes. Remote Sensing of Environment, 51(1): 57-73.

BURAS A, WUCHERER W, ZERBE S, et al., 2012. Allometric variability of Haloxylon species in Central Asia. Forest Ecology and Management, 274: 1-9.

BURGESS S S O, ADAMS M A, TURNER N C, et al., 2000. Characterisation of hydrogen isotope profiles in an agroforestry system: Implications for tracing water sources of trees. Agricultural Water Management, 45(3): 229-241.

BUSCH D E, SMITH S D, 1993. Effects of fire on water and salinity relations of riparian woody taxa. Oecologia, 94(2): 186-194.

CAO M, WOODWARD F I, 1998. Net primary and ecosystem production and carbon stocks of terrestrial ecosystems and their responses to climate change. Global Change Biology, 4(2): 185-198.

CAPON S J, BROCK M A, 2006. Flooding, soil seed bank dynamics and vegetation resilience of a hydrologically variable desert floodplain. Freshwater Biology, 51(2): 206-223.

CAUGHLIN T T, BARBER C, ASNER G P, et al., 2021. Monitoring tropical forest succession at landscape scales despite uncertainty in Landsat time series. Ecological Applications, 31(1): e2208.

CHANG E, LI P, LI Z, et al., 2019. Using water isotopes to analyze water uptake during vegetation succession on abandoned cropland on the Loess Plateau, China. Catena, 181: 104095.

CHENG X, AN S, LI B, et al., 2006. Summer rain pulse size and rainwater uptake by three dominant desert plants in a desertified grassland ecosystem in northwestern China. Plant Ecology, 184(1): 1-12.

CHIMNER R A, COOPER D J, 2004. Using stable oxygen isotopes to quantify the water source used for transpiration by native shrubs in the San Luis Valley, Colorado U. S. A. Plant and Soil, 260(1-2): 225-236.

CHOLER P, SEA W, BRIGGS P, et al., 2010. A simple ecohydrological model captures essentials of seasonal leaf dynamics in semi-arid tropical grasslands. Biogeosciences, 7(3): 907-920.

CHUI T F M, LOW S Y, LIONG S, 2011. An ecohydrological model for studying groundwater-vegetation interactions in wetlands. Journal of Hydrology, 409(1-2): 291-304.

CHUNYU X, HUANG F, XIA Z, et al., 2019. Assessing the ecological effects of water transport to a lake in arid regions: A case study of Qingtu Lake in Shiyang River Basin, northwest China. International Journal of Environmental Research and Public Health, 16(1): 145.

COMAS C, DEL CASTILLO J, VOLTAS J, et al., 2015. Point processes statistics of stable isotopes: Analysing water uptake patterns in a mixed stand of Aleppo pine and Holm oak. Forest Systems, 24(1): e009.

COUVREUR V, VANDERBORGHT J, BEFF L, et al., 2014. Horizontal soil water potential heterogeneity: Simplifying approaches for crop water dynamics models. Hydrology and Earth System Sciences, 18(5): 1723-1743.

DAWES W R, ZHANG L, HATTON T J, et al., 1997. Evaluation of a distributed parameter ecohydrological model (TOPOG_IRM) on a small cropping rotation catchment. Journal of Hydrology, 191(1-4): 64-86.

DAWSON T E, EHLERINGER J R, 1991. Streamside trees that do not use stream water. Nature, 350(6316): 335-337.

DAWSON T E, PATE J S, 1996. Seasonal water uptake and movement in root systems of Australian phraeatophytic plants of dimorphic root morphology: A stable isotope investigation. Oecologia, 107(1):

13-20.

DAWSON T E, MAMBELLI S, PLAMBOECK A H, et al., 2002. Stable isotopes in plant ecology. Annual Review of Ecology, Evolution, and Systematics, 33(1): 507-559.

DE WIT A, BOOGAARD H, FUMAGALLI D, et al., 2019. 25 years of the WOFOST cropping systems model. Agricultural Systems, 168: 154-167.

DENG Z, GUAN H, HUTSON J, et al., 2017. A vegetation-focused soil-plant-atmospheric continuum model to study hydrodynamic soil-plant water relations. Water Resources Research, 53(6): 4965-4983.

DI N, LIU Y, MEAD D J, et al., 2018. Root-system characteristics of plantation-grown Populus tomentosa adapted to seasonal fluctuation in the groundwater table. Trees, 32(1): 137-149.

DI Z, XIE Z, YUAN X, et al., 2011. Prediction of water table depths under soil water-groundwater interaction and stream water conveyance. Science China Earth Sciences, 54(3): 420-430.

DOUINOT A, TETZLAFF D, MANETA M, et al., 2019. Ecohydrological modelling with EcH_2O-iso to quantify forest and grassland effects on water partitioning and flux ages. Hydrological Processes, 33(16): 2174-2191.

EGGEMEYER K D, AWADA T, HARVEY F E, et al., 2008. Seasonal changes in depth of water uptake for encroaching trees *Juniperus virginiana* and *Pinus ponderosa* and two dominant C4 grasses in a semiarid grassland. Tree Physiology, 29(2): 157-169.

EHLERINGER J R, PHILLIPS S L, SCHUSTER W S F, et al., 1991. Differential utilization of summer rains by desert plants. Oecologia, 88(3): 430-434.

EHLERINGER J R, DAWSON T E, 1992. Water uptake by plants: Perspectives from stable isotope composition. Plant, Cell and Environment, 15(9): 1073-1082.

EHLERINGER J R, CERLING T E, 1995. Atmospheric CO_2 and the ratio of intercellular to ambient CO_2 concentrations in plants. Tree Physiology, 15(2): 105-111.

ELLSWORTH P Z, WILLIAMS D G, 2007. Hydrogen isotope fractionation during water uptake by woody xerophytes. Plant and Soil, 291(1-2): 93-107.

EVARISTO J, MCDONNELL J J, CLEMENS J, 2017. Plant source water apportionment using stable isotopes: A comparison of simple linear, two-compartment mixing model approaches. Hydrological Processes, 31(21): 3750-3758.

EVENSEN G, 2003. The ensemble Kalman filter: Theoretical formulation and practical implementation. Ocean Dynamics, 53(4): 343-367.

FEDDES R A, KOWALIK P J, ZARADNY H, 1978. Simulation of field water use and crop yield. New York: Halsted Press.

FOLEY J A, PRENTICE I C, RAMANKUTTY N, et al., 1996. An integrated biosphere model of land surface processes, terrestrial carbon balance, and vegetation dynamics. Global Biogeochemical Cycles, 10(4): 603-628.

FRIEND A D, STEVENS A K, KNOX R G, et al., 1997. A process-based, terrestrial biosphere model of ecosystem dynamics (Hybrid v3. 0). Ecological Modelling, 95(2-3): 249-287.

GARDENER W R, 1960. Dynamic aspects of water availability to plants. Soil Science, 89(2): 63-73.

GARSSEN A G, BAATTRUP PEDERSEN A, VOESENEK L A C J, et al., 2015. Riparian plant community responses to increased flooding: A meta-analysis. Global Change Biology, 21(8): 2881-2890.

GERIS J, TETZLAFF D, MCDONNELL J J, et al., 2017. Spatial and temporal patterns of soil water storage and vegetation water use in humid northern catchments. Science of the Total Environment, 595: 486-493.

GONG X, LÜ G, HE X, et al., 2019. High air humidity causes atmospheric water absorption via assimilating branches in the deep-rooted tree *Haloxylon ammodendron* in an arid desert region of northwest China. Frontiers in Plant Science, 10: 573.

GORDON N J, SALMOND D J, SMITH A F M, 1993. IEEE proceedings part F-radar and signal processing. ESSDERC, 89: 460.

GOVIND A, CHEN J M, MARGOLIS H, et al., 2009. A spatially explicit hydro-ecological modeling framework (BEPS-TerrainLab V2. 0): Model description and test in a boreal ecosystem in Eastern North America. Journal of Hydrology, 367(3-4): 200-216.

GROSSIORD C, SEVANTO S, ADAMS H D, et al., 2017. Precipitation, not air temperature, drives functional responses of trees in semi-arid ecosystems. Journal of Ecology, 105(1): 163-175.

GUSWA A J, TETZLAFF D, SELKER J S, et al., 2020. Advancing ecohydrology in the 21st century: A convergence of opportunities. Ecohydrology, 13(4): e2208.

HAO X, LI W, 2014. Impacts of ecological water conveyance on groundwater dynamics and vegetation recovery in the lower reaches of the Tarim River in northwest China. Environmental Monitoring and Assessment, 186(11): 7605-7616.

HATTERMANN F F, WATTENBACH M, KRYSANOVA V, et al., 2005. Runoff simulations on the macroscale with the ecohydrological model SWIM in the Elbe catchment-validation and uncertainty analysis. Hydrological Processes, 19(3): 693-714.

HE L, REN X, WANG Y, et al., 2020. Comparing methods for estimating leaf area index by multi-angular remote sensing in winter wheat. Scientific Reports, 10(1): 13943.

HOULTON B Z, WANG Y, VITOUSEK P M, et al., 2008. A unifying framework for dinitrogen fixation in the terrestrial biosphere. Nature, 454(7202): 327-330.

HU L, CHEN C, JIAO J J, et al., 2007. Simulated groundwater interaction with rivers and springs in the Heihe river basin. Hydrological Processes, 21(20): 2794-2806.

HUANG F, CHUNYU X, ZHANG D, et al., 2020. A framework to assess the impact of ecological water conveyance on groundwater-dependent terrestrial ecosystems in arid inland river basins. Science of the Total Environment, 709: 136155.

IMADA S, YAMANAKA N, TAMAI S J, 2010. Water table depth affects Populus alba fine root growth and whole plant biomass. Functional Ecology, 22(6): 1018-1026.

IVANOV V Y, BRAS R L, VIVONI E R, 2008. Vegetation-hydrology dynamics in complex terrain of semiarid areas: 1. A mechanistic approach to modeling dynamic feedbacks. Water Resources Research, 44(3): W3429.

JARVIS N J, 1989. A simple empirical model of root water uptake. Journal of Hydrology, 107(1-4): 57-72.

JARVIS P G, 1976. The interpretation of the variations in leaf water potential and stomatal conductance found in canopies in the field. Philosophical Transactions of the Royal Society B: Biological Sciences, 273(927): 593-610.

JI X, KANG E, CHEN R, et al., 2006. The impact of the development of water resources on environment in arid inland river basins of Hexi region, Northwestern China. Environmental Geology, 50(6): 793-801.

JOLLY I D, WALKER G R, 1996. Is the field water use of *Eucalyptus largiflorens* F. Muell. affected by short-term flooding? Austral Ecology, 21(2): 173-183.

KATOCH S, CHAUHAN S S, KUMAR V, 2021. A review on genetic algorithm: Past, present, and future. Multimedia Tools and Applications, 80(5): 8091-8126.

KIRBY J T, DURRANS S R, 2007. PnET-II3SL/SWAT: Modeling the combined effects of forests and agriculture on water availability. Journal of Hydrologic Engineering, 12(3): 319-326.

KOLB T E, HART S C, AMUNDSON R, 1997. Box elder water sources and physiology at perennial and ephemeral stream sites in Arizona. Tree Physiology, 17(3): 151-160.

KONG X, WANG S, LIU B, et al., 2018. Impact of water transfer on interaction between surface water and groundwater in the lowland area of North China Plain. Hydrological Processes, 32(13): 2044-2057.

KROES J G, VAN DAM J C, BARTHOLOMEUS R P, et al., 2017. SWAP version 4: Theory description and user manual. Wageningen: Wageningen Environmental Research Report: 243.

KRYSANOVA V, HATTERMANN F, WECHSUNG F, 2005. Development of the ecohydrological model SWIM for regional impact studies and vulnerability assessment. Hydrological Processes, 19(3): 763-783.

KRYSANOVA V, ARNOLD J G, 2010. Advances in ecohydrological modelling with SWAT: A review. Hydrological Sciences Journal, 53(5): 939-947.

LI K Y, DE JONG R, BOISVERT J B, 2001. An exponential root-water-uptake model with water stress compensation. Journal of Hydrology, 252(1-4): 189-204.

LI S, TSUJIMURA M, SUGIMOTO A, et al., 2006. Seasonal variation in oxygen isotope composition of waters for a montane larch forest in Mongolia. Trees, 20(1): 122-130.

LI X, ZHENG Y, SUN Z, et al., 2017. An integrated ecohydrological modeling approach to exploring the dynamic interaction between groundwater and phreatophytes. Ecological Modelling, 356: 127-140.

LIANG X, LETTENMAIER D P, WOOD E F, et al., 1994. A simple hydrologically based model of land surface water and energy fluxes for general circulation models. Journal of Geophysical Research-Atmospheres, 99(D7): 14415-14428.

LIN G, PHILLIPS S L, EHLERINGER J R, 1996. Monosoonal precipitation responses of shrubs in a cold desert community on the Colorado Plateau. Oecologia, 106(1): 8-17.

LING H, ZHANG P, XU H, et al., 2016. Determining the ecological water allocation in a hyper-arid catchment with increasing competition for water resources. Global and Planetary Change, 145: 143-152.

LIU Z, YU X, JIA G, 2018. Water utilization characteristics of typical vegetation in the rocky mountain area of Beijing, China. Ecological Indicators, 91: 249-258.

LÜ M, WU S, CHEN J, et al., 2018. Changes in extreme precipitation in the Yangtze River basin and its association with global mean temperature and ENSO. International Journal of Climatology, 38(4): 1989-2005.

LV G, HU W, KANG Y, et al., 2013. Root water uptake model considering soil temperature. Journal of Hydrologic Engineering, 18(4): 394-400.

MALHI Y, FRANKLIN J, SEDDON N, et al., 2020. Climate change and ecosystems: Threats, opportunities and solutions. Philosophical Transactions of the Royal Society B: Biological Sciences, 375(1794): 20190104.

MAMUYE M, KEBEBEWU Z, 2018. Review on impacts of climate change on watershed hydrology. Journal of Environment and Earth Science, 8(1): 91-99.

MCCOLE A A, STERN L A, 2007. Seasonal water use patterns of *Juniperus ashei* on the Edwards Plateau, Texas, based on stable isotopes in water. Journal of Hydrology, 342(3-4): 238-248.

MENSFORTH L J, THORBURN P J, TYERMAN S D, et al., 1994. Sources of water used by riparian *Eucalyptus camaldulensis* overlying highly saline groundwater. Oecologia, 100-100(1-2): 21-28.

MENSFORTH L J, WALKER G R, 1996. Root dynamics of *Melaleuca halmaturorum* in response to fluctuating saline groundwater. Plant and Soil, 184(1): 75-84.

MO X, LIU S, LIN Z, et al., 2004. Simulating temporal and spatial variation of evapotranspiration over the Lushi basin. Journal of Hydrology, 285(1-4): 125-142.

MOORE G, LI F, KUI L, et al., 2016. Flood water legacy as a persistent source for riparian vegetation during prolonged drought: An isotopic study of *Arundo donax* on the Rio Grande. Ecohydrology, 9(6): 909-917.

NAEINI M R, ANALUI B, GUPT H V, et al., 2019. Three decades of the Shued Complex Evolution (SCE-UA) optimization algorithm: Review and applications. Scientia Iranica, 26(4): 2015-2031.

NG G C, BEDFORD D R, MILLER D M, 2014. A mechanistic modeling and data assimilation framework for Mojave Desert ecohydrology. Water Resources Research, 50(6): 4662-4685.

NIE Y, CHEN H, WANG K, et al., 2011. Seasonal water use patterns of woody species growing on the continuous dolostone outcrops and nearby thin soils in subtropical China. Plant and Soil, 341(1-2): 399-412.

NILSSON C, JANSSON R, ZINKO U, 1997. Long-term responses of river-margin vegetation to water-level regulation. Science, 276(5313): 798-800.

NORVANCHIG J, RANDHIR T O, 2021. Simulation of ecohydrological processes influencing water supplies in the Tuul River watershed of Mongolia. Journal of Hydroinformatics, 23(5): 1130-1145.

OHTE N, KOBA K, YOSHIKAWA K, et al., 2003. Water utilization of natural and planted trees in the semiarid desert of Inner Mongolia, China. Ecological Applications, 13(2): 337-351.

PAN S, LIU L, BAI Z, et al., 2018. Integration of remote sensing evapotranspiration into multi-objective calibration of distributed hydrology-soil-vegetation model (DHSVM) in a humid region of China. Water, 10(12): 1841.

PAN Y, HOM J, JENKINS J, et al., 2004. Importance of foliar nitrogen concentration to predict forest productivity in the mid-atlantic region. Forest Science, 50(3): 279-289.

PARTON W J, SCURLOCK J M O, OJIMA D S, et al., 1993. Observations and modeling of biomass and soil organic matter dynamics for the grassland biome worldwide. Global Biogeochemical Cycles, 7(4): 785-809.

PORPORATO A, FENG X, MANZONI S, et al., 2015. Ecohydrological modeling in agroecosystems: Examples and challenges. Water Resources Research, 51(7): 5081-5099.

POTTER C S, RANDERSON J T, FIELD C B, et al., 1993. Terrestrial ecosystem production: A process model based on global satellite and surface data. Global Biogeochemical Cycles, 7(4): 811-841.

PRETZSCH H, GROTE R, REINEKING B, et al., 2007. Models for forest ecosystem management: A European perspective. Annals of Botany, 101(8): 1065-1087.

PRIYADARSHINI K V R, PRINS H H T, DE BIE S, et al., 2016. Seasonality of hydraulic redistribution by trees to grasses and changes in their water-source use that change tree-grass interactions. Ecohydrology, 9(2): 218-228.

RASOULI K, POMEROY J W, WHITFIELD P H, 2019. Are the effects of vegetation and soil changes as important as climate change impacts on hydrological processes? Hydrology and Earth System Sciences, 23(12): 4933-4954.

REVELLI R, PORPORATO A, 2018. Ecohydrological model for the quantification of ecosystem services provided by urban street trees. Urban Ecosystems, 21(3): 489-504.

RIDOLFI L, D'ODORICO P, LAIO F, 2006. Effect of vegetation-water table feedbacks on the stability and resilience of plant ecosystems. Water Resources Research, 42(1): W01201.

RISTOVA D, BUSCH W, 2014. Natural variation of root traits: From development to nutrient uptake. Plant Physiology, 166(2): 518-527.

RODELL M, HOUSER P R, JAMBOR U, et al., 2004. The global land data assimilation system. Bulletin of the American Meteorological Society, 85(3): 381-394.

ROSSATTO D R, DE CARVALHO RAMOS SILVA L, VILLALOBOS-VEGA R, et al., 2012. Depth of water uptake in woody plants relates to groundwater level and vegetation structure along a topographic gradient in a neotropical savanna. Environmental and Experimental Botany, 77: 259-266.

RUNNING S W, HUNT E R, 1993. Generalization of a forest ecosystem process model for other biomes, BIOME-BGC, and an application for global-scale models//ROY J, EHLERINGER J R, FIELD C B. Scaling physiological processes: Leaf to Globe. San Diego: Academic Press: 141-158.

SAWADA Y, KOIKE T, WALKER J P, 2015. A land data assimilation system for simultaneous simulation of soil moisture and vegetation dynamics. Journal of Geophysical Research: Atmospheres, 120(12): 5910-5930.

SCHAPEROW J R, LI D, MARGULIS S A, et al., 2021. A near-global, high resolution land surface parameter dataset for the variable infiltration capacity model. Scientific Data, 8(1): 216.

SCHOLZ F G, BUCCI S J, GOLDSTEIN G, et al., 2008. Biophysical and life-history determinants of hydraulic lift in Neotropical savanna trees. Functional Ecology, 22(5): 773-786.

SCHWENDENMANN L, PENDALL E, SANCHEZ-BRAGADO R, et al., 2015. Tree water uptake in a tropical plantation varying in tree diversity: Interspecific differences, seasonal shifts and complementarity. Ecohydrology, 8(1): 1-12.

SCHWINNING S, EHLERINGER J R, 2001. The prediction of plant functional diversity in water-limited ecosystem//AGU Fall Meeting 2001. San Francisco: American Geophysical Union.

SCOTT R, 2000. The water use of two dominant vegetation communities in a semiarid riparian ecosystem. Agricultural and Forest Meteorology, 105(1-3): 241-256.

SEKIYA N, YANO K, 2002. Water acquisition from rainfall and groundwater by legume crops developing deep rooting systems determined with stable hydrogen isotope compositions of xylem waters. Field Crops Research, 78(2-3): 133-139.

SELLERS P J, MINTZ Y, SUD Y C, et al., 1986. A simple biosphere model (SIB) for use within general circulation models. Journal of the Atmospheric Sciences, 43(6): 505-531.

SHEFFIELD J, XIA Y, LUO L, et al., 2012. North American land data assimilation system: A framework for merging model and satellite data for improved drought monitoring// WARDLOW B D, ANDERSON M C, VERDIN J P. Remote sensing of drought: Innovative monitoring approaches. Boca Raton: CRC Press.

SHER A A, MARSHALL D L, 2003. Seedling competition between native *Populus deltoides* (Salicaceae) and exotic *Tamarix ramosissima* (Tamaricaceae) across water regimes and substrate types. American Journal of Botany, 90(3): 413-422.

SHIELDS C, TAGUE C, 2015. Ecohydrology in semiarid urban ecosystems: Modeling the relationship between connected impervious area and ecosystem productivity. Water Resources Research, 51(1): 302-319.

ŠIMŮNEK J, GENUCHTEN M T, 2008. Modeling nonequilibrium flow and transport processes using HYDRUS. Vadose Zone Journal, 7(2): 782-797.

SINGER M B, STELLA J C, DUFOUR S, et al., 2013. Contrasting water-uptake and growth responses to drought in co-occurring riparian tree species. Ecohydrology, 6(3): 402-412.

SINISCALCHI A G, PRIETO C G, GOMEZ E A, et al., 2019. Ecosystem services valuation and ecohydrological management in salt lakes with advanced dynamic optimisation strategies. Computer Aided Chemical Engineering, 46: 1579-1584.

SITCH S, SMITH B, PRENTICE I C, et al., 2003. Evaluation of ecosystem dynamics, plant geography and terrestrial carbon cycling in the LPJ dynamic global vegetation model. Global Change Biology, 9(2): 161-185.

SON K, LIN L, BAND L, et al., 2019. Modelling the interaction of climate, forest ecosystem, and hydrology to estimate catchment dissolved organic carbon export. Hydrological Processes, 33(10): 1448-1464.

SUN Z, LONG X, MA R, 2016. Water uptake by saltcedar (*Tamarix ramosissima*) in a desert riparian forest: Responses to intra-annual water table fluctuation. Hydrological Processes, 30(9): 1388-1402.

TAGUE C L, BAND L E, 2004. RHESSys: regional hydro-ecologic simulation system: An object-oriented approach to spatially distributed modeling of carbon, water, and nutrient cycling. Earth Interactions, 8(19): 1-42.

THORBURN P J, WALKER G R, 1993. The source of water transpired by *Eucalyptus camaldulensis*: Soil, groundwater, or streams?// EHLERINGER J R, HALL A E, FARQUHAR G D. Stable isotopes and plant carbon-water relations. California: Academic Press: 511-527.

THUNHOLM B, LUNDIN L C, LINDELL S, 1989. Infiltration into a frozen heavy clay soil. Hydrology Research, 20(3): 153-166.

TSUTSUI H, SAWADA Y, ONUMA K, et al., 2021. Drought monitoring over West Africa based on an ecohydrological simulation (2003-2018). Hydrology, 8(4): 155.

VALENTINI R, MUGNOZZA G E S, EHLERINGER J R, 1992. Hydrogen and carbon isotope ratios of selected species of a mediterranean macchia ecosystem. Functional Ecology, 6(6): 627.

WANG D, YU Z, PENG G, et al., 2018a. Water use strategies of Populus euphratica seedlings under groundwater fluctuation in the Tarim River Basin of Central Asia. Catena, 166: 89-97.

WANG J, FU B, LU N, et al., 2017. Seasonal variation in water uptake patterns of three plant species based on stable isotopes in the semi-arid Loess Plateau. Science of the Total Environment, 609: 27-37.

WANG P, NIU G, FANG Y, et al., 2018b. Implementing dynamic root optimization in Noah-MP for simulating phreatophytic root water uptake. Water Resources Research, 54(3): 1560-1575.

WANG Y P, HOULTON B Z, FIELD C B, 2007. A model of biogeochemical cycles of carbon, nitrogen, and phosphorus including symbiotic nitrogen fixation and phosphatase production. Global Biogeochemical Cycles, 21(1): GB1018.

WARING R H, RUNNING S W, 1998. Forest ecosystems: Analysis at multiple scales. San Diego: Academic Press.

WATSON F G R, VERTESSY R A, GRAYSON R B, 1999. Large-scale modelling of forest hydrological processes and their long-term effect on water yield. Hydrological Processes, 13(5): 689-700.

WHITE J W C, COOK E R, LAWRENCE J R, et al., 1985. The ratios of sap in trees: Implications for water sources and tree ring ratios. Geochimica et Cosmochimica Acta, 49(1): 237-246.

WIGMOSTA M S, VAIL L W, LETTENMAIER D P, 1994. A distributed hydrology-vegetation model for complex terrain. Water Resources Research, 30(6): 1665-1679.

WILLIAMS ILLIAMS J R, JONES C A, KINIRY J R, et al., 1989. The EPIC crop growth model. Transactions of the ASAE, 32(2): 497-511.

WU H, LI X, JIANG Z, et al., 2016a. Contrasting water use pattern of introduced and native plants in an alpine desert ecosystem, Northeast Qinghai-Tibet Plateau, China. Science of the Total Environment, 542: 182-191.

WU H, ZHAO G, LI X, et al., 2019. Identifying water sources used by alpine riparian plants in a restoration zone on the Qinghai-Tibet Plateau: Evidence from stable isotopes. Science of the Total Environment, 697: 134092.

WU J, TANG D, 2010. The influence of water conveyances on restoration of vegetation to the lower reaches of Tarim River. Environmental Earth Sciences, 59(5): 967-975.

WU Y, DU T, LI F, et al., 2016b. Quantification of maize water uptake from different layers and root zones under alternate furrow irrigation using stable oxygen isotope. Agricultural Water Management, 168: 35-44.

XIE Y, SHA Z, YU M, 2008. Remote sensing imagery in vegetation mapping: A review. Journal of Plant Ecology, 1(1): 9-23.

XIE Z, XING Y J, 2010. Prediction of water table under stream-aquifer interactions over an arid region. Hydrological Processes, 24(2): 160-169.

XU J, GUO Z, LI Z, et al., 2021. Stable oxygen isotope analysis of the water uptake mechanism via the roots in spring maize under the ridge-furrow rainwater harvesting system in a semi-arid region. Agricultural Water Management, 252: 106879.

YANG L, WEI W, CHEN L, et al., 2014. Response of temporal variation of soil moisture to vegetation restoration in semi-arid Loess Plateau, China. Catena, 115: 123-133.

YOUNG-ROBERTSON J M, OGLE K, WELKER J M, 2017. Thawing seasonal ground ice: An important water source for boreal forest plants in Interior Alaska. Ecohydrology, 10(3): e1796.

YU L, FATICHI S, ZENG Y, et al., 2020. The role of vadose zone physics in the ecohydrological response of a Tibetan meadow to freeze-thaw cycles. The Cryosphere, 14(12): 4653-4673.

YUAN F, XIE Z, LIU Q, et al., 2014. An application of the VIC-3L land surface model and remote sensing data in simulating streamflow for the Hanjiang River basin. Canadian Journal of Remote Sensing, 30(5): 680-690.

ZENG L, WARDLOW B D, XIANG D, et al., 2020. A review of vegetation phenological metrics extraction using time-series, multispectral satellite data. Remote Sensing of Environment, 237: 111511.

ZHENG G, MOSKAL L M, 2009. Retrieving leaf area index (LAI) using remote sensing: Theories, methods and sensors. Sensors, 9(4): 2719-2745.

第4章 黑河中游河水与地下水相互作用影响下植物水分利用策略研究案例

4.1 研究区的代表性及概况

4.1.1 研究区的代表性

黑河流域作为典型的干旱区内陆河流域，位于河西走廊农牧交错带上，具有从高山冰川、森林草原到平原绿洲，以及戈壁荒漠构成的复合生态系统。流域内降雨稀少，地表水资源分布极端不均，黑河是维持生态系统稳定的基础，与各生态系统要素之间相互依存，相互制约，演化成了“沿河有绿洲，远（无）河变荒漠”的独特自然景观。以黑河为中心，距河道越近，河水-地下水作用强度越强，地下水埋藏越浅，空气相对湿度变化明显，形成了一个天然的水分梯度带。受这一水分梯度带的控制，垂直河道方向上常依次形成了河岸带生态系统、绿洲生态系统和荒漠生态系统的自然分带。由于近年来在气候变化与人类活动的共同作用下，尤其是拦河筑坝引水工程等人为调控过程的干预，水文过程在时空尺度上发生了巨大演变，造成的荒漠化扩张对绿洲、河岸带生态系统形成了巨大威胁。黑河流域生态环境严重退化，制约着内陆干旱区经济的可持续发展，因此，黑河流域已成为我国近年来区域生态环境演变研究的热点地区。

河岸带生态系统作为生态系统中的一种特殊类型，其位于陆地生态系统与河流生态系统的过渡区，区内河水、地下水与降水相互作用极度频繁，具有独特的植被、土壤、气候和水文特性，是地球上对水分变化响应最快、最为复杂的陆地生境之一。在干旱地区，由于河岸带较其他地区具有更高的生物多样性和生产量，同时也承受了更多的人类活动，其水文学、化学和生物学意义更为突出。也正因为此，干旱区河岸带研究已成为当今地理学、生态学和水文学研究的焦点，是开展生态恢复研究的重要内容。

河岸林作为河岸带生态系统的主体，在径流缓冲、污染物净化、生物及其生境的多样性维护等方面起着关键作用。黑河中游地区由于受上游冰雪融水和降雨补给的年内变化影响，干旱区河流的径流量通常具有季节性变化特点，对这种变化的长期适应使河岸林在水分来源、水分利用效率和蒸腾耗水量等水分生理生态方面形成了独特的节律。但在人为强烈干预下，原有水文节律正在发生改变，这必然会对河岸植物的水分生理生态特征带来深刻的影响，进而改变河岸林原有的物种组成和林分结构，严重扰乱生态系统的稳定和演化过程。因此，对水文过程节律变化下的河岸植被生态响应的相关研究是探讨极端环境条件下植物与环境相互关系、揭示生态系统演变的水文学机制、荒漠生态系统的恢复重建的关键所在。

本章以黑河中游地区典型河岸林为研究对象，利用氢氧同位素及碳同位素、热技术等方法分别测定优势植物（柽柳）的水分利用来源、水分利用效率及蒸腾耗水等水分生理特征，并结合河水、地下水、土壤水与降水等动态特征，研究人为调控水文过程下的河岸林水分利用模式和生理生态响应机制。本章内容可以丰富和完善干旱区河岸林生态水文学研究体系，还可用于指导黑河流域面向生态环境的水资源科学管理、预测气候变化和人类活动对该流域生态水文过程的影响，为中游地区的河岸生态建设与恢复提供依据，具有重要的科学价值和实践意义。

4.1.2 研究区概况

黑河流域横跨甘肃省河西走廊中部和内蒙古自治区额济纳旗，南起祁连山脉，北接蒙古国，东西分别相邻石羊河流域和疏勒河流域，东西长约 400 km，南北长约 800 km，流域面积约为 14.3 万 km^2。南部的祁连山区，西高东低，由南向北倾斜，山势陡峻，沟谷切割剧烈，海拔多在 3000～5000 m，山区气候寒冷，降水量较大，水资源丰富。在冰雪融水、降水和基岩裂隙水共同补给下，形成了我国第二大内陆河——黑河，全长 821 km，流经青海祁连县，经甘肃省的肃南—山丹—民乐—张掖—临泽—高台—金塔，最后流入内蒙古自治区的额济纳旗。根据区域地貌差异，以莺落峡和正义峡为界，可将黑河划分为上游、中游和下游三部分。

研究区位于黑河中游（图 4-1），地处甘肃省临泽县，坐标范围为 99° 51'E～100° 30'E、38° 57'N～39° 42'N。研究区南屏祁连山脉、北蔽合黎诸峰、中部是平坦的平原，地势南北高、中间低，由东南向西北逐渐倾斜，呈现“两山夹一川”的特征，海拔为 1380～2278 m，研究区内山区为祁连山脉的浅山区，四周环山，中间为厚层的黄土覆盖小盆地。地貌景观为南北山前戈壁和荒漠相拥，绿洲镶嵌其中，土地肥沃，物产丰富。

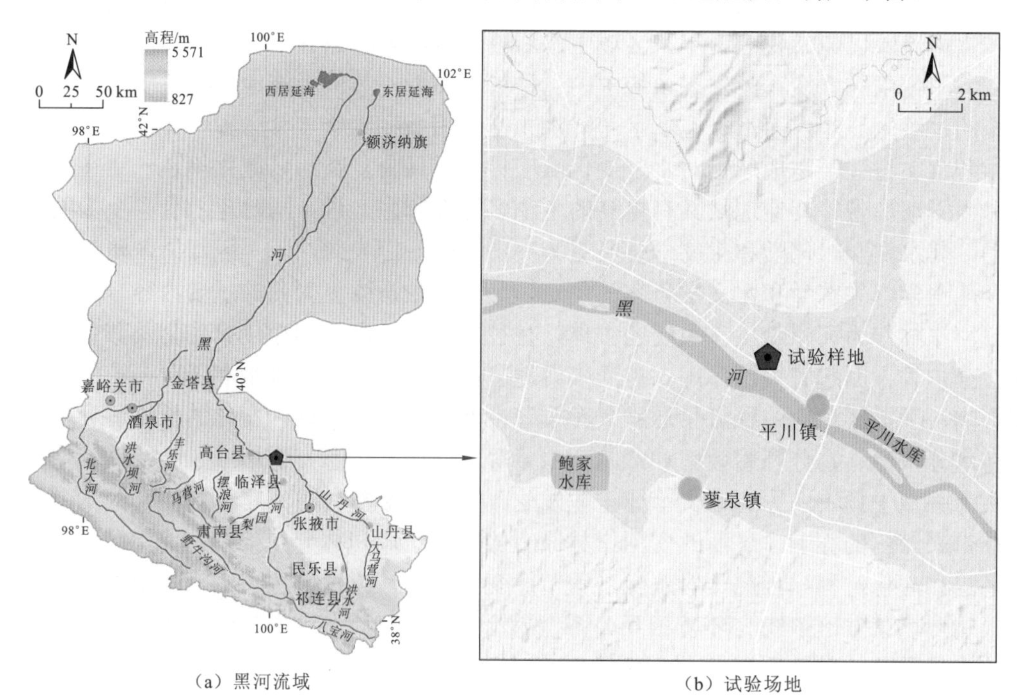

(a) 黑河流域　　(b) 试验场地

图 4-1　研究区地理位置图

研究区位于巴丹吉林沙漠和张临高绿洲的交会处，地处荒漠绿洲过渡带，属于典型的温带大陆性荒漠气候，气候四季分明，春季快速升温，夏季炎热而短暂，秋季降温较慢，冬季寒冷而漫长。研究区降雨十分稀少，年均降水量为 116.8 mm，由于地处欧亚大陆腹地，远离海洋，主要受季风影响，降雨多集中在 7～9 月，约占全年降水量的 65%；研究区气候干燥，蒸发量大，年平均潜在蒸发量为 2390 mm；太阳辐射量大，年均日照时数为 3053 h，年平均气温为 7.7℃，最低气温为-27.3℃，极端最高气温为 39.1℃。区域内风沙活动强烈，以西北风为主，独特的气候特征易造成干旱、低温冻害、干热风、沙尘暴和霜冻等自然灾害。

研究区水资源以地表水（黑河河水）为主，水资源总量为 12.95 亿 m^3；以地下水为辅，综合补给量为 5.69 亿 m^3；南、北部分布有许多季节河流与小溪，中部湖泊、沼泽星罗棋布；区域内共有 7 座中小型水库，总库容量为 3263.75 万 m^3。河流出山后，流入山前冲积扇，形成莺落峡至正义峡的中游地段，面积为 2.56 万 km^2，河道长 185 km。区域内地表水-土壤水-地下水-生态水相互转化是水文循环的重要特征，涉及河水下渗、地下水溢出、人工渠道补给、地下水开采、包气带水分运移和植被蒸腾等诸多环节与过程（图 4-2）。

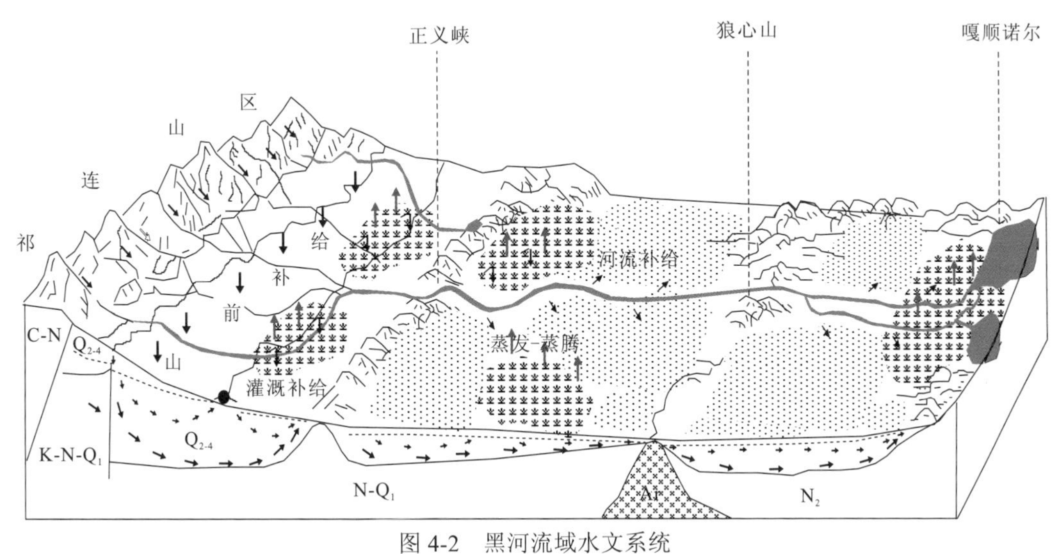

图 4-2　黑河流域水文系统

改自张光辉等（2004）

在中游地段，黑河河水被水库拦蓄或引入渠系，用于灌溉农田。黑河流域地区涉及的各河流及部分小河沟均在有利地段修筑了水库或塘坝。20 世纪 90 年代以前，黑河中游干流一直利用人工引水方法将河水引上岸，从而灌溉农田，这种方法引水方式粗放、调控不足，水资源浪费严重，当时仅在中游 204 km 的河道就有 60 多个引水口。在 1987 年中游干流的草滩庄引水枢纽竣工后，无坝引水和人工引水随之结束，但由于缺乏科学合理的水量分配方案，各类用水（生态用水、生活用水、工业用水、农牧业用水）及各地区之间用水的矛盾仍然存在。尤其是在黑河干流生态调水的形势下，水分分配不足，进而造成用水矛盾的进一步加剧。

近年来，由于调水和上游的截引，中游下段部分的一些县区用水压力剧增，严重影响了当地居民的生产生活。在此情况下，当地居民为了满足生产生活的需要，开始逐年加大地下水开采，数据显示地下水开采量由1980年的0.84亿m^3增加至1999年的2.29亿m^3。

中游出口正义峡下泄的黑河河水是维系下游额济纳旗地区社会经济发展和生态平衡的唯一水源。而中游地区大规模的人为引水工程，导致下泄水量逐年减少，下游地区面临严峻的水资源压力和生态环境威胁。此外，下游地区原始粗放的“高埂深水，大面积淹灌”的灌溉方式也造成水资源严重浪费。从其用水结构来看，用水主体为农业的用水占总用水量的95%，其次是工业用水。下游地区以地表水为主要来源，以地下水为辅助来源。

中游地区无度的水利工程和水土资源开发，带来了一系列严重的生态环境问题。黑河流域原本是完整的水系（可分为东、中、西子系统），但各河流人工引水工程的修建、中游地区生活生产耗水量的增加，尤其是农业灌溉占用了大部分黑河水资源，导致了下游额济纳旗地区的水量急剧减少，黑河终端湖西居延海和东居延海发生干涸现象。为了恢复和重建受损的下游生态系统，我国在黑河流域实施了生态输水工程，对黑河干流水资源进行统一调度与管理。该工程从2000年开始实施，其间每年都向额济纳旗地区输送了一定的水量，使下游生态得到了一定程度的恢复。如此高强度人为调控下水文节律的变化必然会对中游生态系统产生深远影响，但该方面的研究尚未得到足够重视。

研究区2011～2012年的气象数据（图4-3、图4-4）表明，研究区4月大气相对湿度较低，降雨发生少，属于春夏之交的旱季。6～8月大气相对湿度处于44%～52%，较全年其他时段高；6～8月同时也是雨季，全年65%以上的降雨都集中于此，是研究区内降水丰富的时段；由于上游冰雪消融及降雨量的增加，黑河径流量在这段时间内增加，河水与地下水相互作用最为强烈。9月后，进入雨季结束后的旱季，大气相对湿度减小，降雨量也明显减少。本章基于研究区2011年和2012年的两期观测，其间经历了研究区旱季雨季的交替变化阶段。

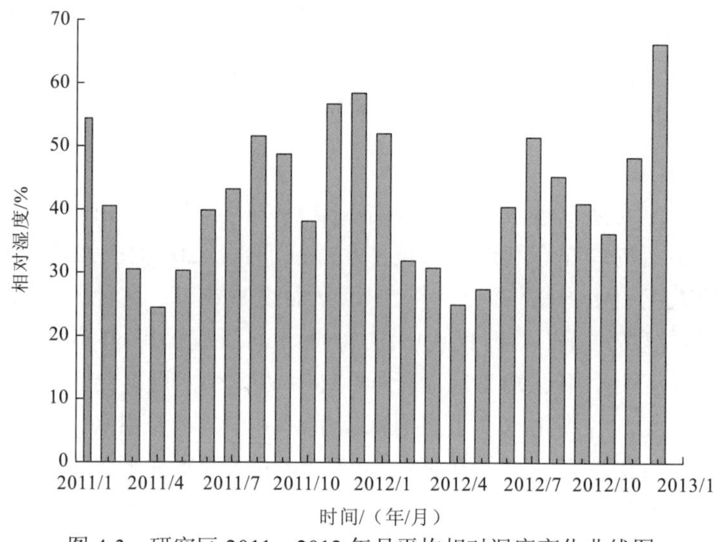

图4-3　研究区2011～2012年月平均相对湿度变化曲线图

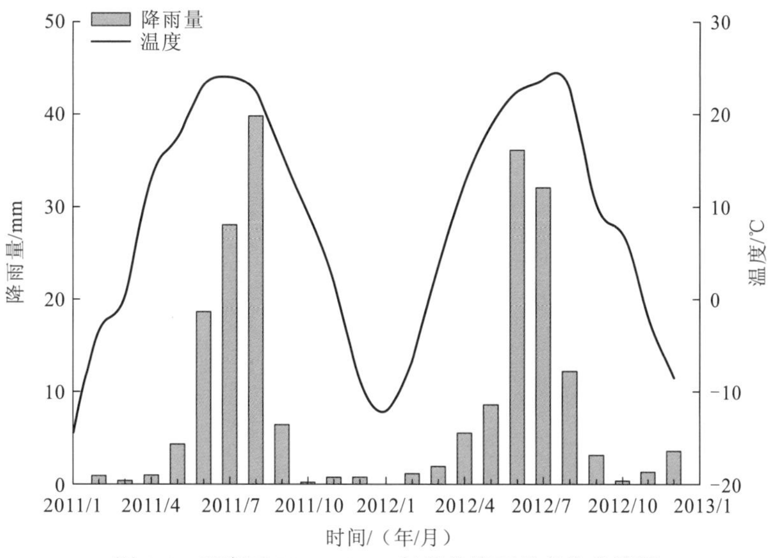

图 4-4　研究区 2011～2012 年月总降雨量变化曲线图

4.2　研究方法

4.2.1　河岸带样地选择

河岸带生态系统作为生态系统中的一种特殊类型，位于陆地生态系统与河流生态系统的过渡区，区内河水、地下水与降水相互作用极度频繁，具有独特的植被、土壤、气候和水文特性；而在干旱地区，由于河岸带较其他地区具有更高的生物多样性和生产量，同时也承受了更多的人类活动，其水文学、化学和生物学意义更为突出（黄凯 等，2007）。本研究试验样地位于黑河中游的张掖市平川镇典型的河岸林（图 4-1），建群种和优势种是以灌木多枝柽柳（*Tamarix ramosissima Ledeb*）和伴生小獐毛（*Aeluropus pungens*）为主的草本植物。

根据距离黑河远近及植被分布情况，在场地内设置 NO.1、NO.2 两个观测点（图 4-5），并分别进行生态水文过程各项指标的监测。

（1）NO.1 观测点：距黑河 20 m，坐标为 100° 05′53.54″E、39° 19′50.89″N。地下水埋深为 0.5～1.5 m，柽柳覆盖度为 70%～80%，草本覆盖度为 50%～55%。地面以下 0～25 cm 为黏土，25～45 cm 为黏质粉土，45～60 cm 为粉土，60～80 cm 为黏土，80～110 cm 为中砂，110 cm 以下为砂砾。

（2）NO.2 观测点：距黑河 80 m，坐标为 100° 05′54.97″E、39° 19′52.68″N。地下水埋深为 0.5～1.3 m，植被覆盖度为 85%～90%，草本覆盖度为 65%～70%。地面以下 0～60 cm 为黏土，60～100 cm 为粗砂，100 cm 以下为砂砾。

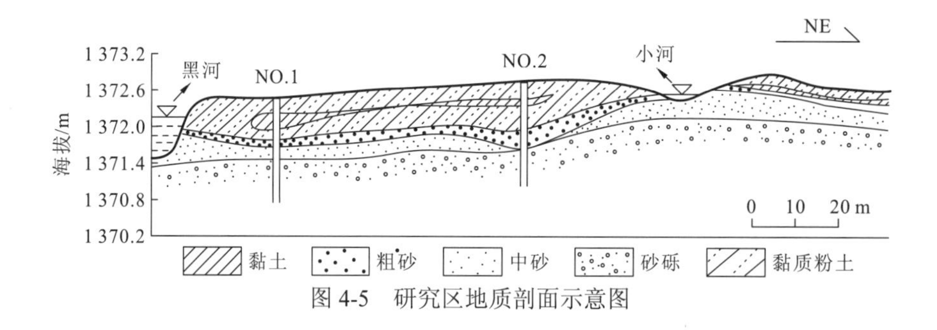

图 4-5 研究区地质剖面示意图

4.2.2 优势植物物种选择

柽柳属植物在我国有 19 种，是优良的固沙造林树种，在内蒙古、青海、甘肃、新疆的荒漠地区分布较为普遍。生长在研究区的多枝柽柳是落叶小乔木或呈灌木状，最高达 4 m 左右，其生长迅速、适应性强，广泛分布在干旱区河流沿岸、湖盆边缘、荒漠、山谷、干河床、戈壁滩、盐碱地及撂荒地等。

柽柳具有典型的深根性，根系发达（蒋进 等，1992）。高度发育的垂直主根能深至地下潜水面以获得稳定的水源，维持生理需要（柴宝峰，1998），水平发展的侧根能在横向上最大范围地吸取水分，使其能在极端大气干燥和土壤干旱下生存（姚晓玲 等，1999）。同时，柽柳是典型的泌盐植物，能将吸收的有害盐分通过泌盐腺孔排出叶面以调节体内盐分平衡。相关研究表明，柽柳不仅耐旱、耐盐碱，而且抗风沙，对沙割与沙埋具有良好的适应性，在风蚀强烈、根系裸露地面的情况下仍能顽强地生长，而且能萌发出很多新枝条，甚至在迎风面的树皮被沙石打光后，仍能依靠背风面的树皮顽强地生长。此外，柽柳还具有抗火的能力（Busch et al.，1995，1992）。

柽柳在发育过程中，对土壤水分亏缺和土壤水分恢复极为敏感，长时间的水分胁迫会对其生长产生严重的危害。研究发现生长在类似研究区河道附近的柽柳在正午能保持较高的气孔导度（Devitt et al.，1997）；而在河岸地区地下水埋深较浅的情况下，柽柳根系与地下水位发生了联系，气孔对蒸腾耗水过程的控制作用是十分微弱的（Sala et al.，1996）。

4.2.3 野外测定内容与方法

在 2011 年和 2012 年的 6～10 月，分别对两个观测点开展生态水文相关指标的连续观测和样品采集，该时期处于柽柳生命活动旺盛时期，同时降雨相对充沛，地下水与河水相互作用剧烈。

1. 观测内容

1）河水、地下水位

在样地两个观测河岸点与河道中的监测井内安装 HOBO 自动水位计（U20-001-04，水位精度为±0.3 cm，温度精度为±0.37 ℃）进行水位监测，测定频率设定为 1 次/15 min，3 个月读取 1 次数据；以“1956 年黄海高程系”为测定水位的参考标准。

2）土壤体积含水量

采用在样地中埋设时域反射仪（time domain reflectometry，TDR）测定土壤体积含水量，精度为±1%；在地表以下 25 cm、35 cm、55 cm、75 cm、95 cm、115 cm 和 145 cm 深度埋设探头（由于探头对精度的控制，要求埋设深度需大于地下 20 cm，因此 20 cm 以上的土层不设置探头），自动连续监测不同深度土壤体积含水量，测定频率为 1 次/15 min。

3）柽柳茎干液流

运用 AZ 茎流测量系统，采用 Dynamax 包裹式探头对样地内长势良好的 2 棵柽柳进行茎流量的测定，测定频率为 1 次/15 min。

4）其他气象参数

样地内设置小型气象站观测风速、气压、温度与湿度等气象因子，数据测定频率为 1 次/15 min。

2. 样品采集

1）降雨

对观测期内发生的所有降雨事件进行观测，记录降雨起止时间、降雨量，并收集每次降雨事件的雨水样品，用于降雨中 δD、δ^{18}O 值的测定，放入 8 mL 的硼硅酸盐玻璃瓶中，用封口膜密封，并在 2 ℃下冷藏。

2）土壤水

在样地开挖剖面采集土壤水样，用于测定 δD、δ^{18}O 值，取样深度为地表以下 15 cm、25 cm、35 cm、55 cm、75cm、105 cm、125 cm、145 cm……，直至潜水面，每层样品采集 3 份重复样，分析时取其平均值。采集样品后，及时放入 8 mL 的硼硅酸盐玻璃瓶中，用封口膜密封，土壤样品在−10 ℃下冷冻保存，直至进行水分提取。常规采样频率为 1 次/15 天，作为定期的动态变化监测；此外，在观测期水文过程活跃的周期内加密取样。

3）地下水、河水

从黑河及样地中的地下水观测井中采集水样，样品放入 8 mL 的硼硅酸盐玻璃瓶中，用封口膜密封，水样在 2 ℃下冷藏，采样频率与土壤水样品同步。

4）植物茎干样品

在开挖全剖面的同时，选取 3～4 棵具有代表性的干旱区植物，分别采集 3～4 根 5 cm 长的木栓化茎干，用于植物水分的提取和 δD、δ^{18}O 的测定。将枝条段的外皮和韧皮部去掉，放入 8 mL 的硼硅酸盐玻璃瓶中，用封口膜密封，在−10 ℃下冷冻保存，直至进行水分提取，采样频率与土壤水样品同步。

5）植物叶片样品

选取 3～4 棵具有代表性的成年柽柳，采集阳生、成熟叶片混合后，回驻地迅速在 108 ℃条件下杀青 15 min，并于 60 ℃烘 48 h 后碾磨粉碎，过 60～80 目筛后装瓶，回室内测定 ^{13}C 同位素，采样频率为 1 次/15 天。

4.2.4 室内实验与测试

1）低温蒸馏抽提

利用低温真空蒸馏系统对采集的土壤、植物茎干等固体样品进行水分抽提。抽提原理为：在真空条件下，土壤或植物样品中的水分在较低温度下即可转化为水蒸气从土壤或植物样品中释放，遵循热力学第二定律热量从高温物体向低温物体转移的规律，水蒸气由加热管向极低温（-196℃）的液氮冷凝管运移，并在冷凝管内结成冰，经长时间加热—冷凝过程后，最后固体样品中的水分将全部转移到冷凝管中。

2）氘氧同位素测试

利用MAT253同位素质谱仪对所有水样（含抽取后的土壤水和植物茎干水）进行δD、δ^{18}O稳定同位素测定，测试方法为高温裂解元素分析仪-气体稳定同位素比值质谱联用法，结果用V-SMOW（Vienna standard mean ocean water）标准表示。

3）碳同位素测试

用Delta稳定同位素质谱仪测定^{13}C样品。测试结果以PDB标准（Pee Dee Belemnite standard）进行计算（Kloeppel et al.，1998）。

4.3 河岸带水文过程

4.3.1 地表水与地下水相互作用过程

天然条件下，河水位、流量、洪泛频率及其与地下水的作用方式等具有一定的节律。然而近年来，在气候变化及黑河调水等人为活动的共同影响下，黑河中游原有水文节律已发生深刻改变，年际和年内波动都显著加剧，并导致河水与地下水的相互作用方式发生变化。由于研究区的水文过程特别是地下水和河水变化控制着生态过程，人为干扰下的水资源在年际和年内的分配极端不均，如何利用变化下的水分条件来维持生态系统的正常运转（赵文智 等，2001），是维护河岸带生态稳定的重要内容。

本小节在2011年和2012年的观测期内对河岸地区河水、地下水与土壤水分进行定点的连续水位监测，同时采集同位素数据协同分析，以探索三者之间的相互转换关系。

2011年观测期（6～10月）内，共监测到20次降雨事件[图4-6（a）]，总降雨量为85.42 mm，占全年降雨的85.2%。其中降雨量大于10 mm的降雨事件有4次，分别发生在7月2日与7月3日，8月14日与8月17日两个较为集中的时段，另有9次事件的降雨量大于1 mm，其余均小于1 mm。降雨集中在7月以后。

2012年观测期（6～9月）内，共监测到11次降雨事件[图4-6（b）]，总降雨量为66.69 mm，占全年降雨的62.80%。其中降雨量大于10 mm的降雨事件有3次，分别发生在6月26日、7月29日和8月13日，另有6次事件的降雨量大于1 mm，其余小于1 mm。降雨较均匀地分布在观测周期内。

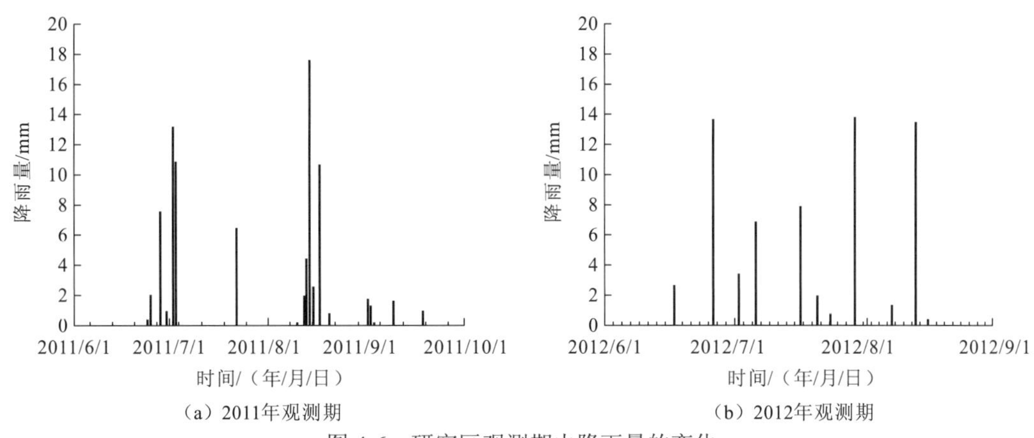

（a）2011年观测期　　（b）2012年观测期

图 4-6　研究区观测期内降雨量的变化

根据 2011 年河水位和地下水位监测数据的波动变化（图 4-7），可将观测期划分为 4 个阶段。①2011 年 6 月 20 日～7 月 2 日，河水位与地下水位相对较低，且波动范围相对较小，地下水位高于河水位，河水接受地下水补给。②2011 年 7 月 3 日～7 月 16 日，黑河水位发生迅速上涨，出现第一个峰值水位，并保持高水位 7 天后下降至原水位，地下水随河水变化而变化；在该时段内，地下水位与河水位相对高低频繁变化，河水与地下水相互作用、转换频繁；③2011 年 7 月 17 日～8 月 14 日，河水位长时间停留在 1 370 m 左右，无明显波动，地下水亦保持相对稳定；在该时段内，地下水位始终高于河水位，与洪峰前一致，地下水补给河水；④2011 年 8 月 15 日～9 月 24 日，河水位再一次急剧上升，出现第二次洪峰，最高上升至 1 371.81 m，其后下降并持续保持在 1 371 m 左右直至观测期结束；其间，河水位与地下水位差异不明显，河水与地下水之间的相互作用转换频繁。

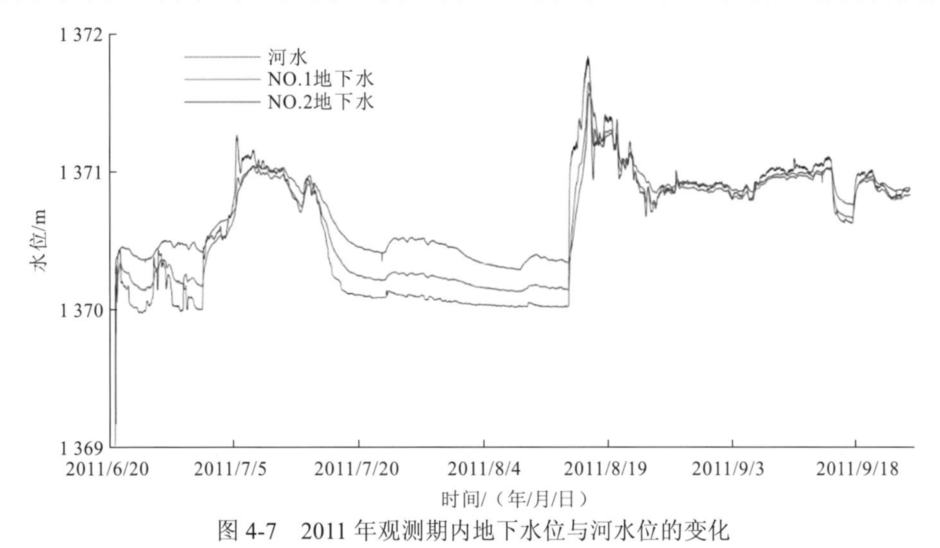

图 4-7　2011 年观测期内地下水位与河水位的变化

黑河作为绿洲农业的重要供给水源，水位受天然降水和人工调蓄作用影响较大。气象数据分析表明，2011 年 6 月底至 9 月中旬属于研究区的雨季，总降水量为 85.4 mm，降水频率明显增多，2011 年 8 月 13 日～8 月 15 日发生总降水量为 24.6 mm 的连续性降水事件，导致 8 月 14 日黑河水位最大波动幅度达 109 cm。雨季前期（2011 年 6 月底～8 月下旬），由于经历长期干旱，包气带土壤水分严重亏损，该时段的降水在下渗过程中大部分被滞留于包气带表层，同时受人工调蓄和农业灌溉用水量的季节性增加的影响，河流原有节律被改变。其间，黑河水位和NO.1、NO.2的地下水位出现两次历时约7天、累积上升幅度分别为85 cm和140 cm的明显波动变化。总体来看，水位关系呈现NO.2地下水位＞NO.1地下水位＞黑河水位的特点，与此相应，黑河与河岸地下水的补排关系主要以地下水补给河水为主，水位波动平缓，该时段代表了雨季前期人工流影响下的水位变化特征。雨季后期（2011年8月下旬～9月中旬），随着农业灌溉用水量减少和降雨频率的增加，大部分径流直接汇入黑河，河水位整体呈现上升趋势且波动较频繁，加上包气带土壤水分亏损逐渐得到弥补，降雨入渗补给作用增强，在与河水侧向补给地下水综合作用下，地下水位呈现明显的波动变化。河水与地下水的补排关系受降雨影响较大，黑河水位与NO.1、NO.2的地下水位补排关系转换频繁。此外，2011年9月17日左右，地下水位和河水位出现一次“波谷”，可能是受上游水库蓄水影响的结果。

2012年河水位和地下水位同样保持了相同的起伏变化趋势，但是相较于2011年波动更为频繁，如图4-8所示，根据水文动态将观测期划分为两个阶段。①2012年6月16日～7月1日，河水位与地下水位相对较低，且波动范围相对较小，地下水位高于河水位，河水接受地下水补给。②2012年7～8月，地下水位与河水位频繁变化，出现了多次波峰波谷的交替现象，河水与地下水相互作用转换频繁，只在2012年7月8日～7月15日保持了约一周的相对稳定状态，维持在1371 m左右的高水位，其他时段内处于明显的非稳定期。

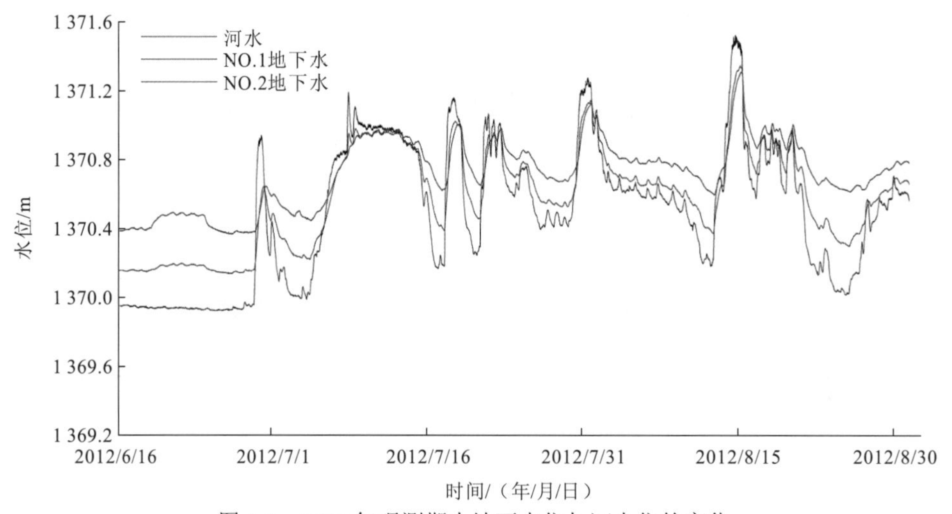

图4-8 2012年观测期内地下水位与河水位的变化

由两期的地下水位与河水位的波动规律可知，观测期内河水位及观测点处的地下水位波动明显，且地下水位与河水位的变化趋势一致。NO.1地下水位相对河水位变化有一定的滞后，但滞后效应不明显，这与该观测点的位置距离黑河较近（20 m）有关，且该段深部土壤质地以粗砂和砾石为主，透水性较好，渗透流速较大，因此，地下水位对河水位变化的响应非常迅速。NO.2地下水位相对河水位变化的滞后效应较NO.1地下水位更显著，这与其距离黑河相对较远（80 m）有关，且该段深部土壤质地以中砂为主，透水性能较NO.1处差，渗透流速较小。

水位波动除了受降雨入渗和河水侧向补给影响，还与研究区自身水文地质背景条件

（如介质类型、地形地貌等）有关。研究区地层主要以地下水赋存良好的第四系松散沉积物为主，受河道迁移和季节性洪水淹没影响，河岸包气带浅层局部土壤存在黏土夹层，构成连续统一的含水岩系综合体，地下水类型主要为潜水，研究期间，潜水最大埋深约为 150 cm，最小埋深约为 50 cm。此外，河岸带两个观测点地下水位波动与河水位变化总体趋势一致，其中，地下水位对河水位变化的响应存在空间上的梯度性和时间上的滞后性的特征（胡俊锋 等，2004）。

4.3.2 土壤水分运移过程

干旱区土壤水分是影响植被结构和组成最直接的水分因素。降雨量极少的黑河中游河岸带植物的生长状况主要取决于包气带的含水量，而土壤的性质和结构决定了毛细水上升的高度范围，因此，包气带的含水量取决于地下潜水的埋深和土层结构。由于河岸带的沉积环境复杂，在微小区域内也可能存在高度异质性的土壤，前期在两个观测点利用钻孔取样，并对土壤颗粒进行了分析，得到的土壤质地信息在 4.2.1 小节中已经描述。

2011 年 NO.1 观测点土壤含水量变化曲线与土壤质地剖面见图 4-9，由土壤含水量随时间变化特征可以看出，不同深度土壤含水量随地下水位波动呈现一致的变化趋势，并且响应迅速；同时，由于土壤剖面颗粒组成的差异，不同层位的土壤水分含量变化幅度差别较大。大于 80 cm 的砂砾层中水分含量随地下水位波动响应极为迅速，地下水位上升，含水量立即升高，而地下水位下降时，含水量急剧降低。此外，该层位的土壤含水量均低于同期的上覆土层的含水量。造成这些现象的主要原因是砂砾层孔隙较大、透水性好，但持水能力弱。按照不同的动态特征，从时间尺度可将变化过程分为 4 个阶段。

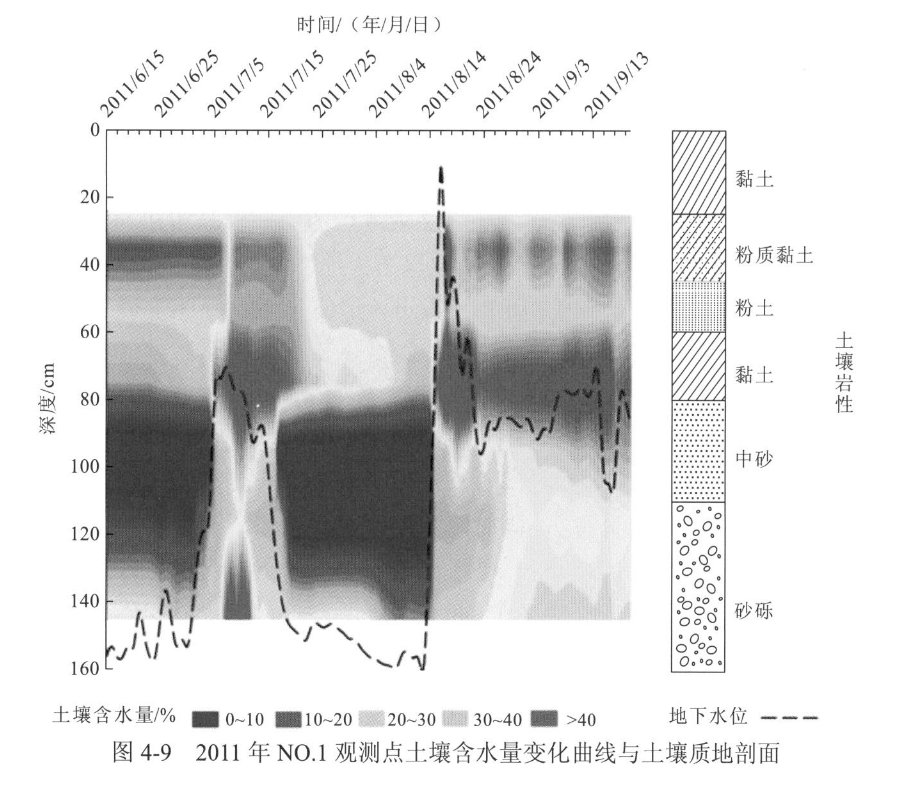

图 4-9　2011 年 NO.1 观测点土壤含水量变化曲线与土壤质地剖面

2011 年 6 月 15 日～6 月 30 日，25～80 cm 土层含水量处于观测期内的最低值，这可能是由强烈的干旱和蒸发作用使土层水分减少。同时，即使深度大于 80 cm 的土层更靠近地下水，该层亦保持最低含水量，这是由于大孔隙的砂砾层限制了毛细水带的上升高度。

2011 年 6 月 30 日～7 月 14 日，地下水位突涨，被地下水淹没后的砂砾层（＞80 cm）含水量快速上升至饱和，并保持稳定。25～60 cm 的土层含水量大幅地升高，尽管地下水位尚未上涨至该土层深度，这是由于该土层主要是由粉土和粉质黏土组成，孔隙相较于砂砾层细小得多，地下水能通过毛细带运移至高于水位的层位。而中间 60～80 cm 黏土层的存在，由于其低渗透的特性，造成上覆 25～60 cm 土层对地下水的响应稍有滞后。

2011 年 7 月 14 日～7 月 22 日，地下水逐渐下降至最低，并维持最低水位至 8 月 13 日。该时段内，砂砾层（＞80 cm）含水量随地下水位下降而降低，但稍滞后 1 天左右。上覆土层则由于其自身较高的持水能力，没有随地下水位下降而迅速降低，但由于蒸发、植物蒸腾及重力影响下水分下渗的持续影响，其含水量随时间推移而逐渐降低。

2011 年 8 月 14 日后，地下水位上升的特征与 2011 年 6 月 30 日～7 月 14 日的特征一致，但两次水位波动的幅度不同。在该时段内，地下水位最高上升至距离地表 10 cm 的位置，在后期维持在埋深为 80 cm 的较高水位。地下水可通过毛细上升作用长时间补给上覆土层（＜80 cm），造成了土壤水分不同程度的饱和。而黏土夹层（60～80 cm）在此期间由于其低渗透特性形成了一层弱透水层，阻止了地下水进一步上升至更高的水位，因此下覆地下水变成承压状态。

值得注意的是，整个观测期内 25 cm 土层的含水量均未发生较大的改变，说明该层位未受降雨入渗和地下水的毛细带补给。此外，地表植被覆盖及上覆土壤形成干土层等因素防止了水分蒸发，从而保持了其相对稳定的含水量。

从图 4-10 中 NO.2 观测点的土壤含水量随时间变化特征可以看出，土壤含水量变化趋势与 NO.1 观测点基本相似，均随地下水位涨落而呈现波动。但由于 NO.2 观测点土壤剖面各层位土壤质地及分布区间相较 NO.1 观测点差异较大，水分在 NO.2 观测点剖面上的分布与 NO.1 观测点剖面上有所不同。NO.2 观测点的砂砾层分布在 60 cm 以下，相比于 NO.1 观测点分布位置较高，因此，该层位以下为地下水的快速响应区。NO.2 观测点剖面上 0～60 cm 均为黏土，从图 4-10 可以看出该层位基本保持 30%以上的含水量，受地下水波动影响小于下覆砂砾层；该层位的土壤含水量较为丰富，整体高于 NO.1 观测点同深度土层。

2012 年两个观测点土壤含水量随时间变化曲线如图 4-11 所示，相比于 2011 年，地下水波动更为剧烈，但高水位持续时间不长；由于 60～80 cm 内黏土层的阻隔，地下水在上升时短期内无法补给上部土层，同时降雨无法深入下渗，而地表蒸发和植物蒸腾等作用造成了水分消耗，进而导致 NO.1 观测点 40～60 cm 土层含水量持续较低并随时间推移呈逐渐降低趋势。在观测期内，20～40 cm 土层含水量无明显变化，这同样表明降雨无法入渗到该深度。对于 NO.2 观测点，2012 年观测期内 60 cm 以下土壤含水量随水位变化不断波动，波动频率相比 2011 年较高。上部土层（25～60 cm）含水量也受地下水波动影响，随地下水波动呈现上升或下降趋势，但滞后效应明显。

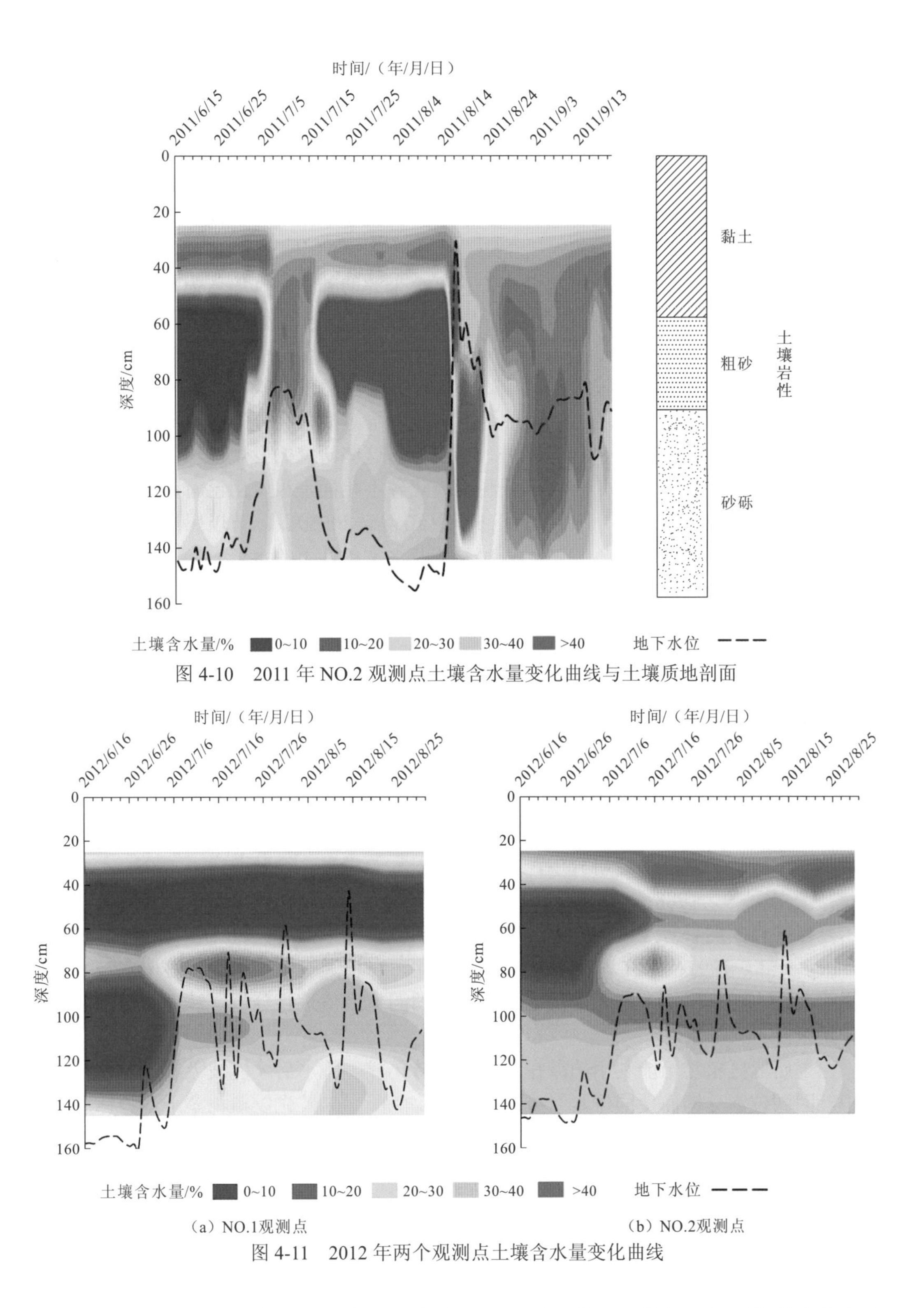

图 4-10　2011 年 NO.2 观测点土壤含水量变化曲线与土壤质地剖面

（a）NO.1观测点　（b）NO.2观测点
图 4-11　2012 年两个观测点土壤含水量变化曲线

根据上述分析，两个观测点在两年内分别呈现不同的水分特征。各层位的土壤含水量与其对应地下水的波动密切相关，且主要受控于地下水埋深与高水位稳定时间，同时，土壤含水量受降雨影响较小，而土壤质地也是土壤水分垂向分布的重要影响因素。

4.4 河岸带柽柳水分来源

由于河岸带特殊的地域范围，地下水与河水相互作用下的水文过程强烈影响植被生长、群落结构及生态演化（高岩 等，2001）。作为生态系统主体的河岸林为适应水文过程的变化也表现出多种适应方式（张小由 等，2006）。河岸带植物可利用的初始水源有降雨、地下水和河水三种，土壤水分接受这三个来源的补给。一般认为，生长在河岸带的植物应该以利用河水为主，然而相关研究发现并非所有河岸带植物都如此。例如，Dawson 等（1991）指出生长于河岸带的成年树木并不吸收利用河水或极少利用河水，随后在其他研究区也发现了同样的现象。不过，并非所有的河岸树木都不利用河水，部分研究还发现，河岸带植物还可以利用地下水及降雨等多种水分（徐耿龙 等，1993；杨文斌，1988；张立运 等，1988；汤章城，1983）。这些研究的发现证明了由于时间和空间的差异，不同地区的河岸带植物水分利用模式各不相同，很难用已有的研究成果去预测另一地区的植物水分来源及利用方式（李卫红 等，2008）。本节以黑河中游河岸地区优势植物柽柳为研究对象，确定其在不同季节及水文条件下的水分来源，探讨水分利用策略，为了解人为活动与降雨格局影响下未来植被的时空变化及生态保护提供依据。

4.4.1 研究方法

植物水分来源的研究历时已久，传统的根系调查可提供参考，但该方法费时费力，还会损伤植物和破坏生境（王根绪 等，2005），而且可能存在判断上的误差（赵文智 等，2006）。近年来，氢氧同位素作为水的“指纹”，以其微创、微量及精确等优点，正成为生态-水文过程研究的重要手段（李卫红 等，2008），诸多学者也已将其成功应用到世界各地的河岸带植物水分来源研究中，并取得了丰富的成果（徐耿龙 等，1993；杨文斌，1988；张立运 等，1988；汤章城，1983）。通常认为，水分在被植物根系吸收及由根系向木栓化的枝条运移等过程中都不会发生氢氧同位素分馏效应（Ehleringer et al.，1991；Smedley et al.，1991；张立运 等，1988）。因此，可以通过植物木栓化茎干水与其可能利用的潜在水源（降雨、地表水及地下水等）的同位素值进行分析，从而确定植物水分的初始来源。

由于研究区植物可能利用的潜在水源只有转化成土壤水后才能被吸收，而在转化过程中，因同位素分馏而使同位素组成发生了变化。因此，首先以植物茎干水为标准，寻找同位素组成与之相同的土壤水所处的深度区间，确定植物吸收土壤水的主要层位；然后通过不同深度土壤含水量的变化规律，以及地下水、河水与降雨的同位素特征，分析各潜在来源补排关系，从而确定植物水分的初始来源。泌盐植物在根系吸水过程中可能发生氘同位素分馏，而柽柳即为典型的泌盐植物，为保证实验结果可靠，选取 $\delta^{18}O$ 作为水分来源的示踪同位素。

4.4.2 河岸带柽柳同位素特征与吸水层位

对于 NO.1 观测点，为研究降雨及水文波动对植物水分来源的影响，在 2011 年 6～9 月观测期内，分别开展 9 次采样活动。正常情况下采样频率为两周一次，但在水文活动变化剧烈的周期内，采样频率加密为一周一次。土壤采样方法为在具有代表性的无人工干扰的样地内开挖土壤剖面，采集土壤全剖面样品，采样深度为 15 cm、25 cm、35 cm、55 cm、70 cm、85 cm、100 cm、115 cm、145 cm，每层深度取重复样一个，分析时取测试结果的平均值。植物采样方法为选取 3～4 棵具有代表性的柽柳，分别采集 3～4 根 5 cm 长的木栓化茎干；同期采集草本优势种小獐毛的地茎样品，作为研究柽柳水分竞争的共生参照植物。

对于 NO.2 观测点，在 2011 年 6～9 月观测期内，6～8 月每月一次定期采样，9 月采样 2 次，同样采集柽柳、小獐毛及土壤样品。此外，为配合柽柳液流的研究，于 2012 年继续开展柽柳水分来源分析，共采集样品 6 次。采样方法均同 NO.1 观测点保持一致。

1. 2011 年 NO.1 观测点植物水分来源

1）土壤水分同位素变化特征

NO.1 观测点土壤水 $\delta^{18}O$ 值在 2011 年观测期内不同的阶段呈现出差异，但在土壤剖面垂向上具有较为一致的蒸发富集特征。从表 4-1 和图 4-12 可以看出，土壤水 $\delta^{18}O$ 值在每个全剖面由浅到深的深度内均保持逐步偏负的趋势；平均值亦表现为同样的变化规律（图 4-13），由 15 cm 土层处的−5.82‰过渡到 145 cm 土层处的−8.99‰。造成这种现象的原因是地表的蒸发引起了土壤剖面上不同深度土层重同位素富集，进而产生了同位素浓度梯度。各时期土壤水 $\delta^{18}O$ 值在土壤剖面均呈现稳定的指数型曲线，并往下逐渐接近地下水的同位素含量，这表明土壤水分主要受地下水控制，同时受蒸发富集的影响。因此，利用不同土壤层位 $\delta^{18}O$ 值各异性，对比分析土壤水与植物体内水分的 $\delta^{18}O$ 值，确定植物吸水层位成为可能。

表 4-1　2011 年 NO.1 观测点土壤与植物 $\delta^{18}O$ 值

项目	土壤 $\delta^{18}O$/‰								柽柳 $\delta^{18}O$/‰	小獐毛 $\delta^{18}O$/‰
	15 cm	25 cm	35 cm	55 cm	75 cm	95 cm	115 cm	145 cm		
6 月 16 日	−6.58	−7.11	−7.61	−8.22	−8.86	−8.79	−8.93	−8.99	−6.54	−6.91
6 月 29 日	−6.32	−7	−7.74	−8.33	−8.79	8.88	−8.96	—	−8.16	−7.66
7 月 11 日	−6.10	−6.57	−7.61	−8.46	—	—	—	—	−7.77	−7.16
7 月 27 日	−5.97	−6.62	−7.25	−8.04	−8.58	−8.89	−9.03		−6.80	−6.57
8 月 15 日	−5.05	−6.44	−7.39	−8.36	—	—	—	—	−8.19	−7.33
8 月 22 日	−5.00	−6.65	−8.65	−8.57	—	—	—	—	−8.25	−7.42
8 月 29 日	−5.59	−5.63	−7.71	−8.02	−8.07	—	—	—	−8.09	−6.96
9 月 6 日	−5.83	−6.26	−7.23	−7.73	—	—	—	—	−8.42	−6.97
9 月 15 日	−5.93	−6.15	−7.61	−7.80	—	—	—	—	−8.39	−6.05
平均值	−5.82±0.50	−6.49±0.42	−7.64±0.40	−8.17±0.27	−8.58±0.31	−8.85±0.04	−8.97±0.04	−8.99±0.00	−7.85±0.66	−7.00±0.45

注：—表示由于地下水位上升，无法采样

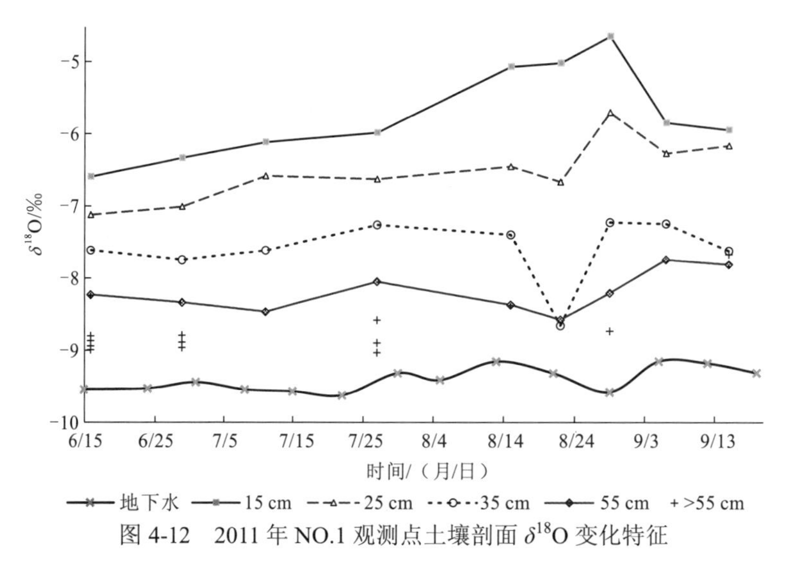

图 4-12　2011 年 NO.1 观测点土壤剖面 $\delta^{18}O$ 变化特征

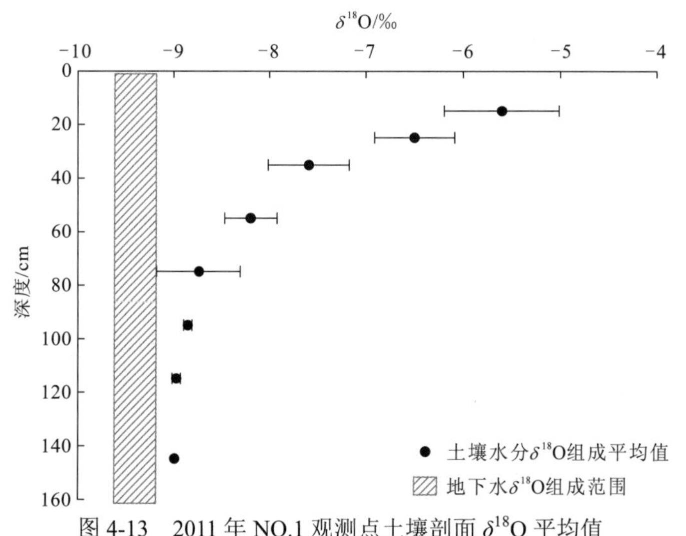

图 4-13　2011 年 NO.1 观测点土壤剖面 $\delta^{18}O$ 平均值

总体来看，观测前期（8 月 15 日前）25 cm 以下深度土层土壤 $\delta^{18}O$ 值保持相对稳定，而在后期（8 月 15 日后）$\delta^{18}O$ 值整体相对偏负，主要是由于地下水 $\delta^{18}O$ 值偏负且保持长期的高水位，进而持续补给了上部土层（图 4-12）。

15 cm 土层较深度土层的 $\delta^{18}O$ 值变化更为频繁，从观测早期的−6.58‰保持持续上升趋势，直至 8 月 29 日达到最大（−4.63‰），随后的 9 月又下降至−5.83‰，而再次呈现偏负的同位素值。造成这种变化的原因是观测早期地下水位较低，无法补给到浅层土壤，而持续的强蒸发气候使得重同位素在土壤中富集；9 月内，持续的高水位地下水补给了该土层，混合了 $\delta^{18}O$ 值偏负的地下水或深度土壤水，引起了该土层同位素值偏负。

相较于 15 cm 土层，25 cm 土层和 35 cm 土层的同位素浓度变化较小（图 4-12），反映了相对较小的蒸发强度；而且在整个观测期内，其对降雨基本无响应，表明这两个土层基本不受降雨入渗的影响，主要受地下水控制，这与前述土壤含水量分析一致。8 月 22 日，35 cm 土层同位素含量相比前期下降，与 55 cm 土层同位素含量基本一致，均为−8.6‰左右，较突出地表明了地下水补给的结果。

在整个观测期内，较深部的 55 cm 土层的土壤同位素含量与地下水同位素含量保持一致的变化特征（图 4-12）。但该土层 $\delta^{18}O$ 值较地下水稍微偏正，这可能是土壤层先前保存的 $\delta^{18}O$ 值偏正的水分与上升的 $\delta^{18}O$ 值偏负的地下水混合所致。

2）植物水分同位素变化特征

2011 年观测期内植物的 $\delta^{18}O$ 信息见表 4-1，柽柳茎干水 $\delta^{18}O$ 值范围为−8.42‰～−6.54‰，平均值为−7.85‰；而小獐毛地茎 $\delta^{18}O$ 值范围为−7.66‰～−6.05‰，平均值为−7.00‰。整体上柽柳的 $\delta^{18}O$ 值相对于小獐毛的 $\delta^{18}O$ 值偏负，但在季节变化上存在一定的差异，可划分为两个阶段：在 8 月中旬以前两者差异较小，8 月之后差异显著，如图 4-14 所示。

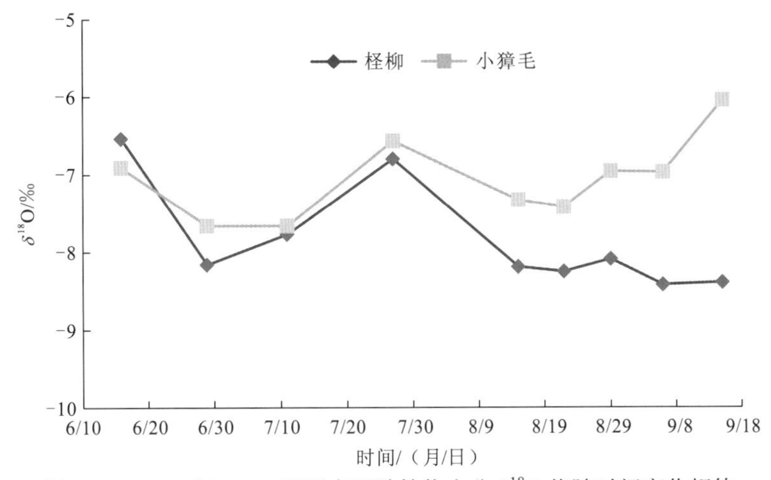

图 4-14　2011 年 NO.1 观测点两种植物水分 $\delta^{18}O$ 值随时间变化规律

将两种植物与降雨、地下水进行同位素比较分析，观测期内降雨同位素均值为（−1.76±3.31）‰（n=19），明显比植物的同位素值偏正，而地下水同位素值则相对更接近于植物水分。由表 4-1 可以发现，植物水分的 $\delta^{18}O$ 值处于土壤水分 $\delta^{18}O$ 值的区间内。因此，可以初步判断植物主要利用不同层位的土壤水分。

图 4-14 显示了两种植物在观测期内 $\delta^{18}O$ 值的变化规律，通过前述的同期地下水波动特征可以发现，植物水分也发生了相应的变化。观测初期地下水埋深较大时，柽柳保持较为偏正的 $\delta^{18}O$ 值；随着 6 月底至 7 月初地下水的第一次波动，柽柳 $\delta^{18}O$ 值由−6.54‰下降到−8.16‰；7 月中旬到 8 月中旬，地下水再次保持最低水位，此时柽柳 $\delta^{18}O$ 值也同样趋于偏正，最高值可达−6.80‰；8 月中旬以后，当地下水又一次上涨并保持长期的高水位时，柽柳 $\delta^{18}O$ 值则下降至−8.20‰左右，并保持相对稳定。

对于小獐毛，在 6～8 月，其与柽柳保持一致的变化；但从 8 月初开始，小獐毛水分 $\delta^{18}O$ 值偏负的幅度要小于柽柳；8 月以后，小獐毛 $\delta^{18}O$ 值逐渐呈增加（偏正）趋势，与柽柳变化相反，因此造成了该时期小獐毛较柽柳 $\delta^{18}O$ 值显著偏正的结果。

3）植物吸水层位分析

通过对比 2011 年 NO.1 观测点土壤水与柽柳、小獐毛茎干水 $\delta^{18}O$ 值可知（图 4-15），

小獐毛茎干水的 $\delta^{18}O$ 总是处于 25～35 cm 的土层区间内，表明了小獐毛在生长期内主要利用较浅层的土壤水分。而柽柳则有较大的吸水空间的可能性，其吸水层位涉及整个土壤剖面，反映出其在地下水位波动下具有更为灵活的水分利用策略。表 4-2 所示为 NO.1 观测点柽柳、小獐毛不同观测日的吸水层位，图 4-16 为 NO.1 观测点柽柳、小獐毛根系吸水深度变化趋势图。

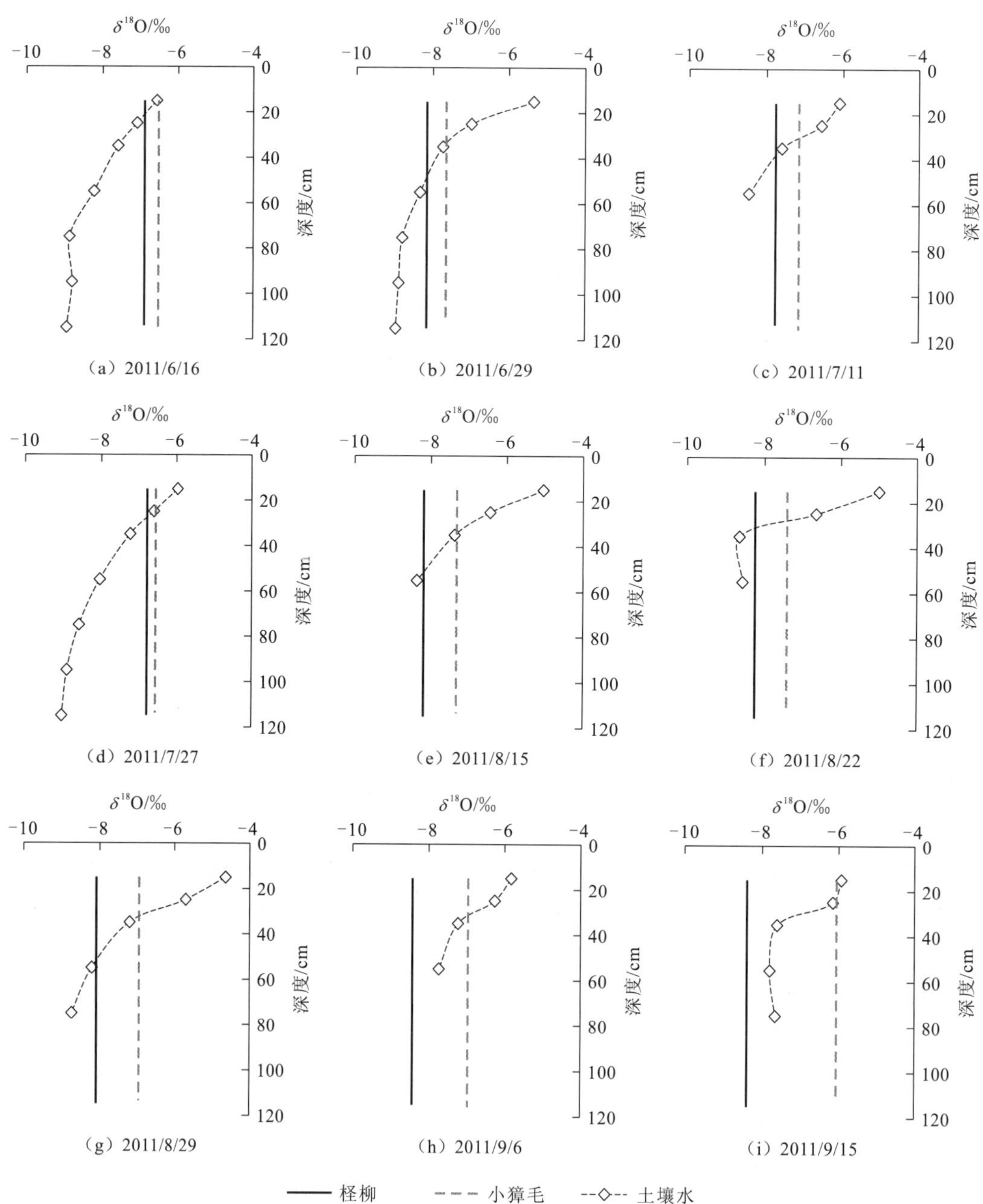

图 4-15　2011 年 NO.1 观测点土壤水与柽柳、小獐毛茎干水 $\delta^{18}O$ 值的比较

表 4-2　2011 年 NO.1 观测点柽柳、小獐毛不同观测日的吸水层位

采样时间	吸水层位/cm		采样时间	吸水层位/cm	
	柽柳	小獐毛		柽柳	小獐毛
6 月 16 日	15	25	8 月 22 日	55	30
6 月 29 日	40	35	8 月 29 日	55	35
7 月 11 日	35	30	9 月 6 日	>55	35
7 月 27 日	30	25	9 月 15 日	>55	25
8 月 15 日	55	35			

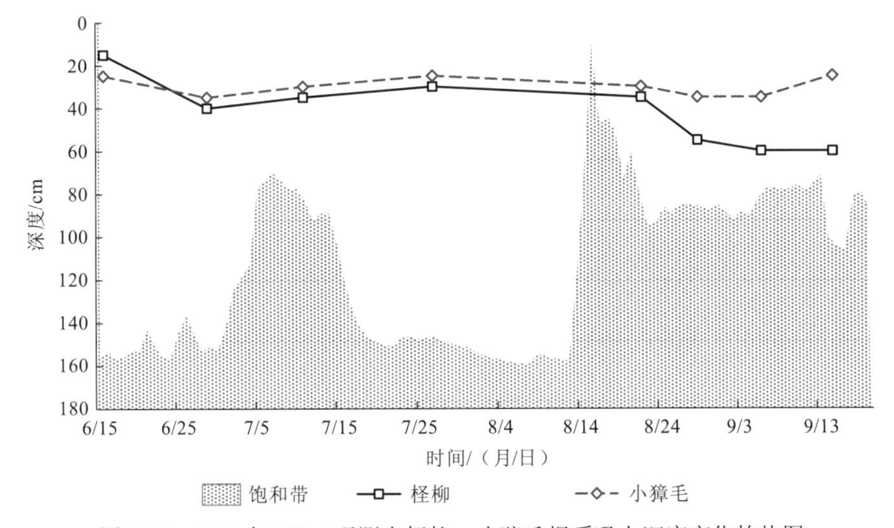

图 4-16　2011 年 NO.1 观测点柽柳、小獐毛根系吸水深度变化趋势图

6 月 16 日、6 月 29 日和 7 月 27 日的 3 个全剖面观测时间内，地下水位较低，柽柳与小獐毛具有相近的 δ^{18}O 值，都处于 15～35 cm 的土壤区间内，这说明在这期间两种植物均利用浅层的土壤水分。由于植物蒸腾耗散且没有水分补给，15～35 cm 土壤的水分不断丧失，这也印证了 4.3.2 小节中土壤水分变化监测分析结果。8 月 29 日、9 月 5 日和 9 月 15 日 3 个全剖面观测时间内，地下水位较高，柽柳的吸水层位有所下降，而小獐毛保持不变。在该时期内两种植物分别利用了不同空间的水分，其中，柽柳茎干水分 δ^{18}O 值已趋近于地下水。从以上分析可知，在地下水位较低时，柽柳与小獐毛利用相同层位的土壤水分，可能建立了水分竞争的关系；在地下水位较高时，两种植物吸水层位有所区分，形成了共生互补的关系。

2. 2011 年 NO.2 观测点植物水分来源

与 NO.1 观测点数据相似，NO.2 观测点土壤水 δ^{18}O 值在 2011 年观测期内不同的阶段呈现差异，在土壤剖面垂向上具有相似的蒸发富集特征。从表 4-3 和图 4-17 可以看出，土壤水 δ^{18}O 值在每个全剖面由浅到深的深度内均保持逐步偏负的趋势。δ^{18}O 平均值由 15 cm 土层处的−6.57‰过渡到 95 cm 土层处的−8.68‰，如图 4-18 所示。

表 4-3　2011 年 NO.2 观测点土壤与植物 $\delta^{18}O$ 值

项目	土壤 $\delta^{18}O$/‰						柽柳 $\delta^{18}O$/‰	小獐毛 $\delta^{18}O$/‰
	15 cm	25 cm	35 cm	55 cm	75 cm	95 cm		
6 月 26 日	−7.08	−7.51	−7.40	−7.81	−8.18	−8.42	−7.12	−6.55
7 月 5 日	−7.32	−8.17	−8.45	−8.47	—	—	−7.26	−6.49
8 月 2 日	−6.17	−6.85	−7.85	−8.65	−8.63	−8.93	−6.52	−6.86
9 月 7 日	−6.49	−6.87	−7.18	—	—	—	−6.71	−6.86
9 月 21 日	−5.81	−6.48	−7.30	−7.90	—	—	−7.18	−6.28
平均值	−6.57±0.56	−7.17±0.60	−7.64±0.47	−8.21±0.36	−8.41±0.23	−8.68±0.26	−6.96±0.29	−6.61±0.22

注：“—”表示由于地下水位上升，无法采样

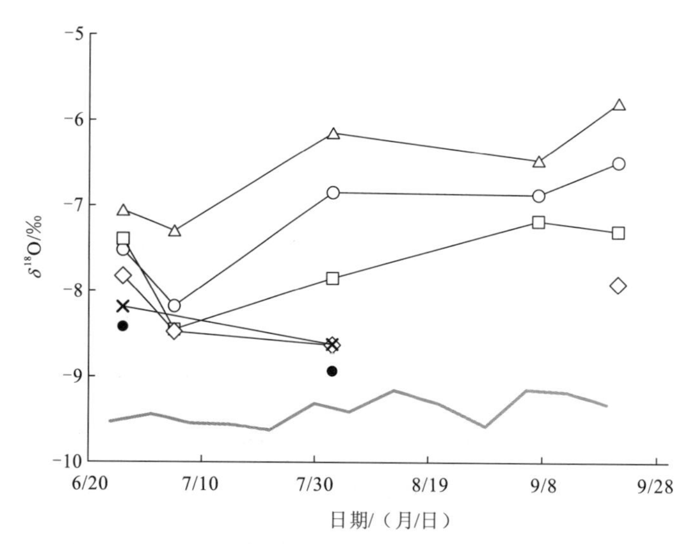

图 4-17　2011 年 NO.2 观测点土壤剖面 $\delta^{18}O$ 变化特征

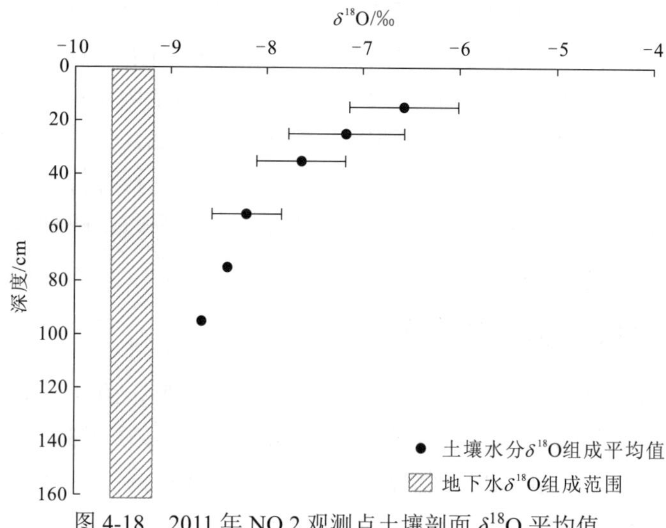

图 4-18　2011 年 NO.2 观测点土壤剖面 $\delta^{18}O$ 平均值

对比 NO.2 观测点每期全剖面植物水分与土壤水分的 $\delta^{18}O$ 值（图 4-19）发现，小獐毛茎干水的 $\delta^{18}O$ 总是处于 25 cm 以上的土层区间内，这表明了小獐毛在其生长期内主要利用较浅层的土壤水分。对于柽柳，在早期地下水位上升前，其主要吸收 15 cm 左右土层的水分，随着时间的推移，吸水层位逐渐向下发展，延伸至 35 cm，如表 4-4 所示。

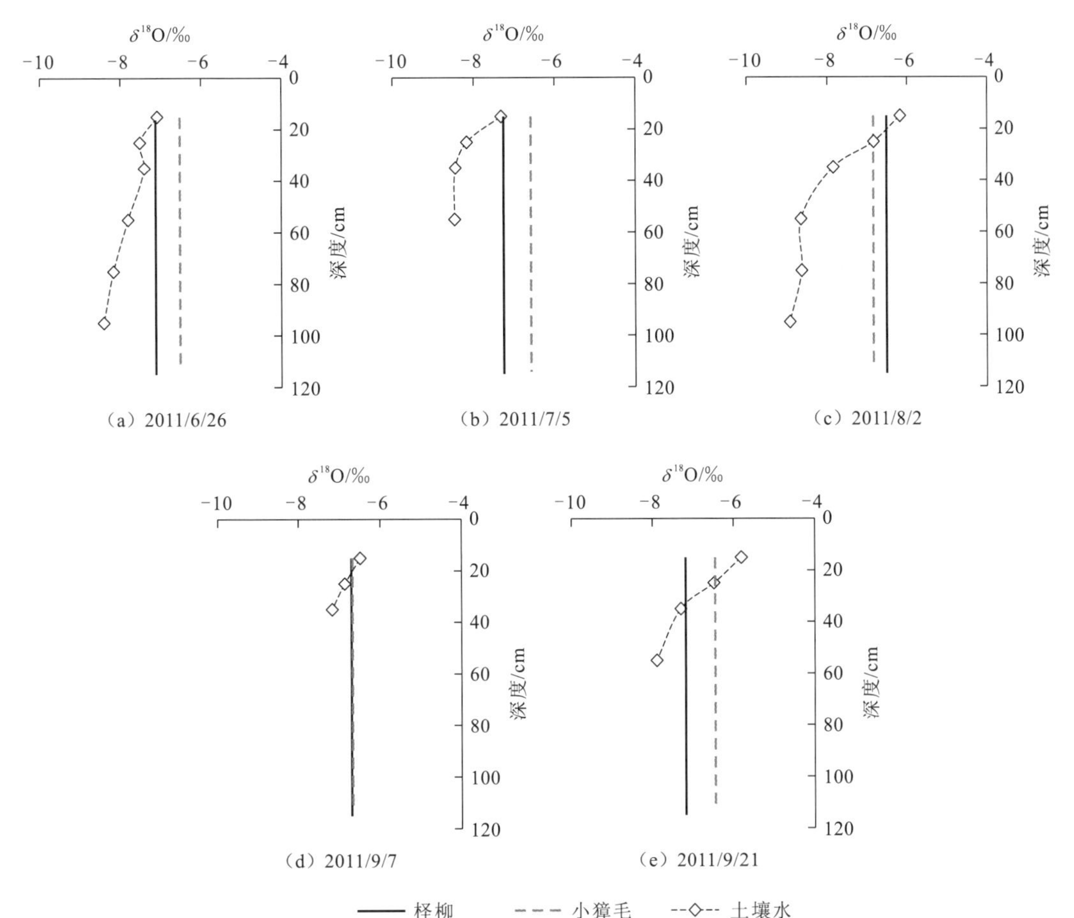

图 4-19　2011 年 NO.2 观测点土壤水与柽柳、小獐毛茎干水 $\delta^{18}O$ 值的比较

表 4-4　2011 年 NO.2 观测点柽柳、小獐毛不同观测日的吸水层位

采样时间	吸水层位/cm	
	柽柳	小獐毛
6 月 26 日	15	<15
7 月 5 日	15	<15
8 月 2 日	25	25
9 月 7 日	25	25
9 月 21 日	35	25

虽然未取得 15 cm 以上土层的样品，不能对该观测点的小獐毛进行吸水层位的定量分析，但根据土壤层蒸发富集的规律可以推断小獐毛主要利用＜15 cm 浅表层土壤水。与同期 NO.1 观测点一致，柽柳在早期主要利用较浅层的土壤水分，但柽柳在 NO.2 观测点生长期均可能与小獐毛发生水分竞争。如表 4-4 所示，观测中期（8 月 2 日以后）表现为柽柳与小獐毛利用相同层位的土壤水，两种植物存在竞争。两个观测点的水分利用有很大差异，这可能与以下两个原因有关：①NO.2 观测点表层 0～60cm 为黏土，可能成为柽柳根系发育过程中的穿透阻力，造成根系的长度较短、根的伸长速率较慢；②NO.2 观测点吸水层位在植物生长期内保持较高的含水量，能满足生长在该点位的植物的生理需求。

3. 2012 年 NO.2 观测点植物水分来源在不同时期的对比

与 2011 年监测数据相似，2012 年 NO.2 观测点土壤水分 $\delta^{18}O$ 值在观测期内不同的阶段呈现差异，在土壤剖面垂向上具有相似的蒸发富集特征。从表 4-5 和图 4-20 可以看出，土壤水中 $\delta^{18}O$ 值在每个全剖面由浅到深均保持逐步偏负的趋势；平均值亦表现为同样的变化规律，由 15 cm 土层处的−4.82‰过渡到 95 cm 土层处的−9.00‰，如图 4-21 所示。

表 4-5　2012 年 NO.2 观测点土壤与柽柳 $\delta^{18}O$ 值

项目	土壤 $\delta^{18}O$/‰						柽柳 $\delta^{18}O$/‰
	15 cm	25 cm	35 cm	55 cm	75 cm	95 cm	
6 月 21 日	−5.03	−7.18	−7.88	−8.14	−8.78	−9.06	−7.22
4 月 7 日	−5.48	−6.91	−7.44	−8.04	−8.94	−8.93	−6.75
7 月 21 日	−3.88	−6.09	−7.45	−8.20	−8.28	—	−6.62
5 月 8 日	−5.30	−6.69	−7.42	−8.44	−8.92	—	−7.67
8 月 20 日	−3.81	−5.58	−6.66	−7.77	—	—	−5.62
8 月 30 日	−5.43	−7.12	−7.68	−8.13	−8.58	—	−7.36
平均值	−4.82±0.71	−6.60±0.58	−7.42±0.38	−8.12±0.20	−8.70±0.25	−9.00±0.07	−6.87±0.66

注：“—”表示由于地下水位上升，无法采样

15 cm 土层处的 $\delta^{18}O$ 值较深土层变化更为频繁，波动范围为−3.81‰～−5.48‰，造成这种变化的原因是地下水位较低，无法补给到浅层土壤，而持续的强蒸发气候使得重同位素在土壤中富集。25 cm 以下土层相对 15 cm 土层同位素浓度变化较小，反映了其具有相对较小的蒸发强度；而且在整个观测期内，土壤对降雨基本无响应，表明该土层范围基本不受降雨入渗的影响，主要受地下水控制，这与前述土壤含水量分析相一致。在整个观测期内，较深部的 55 cm 土层和 95 cm 土层的同位素含量基本接近地下水，如图 4-20 所示。

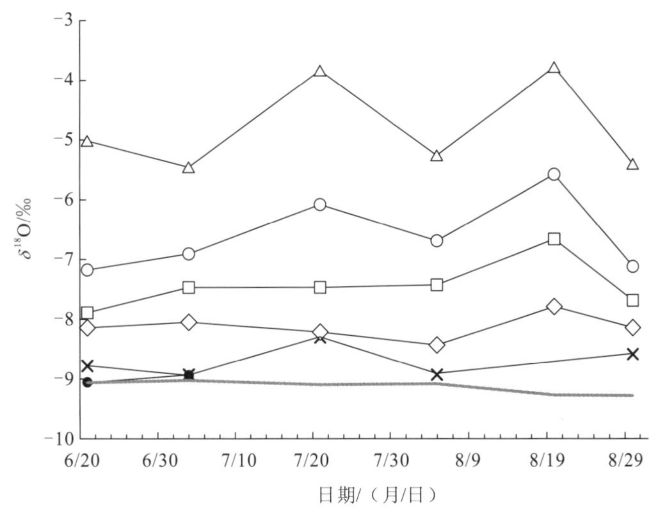

图 4-20　2012 年 NO.2 观测点土壤剖面 $\delta^{18}O$ 变化特征

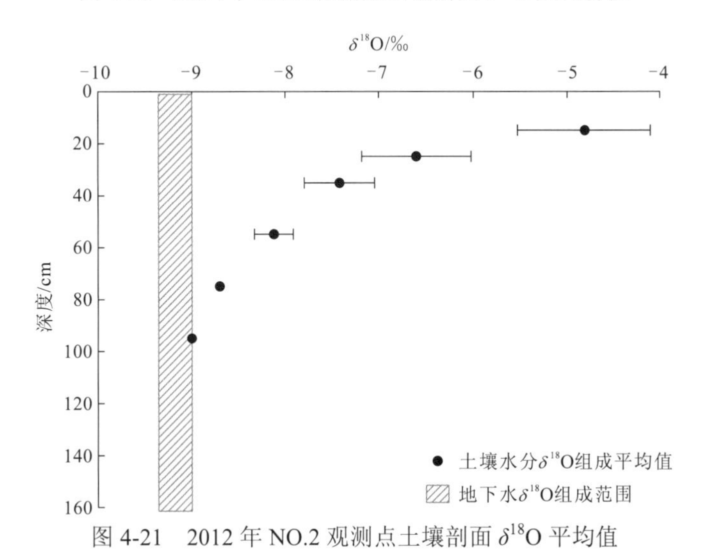

图 4-21　2012 年 NO.2 观测点土壤剖面 $\delta^{18}O$ 平均值

图 4-22 对比了每期全剖面土壤水与柽柳茎干水的 $\delta^{18}O$ 值，由图可知吸水层位总是处于 25～35 cm 土层的区间内，表明柽柳在生长期内较为稳定地利用浅层的土壤水分，如表 4-6 所示。

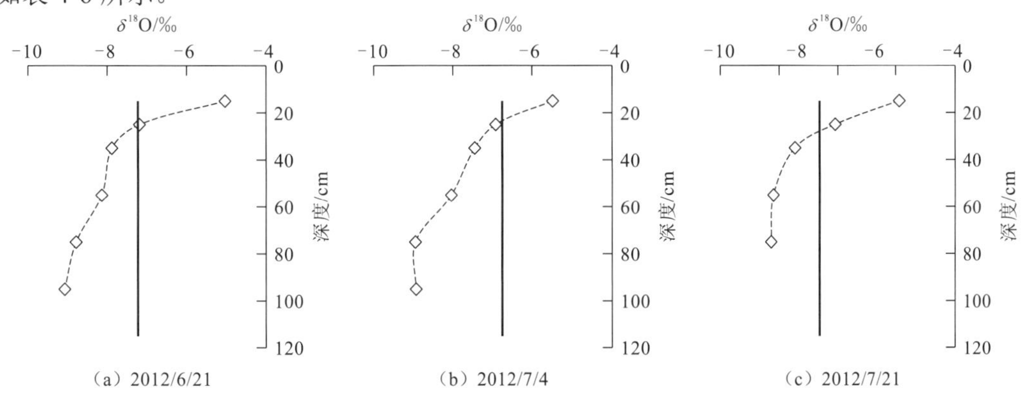

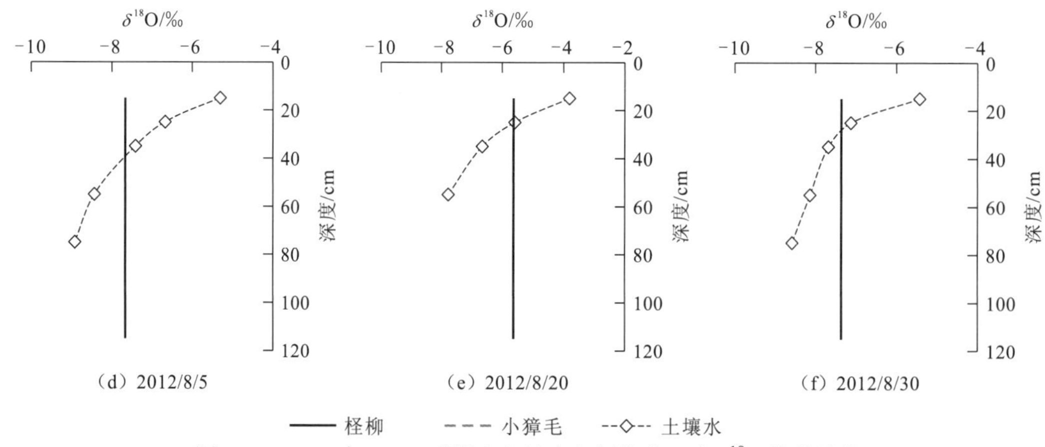

图 4-22　2012 年 NO.2 观测点土壤水与柽柳茎干水 $\delta^{18}O$ 值的比较

表 4-6　2012 年 NO.2 观测点柽柳不同观测日的吸水层位

采样时间	吸水层位/cm	采样时间	吸水层位/cm
6 月 21 日	25	8 月 5 日	35
7 月 4 日	25	8 月 20 日	25
7 月 21 日	25	8 月 30 日	25

4.4.3　河岸带柽柳水分来源分析

1. 土壤水分来源

从土壤含水量和土壤水同位素分析可以发现，土壤水分对河岸带脉冲式降雨没有明显的响应。因此，降雨无法成为主要的土壤水分来源。25 cm 土壤水在观测期内长期保持稳定，更进一步证明了此观点。同样，15 cm 的浅层土壤水的 $\delta^{18}O$ 同位素在观测期内呈现持续偏正趋势，这也说明其主要受地表连续的蒸发而富集，降雨影响较小。刘冰等（2011）研究同属黑河中游地区土壤水分对降雨的响应发现，由于夏季的强蒸发特征，降雨对 0～20 cm 土层土壤含水量影响较大，对 30～40 cm 土层土壤含水量影响较小。河岸带柽柳具有特殊的鳞片形树叶等生理特征，对降雨具有明显的截流效应，且覆盖度较高，这意味着河岸带实际降雨中有相当部分在降雨发生时停留在柽柳表面，随后蒸发，导致到达土壤表面的降雨减少，入渗量也随之降低。此外，河岸沉积形成的低渗透性黏质土壤也是阻止水分进一步下渗到深层土层的主要因素。

相反，25 cm 以下土壤水分对地下水位的波动具有明显的响应，这说明其主要受地下水及其毛细上升带的补给。虽然在观测期内各土层的 $\delta^{18}O$ 同位素相较于地下水的 $\delta^{18}O$ 值偏正，但当水位抬升后，其同位素迅速发生偏负的改变，这从另一个角度阐明了地下水补给的主导地位。

2. 植物水分来源对地下水的依赖

通过柽柳和小獐毛吸水来源的季节动态变化分析可知，两种植物在生长季内均依赖地下水，虽然植物不直接利用地下水，但主要吸收由地下水补给的土壤水分。在 2011 年早期，地下水埋藏较深，无法对土壤形成补给，造成深层土壤水分含量较低，此时相对含水量较高的浅层土壤水分便成为柽柳能吸收利用的唯一水分来源。Busch 等（1992）通过同位素实验也证明了在地下水位降低的情况下，柽柳具有从非饱和区获取水分的能力。由于研究区干旱少雨的特征，植物早期吸收的浅层土壤水分也可能来源于上一年或前期地下水上涨补给相关土壤层而遗留下的水分。随着时间的推移，当浅层土壤水分消耗后，此时发生第一次地下水位的上涨，柽柳吸水层位开始向下延伸进而吸收更充足的水分。

地下水位上升造成深层土壤含水量增加，同时浅层土壤水分大量消耗，植物主要利用 55 cm 土层以下的土壤水。有研究表明，柽柳的蒸散量存在季节性变化，生长初期（5～6 月）的蒸散量较小，而生长旺季（7～8 月）的蒸散量占整个生长季的 72.5%。相应地，在生长初期，储存在土壤浅层的少量水分就可能满足柽柳的水分需求；但到了生长旺季时期，柽柳则需要储量更丰富、更稳定的水源来维持其生理需要（司建华 等，2006）。干旱区夏季降雨往往具有较强的偶然性，时间分布也极不均匀，难以满足上述要求，因此，河岸带浅埋的地下水自然就成为柽柳的最佳选择。Smith 等（1991）对河岸树木的研究同样发现了河岸树木吸水方式具有很大的灵活性，可以由生长初期利用土壤水转换到生长期主要利用地下水。

生长期内的柽柳不利用降雨是由于降雨很难入渗到柽柳的吸水深度。周晨昕等（2011）在对同属黑河中游沙丘生长的柽柳的水分来源研究中发现，7 月柽柳主要利用 185 cm 以下的土壤水，即基本不利用降雨，反而依赖于更为稳定的地下水源。徐贵清等（2009）亦认为，柽柳主要利用地下水和深层土壤水，在降雨引发的湿润-干旱周期中，植物水分生理参数对降雨无响应。

柽柳作为典型的深根吸水植物，其根系随水分条件和年龄增长不断向下伸展以至与地下水相接，在整个包气带均有分布。但在本研究中，河岸带地下水位频繁波动，地下水位变化范围可达 1 m 以上，长期的高水位对根系存在湿害威胁，易造成土壤通气不良、植物根部缺氧、呼吸困难，使新的根系难以形成，原有的根系活力下降甚至死亡（唐罗忠 等，1998）。为了适应这种湿害威胁，研究区柽柳根系可能存在相对“表层化”现象，即根系并未伸展至最低潜水面，使得植物在地下水低水位期无法吸收深层土壤水和地下水，只能利用相对浅层土壤的水分，造成本研究中旱季柽柳的吸水深度较浅。同时，柽柳并不始终保持所有根系的活性，尤其是在低含水量土壤中。研究认为，维持低含水量土层中根系活性的耗费远远大于植物在土壤中的获得，只有土壤含水量达到一定的阈值，才能刺激植物根系的活性，进而植物根系才开始形成并保持吸收土壤水分的功能。因此，生长旺季表层土壤水分降低后，柽柳可能停止了该区间根系的活性，继而向更深的高含水量的土壤区域寻找水源，改变了其功能根的深度，开始吸收深层土壤中的水分。这种水分利用策略还避免了与小獐毛等草本植物的竞争，实现了有限水分的优化利用。

此外，柽柳吸水层位的变化还可能与土壤营养物质的分布和季节变化有关。营养物质在土壤中的分布并不相同，且随着季节变化而呈现动态变化。一般来说，大多数根系集中分布在营养物质最为丰富的表层土壤中。然而，在没有水分补给时，表层土壤因直接蒸发或根系吸水而变干，使得大多数存在于最为干旱的土层中的根系失去了生理功能，此时，一些分布在深层土壤中的根系开始发挥效能。因此，土壤剖面中根系的吸水情况具有季节变化的特征；在水分充足的早期生长阶段，植物大部分水分来自表层土壤，随着季节变化逐渐向深层土壤吸水。

根据上述同位素分析与土壤水分变化可以得到以下结论。

（1）黑河中游河岸柽柳在生长季内的吸水层位随地下水位波动而产生季节变化。对于 NO.1 观测点，地下水位较低时，柽柳主要吸收 15～35 cm 土层的土壤水；而地下水处于持续高水位时，柽柳则主要利用 60 cm 以下土层的土壤水。NO.2 观测点处的柽柳在生长期内均吸收 15～35 cm 土层的土壤水。

（2）柽柳生长期内的主要水分来源为地下水或由地下水补给的土壤水，基本不利用降雨与河水。

（3）河岸带河水频繁地通过与地下水的相互作用影响柽柳生境的水分条件，间接决定了柽柳吸水层位的变化与不同时期的水分利用策略。

（4）河岸林内伴生草本植物小獐毛与柽柳在不同土壤水分条件下存在不同的共生方式。在地下水位较低、土壤水分不充足的情况下，柽柳与小獐毛存在水分竞争；但在有地下水持续补给的情况下，柽柳会调整吸水层位，往深处吸收水源，避开了与小獐毛的竞争。

虽然柽柳不直接利用河水，但河水通过与地下水强烈相互作用，造成了柽柳在干湿两季不同的吸水深度和一系列生理适应方式的改变，间接影响了河岸生态系统稳定和发展。本节成果可为同类型区深根植物的水分利用模式提供参考，同时可为构建水文模型时根系吸水项的准确处理和水资源配置等问题的解决提供依据。

4.5 河岸带柽柳水分利用效率

干旱地区不利的环境条件常常会对植物的正常生命活动产生胁迫和伤害。植物受强光、极端温度、盐渍化、水分亏缺及大气干燥等各种环境因子的胁迫，其中水分亏缺是影响干旱区植物生长发育、导致生理生化响应的主要因子和限制植物生长的关键因素。植物的高水分利用效率是其在严酷的干旱、水分及盐分胁迫环境下正常生长的重要特征。目前，植物的水分利用效率涉及不同的尺度（叶片、单株、林分、群落）问题，其中叶片水平上水分利用效率的测定在众多尺度中研究最为广泛。叶片水分利用效率研究能揭示干旱半干旱地区水分极端缺乏环境中的植物水分利用机制，可以为农林生产的合理供水、干旱区生态配水、已生态恢复区的种属选择提供科学依据。基于此，本节对 2011 年监测期内采集的柽柳叶片样品进行叶片水平上的水分利用效率研究。

表 4-7 显示了 2011 年观测期内不同时段柽柳在生长期内的叶片δ^{13}C 同位素比值变化情况，其中 NO.1 观测点处柽柳的δ^{13}C 值范围为−27.62‰～−25.65‰，平均值为−26.52‰；NO.2 观测点处柽柳的δ^{13}C 值范围为−27.02‰～−25.72‰，平均值为−26.29‰。

柽柳的$\delta^{13}C$同位素值符合C3植物（-15‰～-2‰ 或-20‰～-35‰）的特征（曹生奎 等，2009），是典型的C3植物。从总体特征上看，两观测点较为接近，在生长期内水分利用效率平均值基本保持一致，但由于两个观测点不同时期的环境水分条件不同，光合作用会产生差别，碳同位素分馏也会随之而变化，从而导致植物在不同阶段具有不同的水分利用效率。

表 4-7 2011 年观测期内柽柳 $\delta^{13}C$ 同位素信息表

项目	NO.1 观测点		NO.2 观测点	
	C/%	$\delta^{13}C$/‰	C/%	$\delta^{13}C$/‰
6月26日	35.95	−25.95	38.80	−26.80
7月6日	35.97	−25.65	42.63	−25.97
7月16日	25.66	−27.62	36.94	−25.72
8月2日	33.94	−26.83	40.89	−25.93
8月13日	31.44	−26.82	40.39	−26.59
8月29日	37.36	−25.98	39.85	−27.02
9月13日	33.69	−26.77	38.27	−25.98
平均值	33.43	−26.52	39.68	−26.29

由图 4-23 可知，两观测点柽柳的$\delta^{13}C$值在观测期内均存在较大幅度的波动。对于NO.1观测点：柽柳的$\delta^{13}C$值在6月最高并保持相对稳定；进入7月后迅速下降至最低（−27.62‰）；进入8月后，虽然$\delta^{13}C$值有所回升，但仍然停留在较低的水分利用水平；到8月末或9月初，$\delta^{13}C$值开始有所上升，但未回到6月的水平；在观测末期$\delta^{13}C$值下降到与8月一样的水平。对于NO.2观测点：柽柳的$\delta^{13}C$值在6月较低；进入7月后开始上升，保持在较高水平并维持一个月左右；进入8月后，$\delta^{13}C$值持续下降，并于8月末或9月初达到最低值；在观测末期$\delta^{13}C$值则上升并与7月持平。

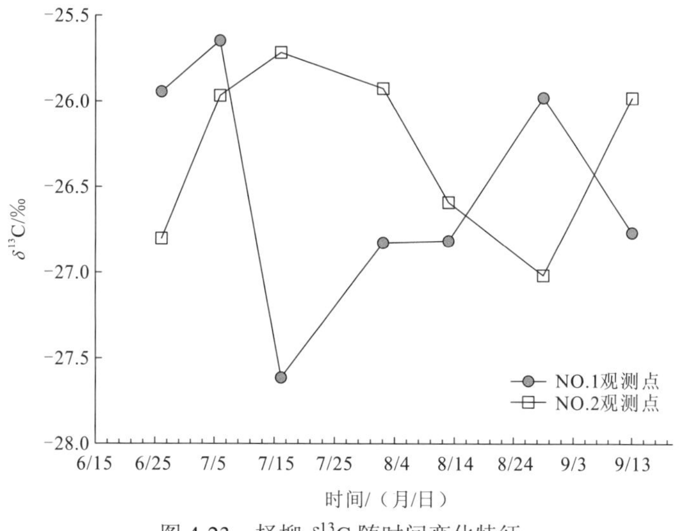

图 4-23 柽柳 $\delta^{13}C$ 随时间变化特征

相关研究发现影响植物水分利用效率的因素主要包括内外两部分（Saurer et al.，1995；Febrero et al.，1994），内部因素主要涉及植物特有的光合途径及叶面气孔等因素，而气候要素（太阳辐射、温度、相对湿度）及土壤状态（水分可利用性、水分含量、盐分、营养物质）则形成外部影响因素。考虑研究区河岸带特有干旱少雨的气候特征，生长期内气象因子对植物水分利用效率只在少数降雨天气形成影响，其他时段均较为稳定。而由前文分析可知，研究区土壤水分动态过程复杂，因此，土壤水分可能成为影响植物长期水分利用效率的最大可能因素。Francey 等（1982）的研究表明随着土壤水分耗散植物遭受水分胁迫，会引起植物叶片的δ^{13}C 同位素升高。

进一步，对比不同时间段内两个观测点处柽柳δ^{13}C 对不同土壤水分的水文过程响应变化，如图 4-24 和图 4-25 所示。

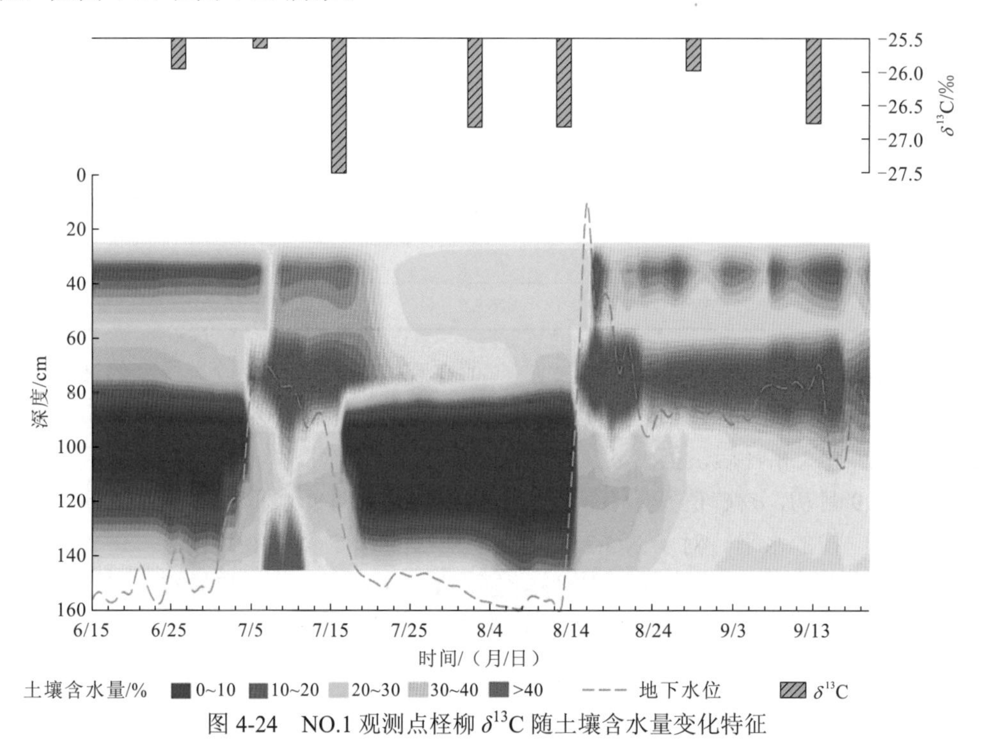

图 4-24　NO.1 观测点柽柳 δ^{13}C 随土壤含水量变化特征

由图 4-24 可知，在观测初期，NO.1 观测点柽柳的δ^{13}C 值较高，并有继续上升的趋势，结合水分来源分析可知，柽柳在初期阶段主要利用较为浅层（35 cm 左右）土壤水。从图中可以明显看出，该阶段该层位的土壤含水量处于最低的水平，柽柳受到了干旱环境的胁迫。因此，为了保证正常生长，提高水分利用效率是柽柳适应环境的最优策略。7 月开始，随着地下水位上涨，各层土壤水分均得到足够的补充，吸水层位下降至 55 cm 左右；在此情况下，干旱胁迫减弱，柽柳的水分利用效率也随之下降，同时也可能造成蒸腾量的增大，而光合作用变化较小，进而使得水分利用效率降低。7 月下旬至 8 月上旬，随着地下水下落，土壤含水量也逐渐降低但保持稳定；柽柳在该阶段水分利用效率有所回升，但由于吸水层位水量丰富，干旱胁迫较小，因此仍然保持较低且稳定的水分利用效率。8 月中旬以后，地下水位迅猛抬升，土壤含水量也随之增大，但柽柳在此阶段内的水分利用效率却较高，这可能是地下水位抬升造成土壤内空气不足，进而发生了

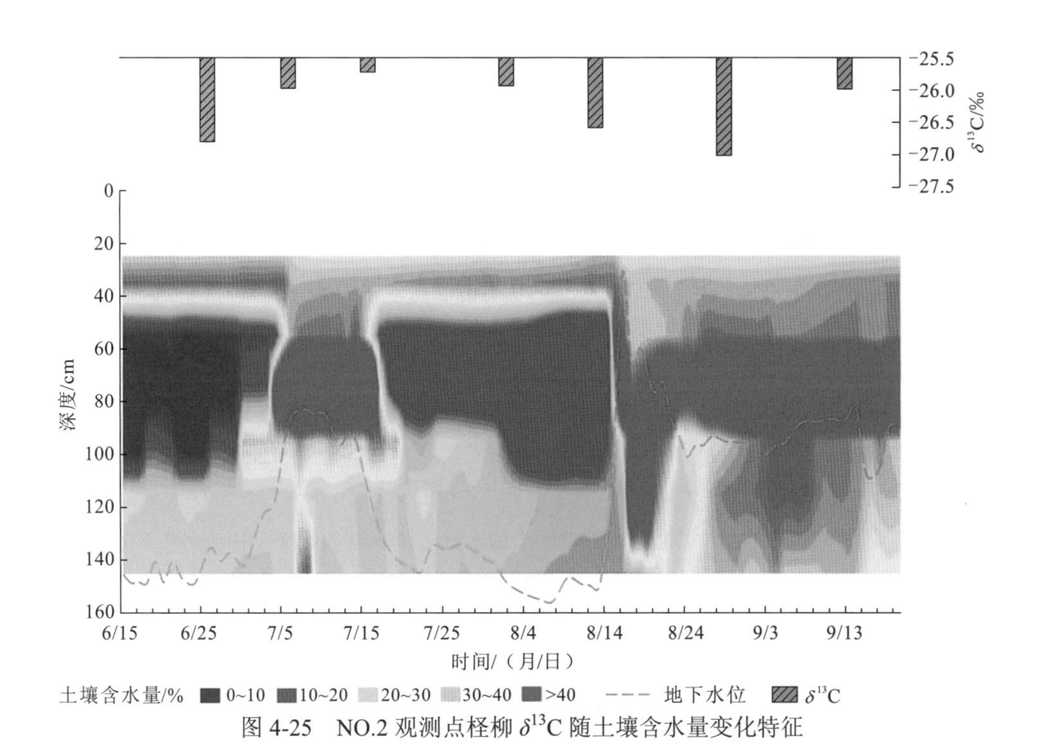

图 4-25　NO.2 观测点柽柳 δ^{13}C 随土壤含水量变化特征

淹水胁迫，使得蒸腾速率降低，进而柽柳的水分利用效率有所提高。观测末期，柽柳水分利用效率在高含水量的条件下再次降低，这可能是由于柽柳通过改变自身的生理指标适应了高土壤含水量条件下的水分蒸腾和同化作用。

由前文分析可知，柽柳在 NO.2 观测点主要吸收 25～35 cm 土层的土壤水分。由图 4-25 可知，由于该观测点 0～60 cm 均为致密的黏土，7 月上旬地下水位抬升，高水位持续时间较短，对表层土壤的含水量影响较小，柽柳吸水层位的土壤水分随时间呈逐渐降低的趋势，受到了干旱环境的胁迫。因此，为了保证正常生长，提高水分利用效率是柽柳适应环境的最优策略，进而出现了柽柳 δ^{13}C 值在观测初期较低，且随时间推移呈持续上升的趋势。随着表层水分的枯竭，8 月初，柽柳开始逐步往深层土壤寻找水源，深层土壤水分含量丰富，干旱胁迫减弱，柽柳 δ^{13}C 值出现由高向低过渡，即在该阶段水分利用效率呈下降趋势，并在 8 月中旬降至最低。9 月内，柽柳水分利用效率较高，这与 NO.1 观测点末期一致，同样可能是由于地下水位抬升后土壤内空气不足，发生了淹水胁迫，使得蒸腾速率降低，进而柽柳的水分利用效率有所提高。

两个观测点处柽柳的 δ^{13}C 值变化有很大不同，这主要是由吸水层位及土壤含水量变化不同造成的，另外，不同的土壤质地也是主要影响因素。具体而言，8 月 29 日 NO.1 观测点柽柳的 δ^{13}C 值为−25.98‰，明显高于 NO.2 观测点柽柳的 δ^{13}C 值（−27.02‰），造成这种现象的原因是土壤质地不同使得土壤水分对地下水位抬升的响应速度有所不同。NO.1 观测点黏土层较薄，地下水位上升后能在短期内补给上部土壤层；而 NO.2 观测点黏土厚达 60 cm，水分在黏土中运移需要一定时间，土壤水分对地下水位上升的响应较为滞后，因此，柽柳的 δ^{13}C 值对淹水胁迫的响应推迟了。

参 考 文 献

曹生奎, 冯起, 司建华, 等, 2009. 植物叶片水分利用效率研究综述. 生态学报, 29(7): 3882-3892.
柴宝峰, 李毳, 1998. 甘蒙柽柳与沙棘抗旱性研究. 应用与环境生物学报, 4(1): 25-28.
高岩, 张汝民, 刘静, 2001. 应用热脉冲技术对小美旱杨树干液流的研究. 西北植物学报, 21(4): 644-649.
胡俊锋, 王金生, 滕彦国, 2004. 地下水与河水相互作用的研究进展. 水文地质工程地质, 31(1): 108-113.
黄凯, 郭怀成, 刘永, 等, 2007. 河岸带生态系统退化机制及其恢复研究进展. 应用生态学报, 18(6): 1373-1382.
蒋进, 高海峰, 1992. 柽柳属植物抗旱性排序研究. 干旱区研究, 9(4): 41-45.
李卫红, 郝兴明, 覃新闻, 等, 2008. 干旱区内陆河流域荒漠河岸林群落生态过程与水文机制研究. 中国沙漠, 28(6): 1113-1117.
刘冰, 赵文智, 常学向, 等, 2011. 黑河流域荒漠区土壤水分对降水脉动响应. 中国沙漠, 31(3): 716-722.
司建华, 冯起, 席海洋, 等, 2006. 极端干旱区柽柳林地蒸散量及能量平衡分析. 干旱区地理, 29(4): 517-522.
汤章城, 1983. 植物干旱生态生理的研究. 生态学报, 3(3): 196-204.
唐罗忠, 徐锡增, 方升佐, 1998. 土壤涝渍对杨树和柳树苗期生长及生理性状影响的研究. 应用生态学报, 9(5): 24-27.
王根绪, 张钰, 刘桂民, 等, 2005. 干旱内陆流域河道外生态需水量评价: 以黑河流域为例. 生态学报, 25(10): 2467-2476.
徐耿龙, 赵世元, 李小明, 1993. 荒漠中的绿洲. 当代矿工, 9(6): 18.
徐贵青, 李彦, 2009. 共生条件下三种荒漠灌木的根系分布特征及其对降水的响应. 生态学报, 29(1): 130-137.
杨文斌, 1988. 干旱区几种树木的蒸腾速率及其与环境因子关系. 干旱区研究, 5(4): 47-55.
姚晓玲, 黄培, 1999. 短穗柽柳幼苗水分状况研究. 新疆大学学报(自然科学版), 16(1): 86-89.
张光辉, 刘少玉, 张翠云, 等, 2004. 黑河流域地下水循环演化规律研究. 中国地质, 31(3): 289-293.
张立运, 张希明, 武成, 1988. 新疆莫索湾沙区白梭梭当年生枝条生长特点及产量的初步研究. 干旱区研究, 5(4): 30-35.
张小由, 康尔泗, 司建华, 等, 2006. 额济纳绿洲中柽柳耗水规律的研究. 干旱区资源与环境, 20(3): 159-162.
赵文智, 程国栋, 2001. 干旱区生态水文过程研究若干问题评述. 科学通报, 46(22): 1851-1857.
赵文智, 刘鹄, 2006. 荒漠区植被对地下水埋深响应研究进展. 生态学报, 26(8): 2702-2708.
周辰昕, 孙自永, 余绍文, 2011. 黑河中游临泽地区沙丘植物水分来源的 D、^{18}O 同位素示踪. 地质科技情报, 30(5): 103-109.
BUSCH D E, INGRAHAM N L, SMITH S D, 1992. Water uptake in woody riparian phreatophytes of the southwestern United States: A stable isotope study. Ecological Applications, 2(4): 450-459.
BUSCH D E, SMITH S D, 1995. Mechanisms associated with decline of woody species in riparian ecosystems of the southwestern US. Ecological Monographs, 65(3): 347-370.
DAWSON T E, EHLERINGER J R, 1991. Streamside trees that do not use stream water. Nature, 350(6316):

335-337.

DEVITT D A, PIORKOWSKI J M, SMITH S D, et al., 1997. Plant water relations of *Tamarix ramosissima* in response to the imposition and alleviation of soil moisture stress. Journal of Arid Environments, 36(3): 527-540.

EHLERINGER J R, PHILLIPS S L, SCHUSTER W S, et al., 1991. Differential utilization of summer rains by desert plants. Oecologia, 88(3): 430-434.

FEBRERO A, BORT J, CATALÀ J, et al., 1994. Grain yield, carbon isotope discrimination and mineral content in mature kernels of barley under irrigated and rainfed conditions. Agronomie, 14(2): 127-132.

FRANCEY R J, FARQUHAR G D, 1982. An explanation of $^{13}C/^{12}C$ variations in tree rings. Nature, 297(5861): 28-31.

KLOEPPEL B D, GOWER S T, TREICHEL I W, et al., 1998. Foliar carbon isotope discrimination in *Larix* species and sympatric evergreen conifers: A global comparison. Oecologia, 114(2): 153-159.

SALA A, SMITH S D, DEVITT D A, 1996. Water use by *Tamarix ramosissima* and associated phreatophytes in a Mojave Desert floodplain. Ecological Applications, 6(3): 888-898.

SAURER M, SIEGENTHALER U, SCHWEINGRUBER F, 1995. The climate-carbon isotope relationship in tree rings and the significance of site conditions. Tellus B, 47(3): 320-330.

SMEDLEY M P, DAWSON T E, COMSTOCK J P, et al., 1991. Seasonal carbon isotope discrimination in a grassland community. Oecologia, 85(3): 314-320.

SMITH S D, WELLINGTON A B, NACHLINGER J L, et al., 1991. Functional responses of riparian vegetation to streamflow diversion in the eastern Sierra Nevada. Ecological Applications, 1(1): 89-97.

第5章 石羊河下游尾闾湖区以植被生态系统保护为目标的生态输水方案研究案例

5.1 研究区的代表性及概况

5.1.1 研究区的代表性

研究区为我国第三大内陆河石羊河流域尾闾湖——青土湖湿地，位于民勤盆地的东北部。民勤盆地地处巴丹吉林沙漠和腾格里沙漠交界的楔形地带，是阻挡全国沙尘暴的屏障，青土湖湿地对避免两大沙漠在民勤盆地东北部合拢具有重要的生态意义。20世纪50年代，石羊河流域上游河道蓄水工程的建设和中游红崖山水库的营建，都忽视了水库以下河道的生态需水问题，导致红崖山水库以下的石羊河主河道长期干涸，使青土湖失去了补给水源并在1959年完全干涸（石万里 等，2017；张波 等，2017）。随着湖水干涸，湿地植被演变为荒漠，大部分地区被流沙覆盖，且区域生态不断恶化。为了改善石羊河下游区域生态环境，从2010年9月开始，政府推动和主导了以渠道输送的形式向其下游青土湖连续注入生态用水，青土湖水面持续扩大（石万里 等，2017）。相较于西北干旱区湿地，青土湖湿地具有典型性，具体体现在如下几个方面。

1. 石羊河是我国西北典型内陆河

石羊河是我国西北三大内陆河流之一，与包括塔里木河、黑河和疏勒河等在内的其他内陆河流域一样，水资源的供需矛盾紧张。在山前冰川消融和降雨补给的情况下，这些流域水资源在源区和上游形成地表径流或入渗补给地下水，在中上游由于工农业需要普遍存在水资源过度开发利用的情况，进而造成下游生态用水不足，容易导致湖泊干涸、湿地退化和生态受损等严重后果。为解决水资源的供给矛盾、协调人地发展关系，目前普遍的做法是开展以流域为调控单元的水资源综合管理与配置，其中生态输水是主要手段。

2. 石羊河流域人类和生态用水矛盾异常突出

石羊河流域面积为41 600 km^2，共有231.45万人口，年平均水资源量为15.7亿m^3（不含调水），中上游工农业用水量为22.64亿m^3，红崖山水库的年入库水量为2.15亿m^3（金彦兆 等，2018）。在水资源严重短缺的情况下，流域年蒸发量为1 500～2 000万m^3，占比高达7%～9%。因此，在春夏季，只能优先满足湿地上游工农业用水；只有在秋季湿地上游用水缓解后，才由红崖山水库向青土湖输送生态用水。自2010年起开始实施的生态输水工程年平均输水量在2 700万m^{3}左右，下游尾闾湿地生态环境开始好转，目前趋于稳定。因此，石羊河流域是我国西部干旱区生态需水与供水矛盾最大、最典型的区域之一，在该地区进行地下水调控及水生态功能保护，对其他类似地区的研究具有示范意义。

3. 青土湖湿地绿色生态屏障和"一带一路"倡议地位突出

青土湖湿地位于巴丹吉林沙漠东南端和腾格里沙漠西北缘，两座沙漠在此逐渐合拢且沙漠化范围逐步向南延伸，并以大致 10 m/年的速度向民勤绿洲方向侵蚀和推进，青土湖湿地是阻止两大沙漠合拢入侵民勤绿洲的重要绿色生态屏障。除阻隔沙漠入侵之外，青土湖湿地在维护生物多样性、防止土地沙化、调节区域气候等方面有着极为重要的作用，而且为区域珍稀濒危野生动物提供了良好的生态环境。另外，青土湖湿地所在的民勤盆地位于河西走廊东北，是古丝绸之路的必经之地，在我国"一带一路"倡议的实施中也具有重要意义，对国家生态安全同样起着重要的生态示范作用。

4. 青土湖湿地是西北内陆河尾闾湖湿地的典型代表

1）湿地演化历史具有典型性

在西汉时期，青土湖最大湖面面积达 4 000 km^2，受人类活动和气候变化等影响逐渐萎缩，至 1959 年已完全干涸。受气候因素制约，该地区降雨稀少且蒸发量大，蒸发量远超降雨量，属于极度干旱气候特征。从 1960 年到 2010 年生态输水前的半个世纪，地表水、地下水天然补给量日趋减少，区域地下水位持续下降，地下水逐渐咸化，土地沙化和荒漠化现象加重，还存在植被退化、生物多样性消失、物种入侵等一系列严重的生态环境问题。与此相似，20 世纪 50 年代以来，受人类活动和气候变化等影响，我国最长的内陆河塔里木河的下游水量逐年减少，其下游近 400 km 河道一度出现断流，塔里木河的尾闾湖台特玛湖也从人们的视线中消失多年。因此，青土湖的演化历史在我国西北内陆河流域的尾闾湖泊中极具典型性。

2）生态系统结构具有典型性

石羊河流域是我国典型的内陆干旱缺水地区，自 20 世纪 90 年代起就有学者在青土湖地区开展湿地演化方面的研究，有一定的工作基础。2010 年生态输水后，青土湖地区的水域和湿地面积年际增幅明显，植被覆盖、群落类型及地下水位也随季节变化波动，且沿湖心往沙漠方向具有明显的梯度变化规律，便于对比分析研究。另外，核心的湖岸带及湿地面积为 10～15 km^2，大小适中，是开展干旱区湿地生态修复研究的理想场所。

3）生态恢复与保护措施具有典型性

我国西北内陆河的尾闾湖多以湖泊和湿地为主，面临的生态环境问题相似，且都是以生态输水作为主要的恢复与保护措施。但由于地表径流过程和水文地质条件差异较大，加上生态输水的起始时间和输水强度不同，尾闾湖泊和湿地的恢复效果有差异。塔里木河自 2000 年开始实施生态输水，到 2017 年 10 月，输水量超过了 10 亿 m^3（塔衣尔·艾尔肯，2021）。受益于此，当年塔里木河的尾闾湖台特玛湖形成了历史最大湖面和湿地，面积达 511 km^2，从恢复的尾闾湖泊和湿地面积上看，属于超大型生态输水工程（董宗炜 等，2022）。黑河流域的尾闾湖东居延海在接受生态输水后的水域面积常年保持在

40 km^2 左右，属于大规模的生态输水工程。疏勒河的尾闾湖哈拉奇湖从 2019 年底才重现 5 km^2 左右的湖面，属小规模的生态输水。而石羊河近年来的生态输水量大都稳定在 3 000 万 m^3 左右，其尾闾湖青土湖的湖面及湿地面积分别稳定在 13 km^2 和 28 km^2 左右，代表的是中等规模、少次集中的生态输水工程。

5.1.2 研究区概况

1. 地理位置

研究区为我国西北干旱区的第三大内陆河石羊河的尾闾湖湿地（青土湖湿地），经纬度范围为 103° 36′E～103° 39′E、39° 04′N～39° 09′N，如图 5-1 所示，是我国最干旱、荒漠化最严重的地区之一。按照国际《湿地公约》的湿地分类系统，青土湖湿地属于湖泊湿地生态系统。

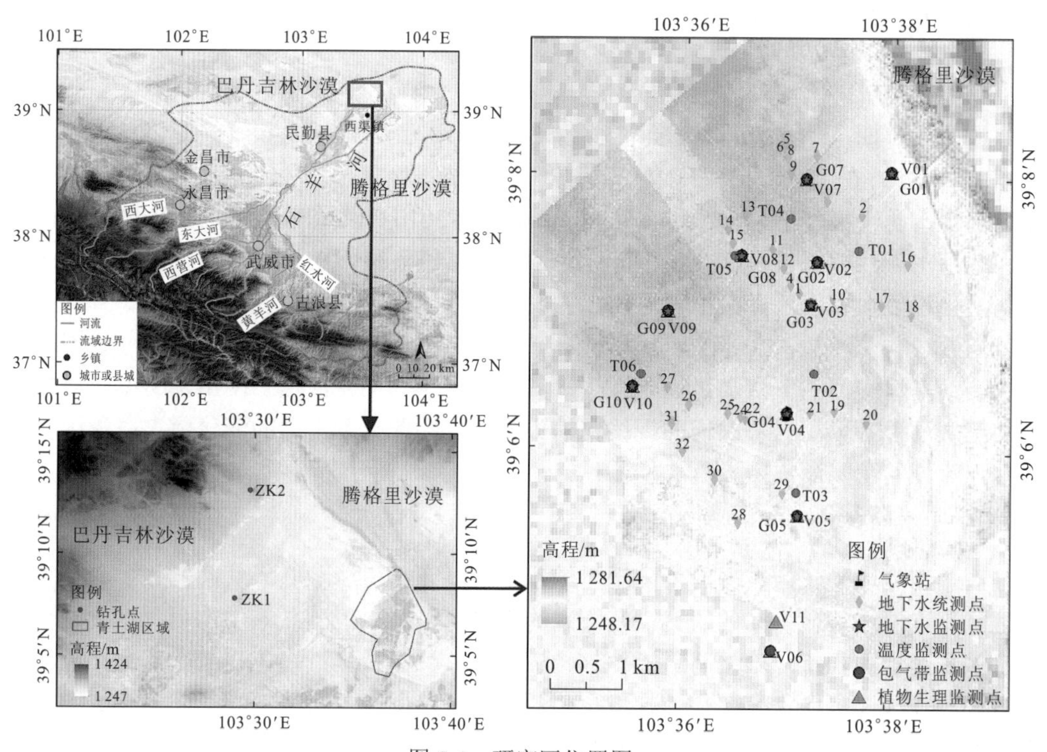

图 5-1　研究区位置图

2. 气候与水文

受区域地理位置、大气环流和地貌差异的影响，该地区属于典型的温带大陆性干旱荒漠气候，干旱少雨、蒸发强烈、冬季长而寒冷、夏季短而炎热，多风且多干热风，年平均气温为 7.8 ℃。研究区位居大陆内部，全年降水稀少，年降水量约为 110 mm，且降水时间分布集中，多发生在夏季，即 7～9 月，占全年降水总量的 73%。研究区蒸发强烈，全年蒸发量为 2640 mm，远远高于降水量，是降水量的 24 倍，如图 5-2 所示。全年无霜期达 168 天，该地区热量资源丰富，日照充足，日照时数较长，年平均日照时数为 2832.1 h；其中 4～9 月平均每天日照达 9 h 以上，是光照资源分布最集中的时段，全年约 45 天为 12～14 h 的长日照，年平均日照百分率达 64%，全年平均太阳直接辐射为 573 kJ/cm^2。该地区夏秋季盛行东风，冬春季节盛行西北风，年平均风速为 4.1 m/s。

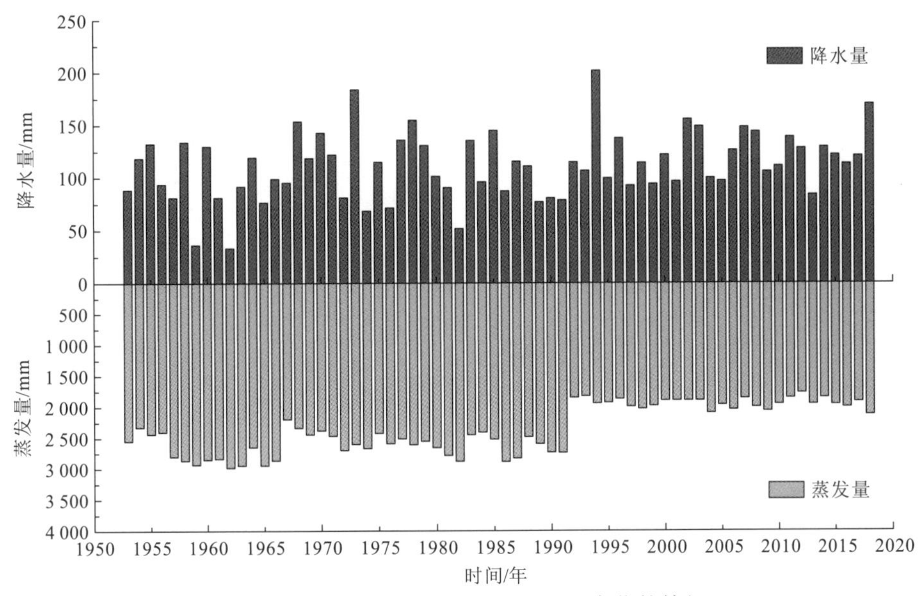

图 5-2　研究区年降水和蒸发随时间变化的特征

数据来自民勤气象站

石羊河的尾闾青土湖，原名潴野泽、百亭海，潴野泽的名字出现在《尚书·禹贡》和《水经注》里，被称为“碧波万顷，水天一色”，表现了当时的湖面辽阔。同时青土湖也是《尚书·禹贡》记载的 11 个大湖之一，它是一个面积至少为 1.6 万 km^2、最大水深超过 60 m 的巨大淡水湖泊。后来潴野泽一分为二，变成东西两面，其中西面的叫西海，也叫休屠泽。历史记载，西汉时期水域面积为 4 000 km^2，隋唐时期水域面积为 1 300 km^2，明清时称青土湖，水域面积为 400 km^2。1924 年之后，由于石羊河用水紧张，上游截留用水增加，青土湖随之逐渐萎缩。1958 年，红崖山水库的修建，破坏了民勤县的地下水系，直接导致了青土湖的消亡与民勤县的迅速沙漠化。1959 年，青土湖完全干涸，其历史演化进程见图 5-3。2010 年开始，为恢复青土湖湿地生态功能，每年秋季进行生态输水，生态水自红崖山水库放出后经衬砌的输水渠道直达青土湖，目前青土湖湿地生态逐步得到恢复，形成了随时间变化的湖面。

3. 地形地貌

青土湖区域地质构造单元位于石羊河流域地质构造单元北部的阿拉善台地和北山断块。该地质构造带在北部紧邻祁连山大地槽，在加里东运动时期，形成了以前寒武纪变质岩石为基底的结构。一些小型的陷落盆地在经历过海西运动及以后的历次运动后逐渐形成，并沉积了石炭系、侏罗系、白垩系及古近系等一系列的地层，地壳运动对地台的影响不显著，小型断裂带较多但褶曲较为平缓，整个地区已经处于相对长期稳定，逐渐趋于准平原化。

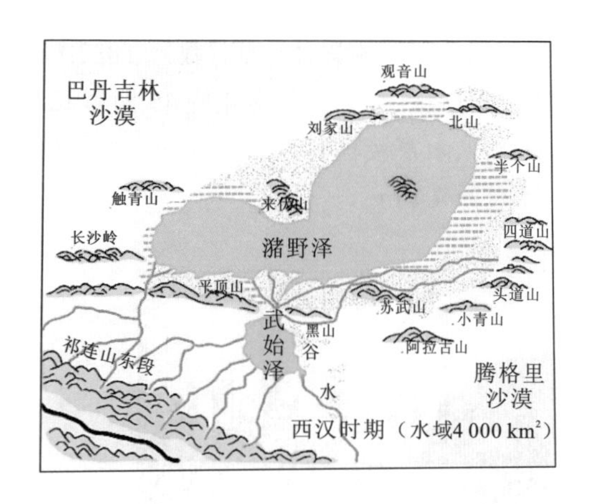

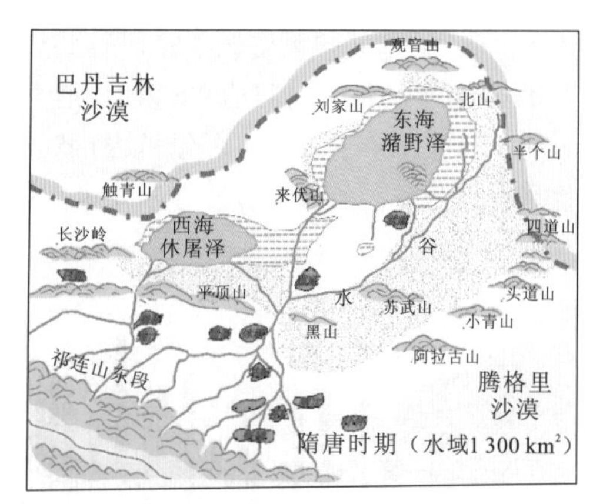

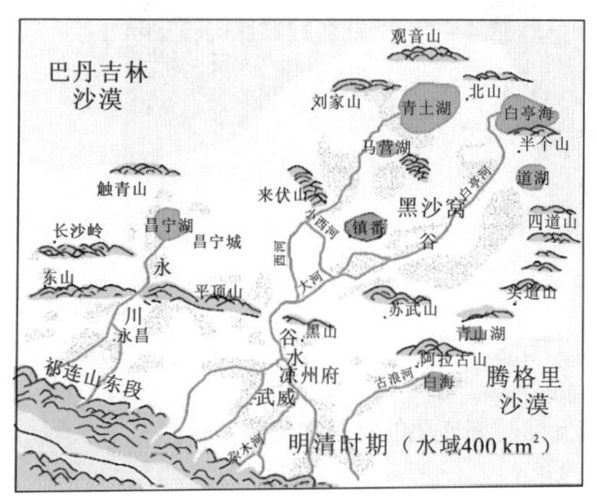

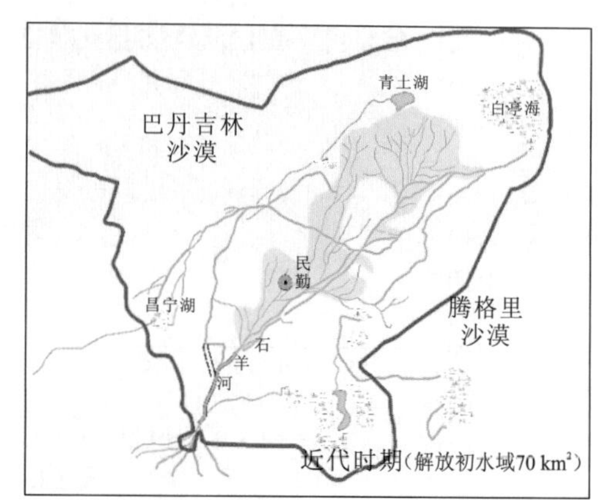

图 5-3　青土湖历史演化进程图

引自《民勤县志 1986～2005》

青土湖毗邻腾格里沙漠和巴丹吉林沙漠沙区主体，区域内总体海拔为 1292～1310 m，沙漠连片分布。按沙漠的形态特征可分为沙堆、沙垄、新月形沙丘、新月形沙丘链、抛物线形沙丘及近三角锥形沙丘，相对高度为 5～20 m。按形成沙漠的动力过程可划分为：主风近似于同一方向形成的沙丘，如沙垄，该类型沙丘多分布于研究区的西北部；彼此风向相反形成的沙丘，此种沙丘的类型主要有新月形沙丘、新月形沙丘链，多分布于研究区的东南部及北部。按植被在沙区的覆盖程度，该类型沙丘可分为固定沙丘、半固定沙丘和流动沙丘。

4. 地质与水文地质条件

1）含水系统特征

民勤盆地和研究区域的含水介质包括第四系松散堆积物和基岩裂隙。第四系中的含砾砂、亚砂土、中粗砂、细砂等构成含水层，亚黏土和黏土层透水性相对较差，构成弱透水层或隔水层，区域内弱透水层和含水层呈互层状结构，如图 5-4 所示。山区出露基岩和底部基岩发育的裂隙为含水层，基岩构成隔水层。民勤盆地的含水层厚度可达 400 m，含水层厚度整体由南向北减小。青土湖南侧隐伏断层将青土湖一侧区域含水层与民勤盆地含水层主体分隔，青土湖所在区域含水层厚度整体在 150 m 以内。

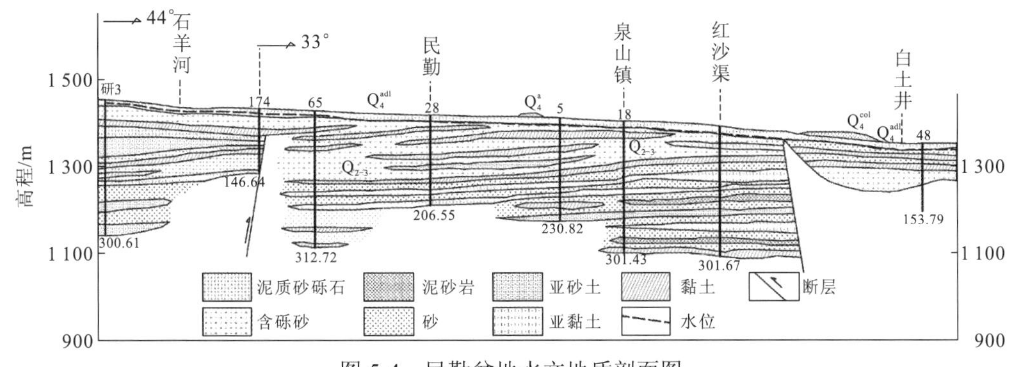

图 5-4　民勤盆地水文地质剖面图

引自张艳林（2009）

民勤盆地和研究区的地下水可分为基岩裂隙水和第四系松散岩层孔隙水。在民勤盆地中，基岩裂隙水主要分布在民勤盆地中的红崖山、研究区北侧基岩区及第四系松散堆积物下伏基岩中。民勤盆地内除上述区域外的其他区域主要为第四系松散岩层孔隙水，第四系含水层是盆地内地下水的主要储存空间。

在青土湖湿地分布区域，基岩裂隙水分布范围有限，主要分布在研究区南侧中部出露基岩和第四系地层下相对连续的基岩所发育的裂隙中。研究区内的裂隙水含水介质为碎屑岩。裂隙水分布相对不连续，地表出露的基岩裂隙中的地下水主要以潜水的形式赋存，在松散堆积物下侧的基岩裂隙中的地下水主要为承压水。

研究区内地下水主要为第四系松散岩类孔隙水，孔隙水赋存在研究区内广泛分布的第四系砾砂、中粗砂、细砂、粉砂和黏土等构成的含水层中（图 5-5）。区域的地下水分布连续，含水层厚度不均匀，整体由南向北先增大后减小。浅层地下水表现出潜水的动力特征；随着深度增大地下水逐渐过渡为承压水。

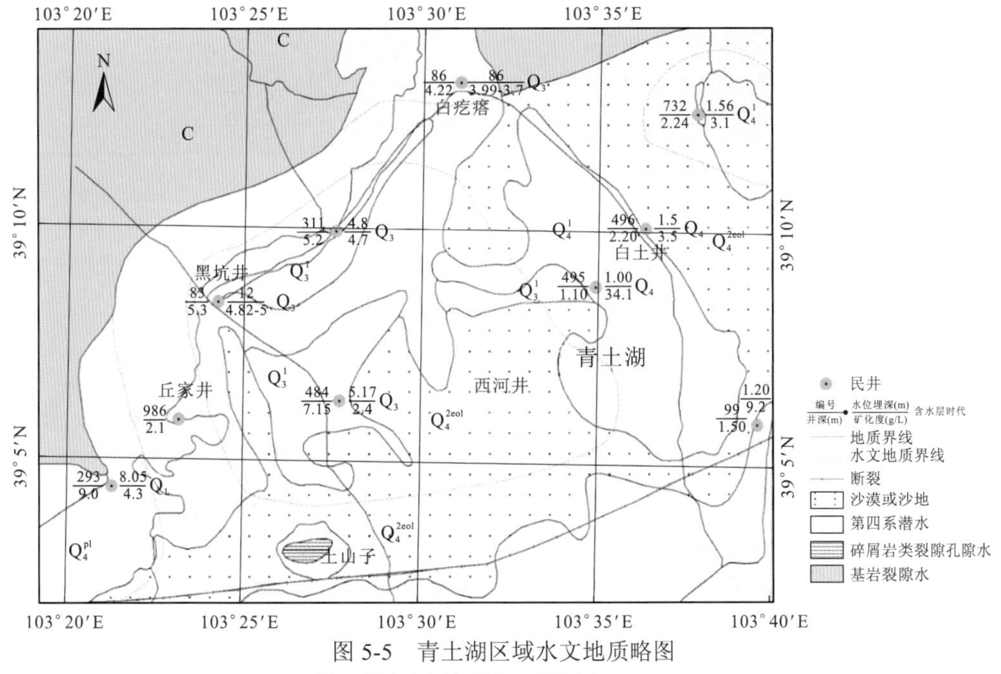

图 5-5　青土湖区域水文地质略图

引自《综合水文地质图（西渠幅）》1∶200 000

2）地下水流场特征

民勤盆地内地下水埋深总体在 3～40 m，由沙漠向绿洲方向逐渐增大。图 5-6 所示为生态输水工程启动前（2002 年）和启动后（2015 年和 2019 年）民勤盆地区域地下水位等水位线图。总体来看，邻近青土湖区域地下水由东南向西北方向流动。因为青土湖区域没有水位监测点，所以无法分析青土湖区域地下水流特征。图 5-6 显示生态输水对青土湖研究区外侧民勤盆地水流场影响不显著。

基于中国地质科学院水文地质环境地质研究所 2019 年 4 月地下水统测数据和作者团队在民勤监测的地下水位（图 5-6），青土湖区域南部边界与地下水的流向近平行，表明青土湖区域与民勤盆地地下水水力联系较弱，但在接近南部边界的中间区域有一小范围的地下水排泄区。此外，西北和东北处水位等值线显示巴丹吉林沙漠和腾格里沙漠地下水侧向补给青土湖区域。

3）地下水补径排条件

生态输水前，青土湖区域地下水主要受降水及凝结水的入渗补给和地下水的侧向补给。研究区降水较少，降水及凝结水入渗补给地下水的水量相对较小。研究区地下水的侧向补给来自东、北、西三侧的沙漠区域，同时有可能通过断裂受到来自上游区域地下水的侧向补给。青土湖区域与上游民勤盆地含水层被断裂隔开，断裂处上部有 20 m 深

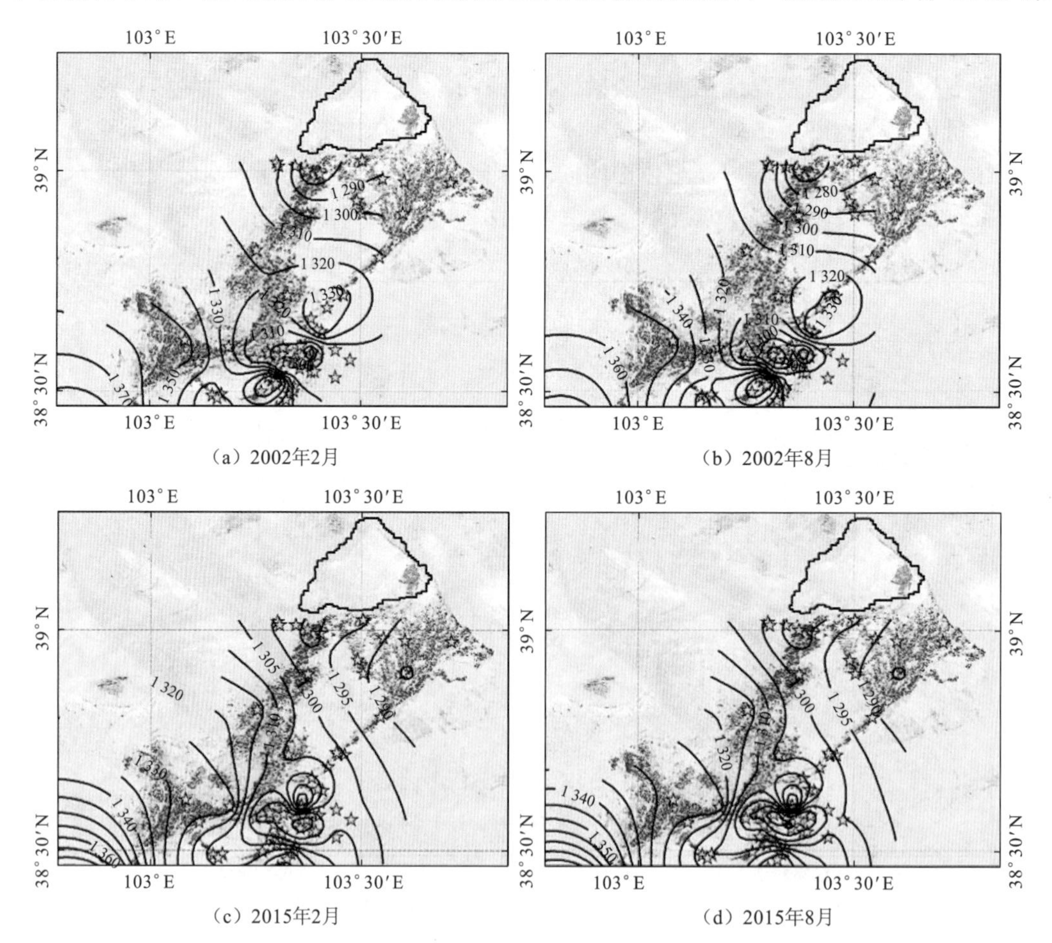

（a）2002年2月

（b）2002年8月

（c）2015年2月

（d）2015年8月

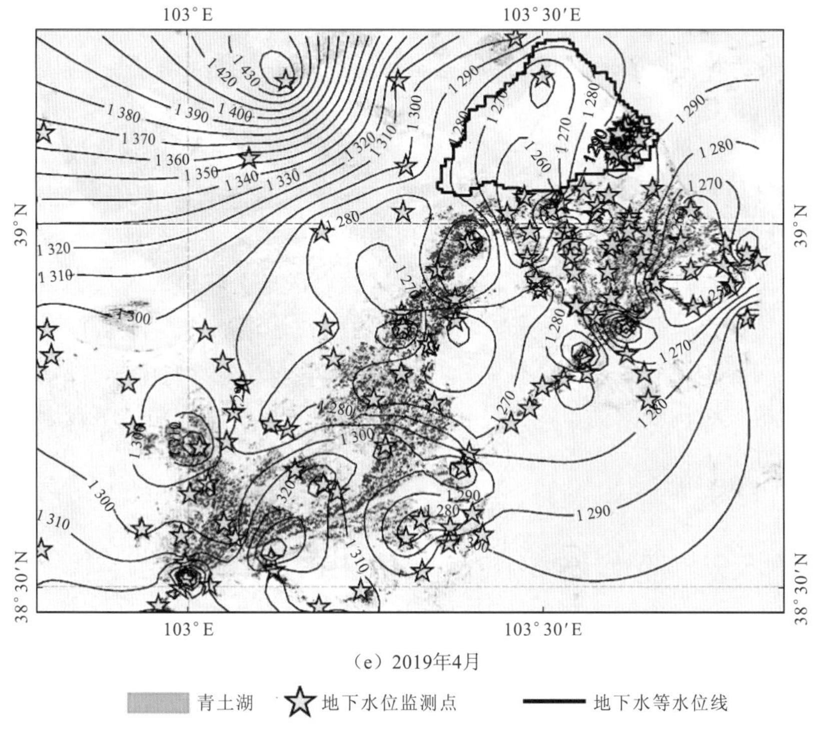

（e）2019年4月

图 5-6　生态输水工程启动前和启动后民勤盆地区域地下水等水位线图

度范围内的孔隙沉积物分布，下部为基岩。近几十年来民勤盆地水埋深较大，结合 2019 年等水位线图，推断青土湖区域与民勤盆地水力联系较弱。青土湖区域的地下水主要以蒸散发和侧向径流的形式进行排泄，蒸散发是主要的排泄方式。

生态输水后，区域地下水主要受输水渠道的下渗补给、降水及凝结水补给、地下水的侧向补给及湖泊的下渗补给。输水渠道和湖泊的下渗补给是输水后区域地下水的主要补给来源。生态输水后，研究区内地下水位分布发生变化，青土湖区域地下水位相对升高，地下水以径流的形式向西侧和东侧流动，西侧的地下水位受输水影响较小。地下水的排泄方式包括蒸散发、与湖水和输水渠道的交换及地下水的侧向排泄。输水后，区域蒸散发更为强烈。

5. 土壤与植被

研究区植被稀疏，气候干旱，降水量少，蒸发强烈，日夜温差大。土壤形成过程具有生物作用微弱、明显的母质影响、较强的易溶性盐类积累过程、亚表层黏化和铁质化现象等特点。此地区的土壤类型主要为以灰棕漠土为代表的地带性土壤和以风沙土、盐土、草甸土为代表的非地带性土壤。其中，海拔 1 500 m 以下的低山剥蚀山丘和山前倾斜冲积扇形地是地带性土壤的主要分布区，质地较粗，细粒物质较少，成土过程受地下水的影响小，通常母质多为洪积物、沉积物或现代风积沙，发育层次不明显，pH 一般在 8.0 以上，密度为 2.48～2.8 g/cm^3，有机质含量为 0.4%～0.8%。非地带性土壤由风积沙性母质发育而成。按成土阶段可以将其划分为流动风沙土、半固定风沙土、固定风沙土三个亚类。流动风沙土地表植被稀疏，土质粗糙，物理黏性差。半固定风沙土在微弱的生物作用下，沙丘表面呈半固定状态。随着人为干扰的减轻，植被覆盖度在 40%以上的情况下，土壤稳定发育阶段形成固定风沙土。在研究区的湖盆草场主要是盐土的分布区，母质多为湖积沉积物。

青土湖区域属于典型干旱荒漠气候，受温带大陆气团的控制，该地发育的自然植被主要为干旱荒漠植被，呈现出典型的荒漠景观，该景观的特点是组成种类少、层片结构简单、生产力低。另外由于石羊河上游截留地表水，中下游来水量的大幅度减少造成地下水资源超采，地下水位逐年大幅下降，研究区原有的部分隐域植被（如以沼泽和草甸为代表的湿生植物等）不断退化，并被现在的荒漠植被逐渐取代。植物群落组成以旱生、超旱生和沙生的灌木、半灌木、灌木为主。研究区内共有植物 20 余种，以这些植物为代表形成的荒漠植被结构较为简单，密度稀疏，群落的覆盖度多数在 20%以下，流动沙丘上的植被覆盖度更小，通常在 10%以下。

5.2 监测网络的构建和相关指标的监测

干旱区湿地-地下水系统具有复杂的地表水-地下水相互作用带水文过程，结合干旱区自然环境特点，干旱区湿地-地下水系统具有自身的独特性，同时也因其复杂的水文过程和干旱区较薄弱的研究基础设施，一体化多要素监测体系的建设与运行存在挑战。与其他地理和气候区的湿地相比，干旱区内陆河尾闾湖湿地还具有以下独特特征。

（1）蒸发量大，降水匮乏，加上地形地貌制约，区域内完全不具备产流条件，河岸带植被只能依靠生态输水（客水）来维持生态系统稳定性。但在被植被吸收利用这些来水之前，水分在时空上需要经历复杂的转化：①在空间上，经历河水→湖水→地下水→土壤水的转化；②在时间上，具有当年秋冬季储存→来年春季消融→植被生长季吸收利用的跨季节模式。这就要求对整个转化过程进行完整观测，即在垂向空间上自下而上地进行“地下水（groundwater）-土壤（soil）-地表水（surface water）-植被（plant）-大气（atmosphere）连续体”在时空上的全年动态监测，而不仅限于生长季。

（2）干旱和半干旱地区水和盐的分布具有强烈的时空非均质性。湿地中心水分的存在形式以地表水为主，湖岸以季节性地表水、地下水和近饱和土壤水为主，近岸以地下水及其维持的土壤水为主，远岸区以当地降水为主，由此带来的水分可利用性和相应的植被类型、植物-水分关系及生态输水调控的有效性存在显著差异。也就是说，水和盐的梯度变化明显，需要在水平方向进行全覆盖的监测。

研究区的监测对象为全覆盖 GSSPAC，将地下水、土壤、地表水、植被和大气作为湿地生态系统的关键要素，从系统思维的角度统筹考虑，建立在空间上垂直的监测网络。场地监测范围包括湖心-湖岸-近岸-远岸（不同植物群落+不同生境）的不同梯度带。选取的监测点从湖心常年淹没点过渡到湖岸和近岸的季节性淹没点，再至远岸常年没有水淹没的地点。具有代表性的监测点位和最能体现差异的监测剖面对整个监测网络的成功运行至关重要，线状监测剖面的选定和点状监测点位的确定主要考虑植被类型差异、地下水位变化规律、包气带介质组成改变、植物生境变化和微地貌影响等。监测点的位置如图 5-1 所示。

点位设置的依据是地表植被分布、地下水埋深及地面是否会被淹没三个特征。青土湖湿地植物以芦苇、白刺、盐爪爪、梭梭等为主。10 个监测点位基本涉及以上主要植物及其部分组合。

根据地下水埋深统测结果，青土湖湖水分布区域地下水埋深整体位于 0～3 m，多数区域位于 0～1 m 和 1～2 m 的区间。在选取的 10 个监测点位中，2 个监测点位的地下水埋深大于 3 m，其中 1 个监测点位在 3～4 m，1 个监测点位在大于 4 m 的区域，以对地下水埋深较大区域的包气带水分情况进行监测并用于与地下水埋深较小区域的对比；其他 8 个监测点位的地下水埋深在 0～3 m。在 10 个监测点位中，5 个监测点位于常年不被淹没的区域，5 个监测点位于季节性淹没的区域，不同监测点位季节性淹没的时间不同。各监测点位进行人工开挖，根据开挖的土壤岩性有针对性地布设探头。监测点位特征及监测位置具体见表 5-1。

表 5-1　监测点位特征及监测位置信息

监测点位	主要植物类型	地下水埋深区间/m	淹没状态	监测深度/m
V01	白刺、芦苇	2～3	不被淹没	0.10、0.25、0.50、1.00、1.50、1.75
V02	芦苇、白刺、盐爪爪	1～2	不被淹没	0.10、0.25、0.50、0.75、1.00、1.25
V03	芦苇	0～1	季节性淹没	0.10、0.25、0.50、0.75、0.90
V04	芦苇	1～2	季节性淹没	0.10、0.25、0.50、0.75、1.00、1.50
V05	芦苇、白刺	3～4	季节性淹没	0.10、0.25、0.50、1.00、1.50、2.00、2.50、3.00
V06	梭梭	>4	不被淹没	0.10、0.25、0.50、1.00、1.50、2.00、2.50、3.00
V07	芦苇	0～1	季节性淹没	0.10、0.25、0.50、0.75
V08	芦苇	1～2	不被淹没	0.10、0.25、0.50、0.75、1.00
V09	芦苇、白刺	1～2	季节性淹没	0.10、0.25、0.50、0.75、1.00、1.20
V10	盐爪爪、黑果枸杞	2～3	不被淹没	0.10、0.25、0.50、1.00、1.50、2.00

5.2.1 包气带监测网络及相关指标

在青土湖区域主干道两侧各设置 1 条剖面，共安装 10 套包气带监测仪器，分别对包气带的含水量、土壤水势、电导率和温度进行监测。监测仪器选用了 Decagon 公司的 5TE 水分监测传感器和 Campbell 公司的 257 水势探头，配套 Campbell 公司型号为 CR300 的数据采集器和宏电公司型号为 H7118C 的供电系统。利用监测设备及数据实时采集系统，对多个监测点上不同位置、不同深度处土壤水热盐等进行连续自动监测。为保证与现有自动监测仪器同步，所有监测频率均初步设定为 1 次/30 min。

5.2.2 浅层地下水系统监测网络及相关指标

1. 浅层地下水监测

为了解地下水位的时空动态特征，设置了地下水监测井，安装 Solinst Levelogger LTC 探头自动监测地下水的温度、电导率和水位(由压力换算得到)，数据采集频率为 1 次/30 min。地下水的监测井用 PVC 管进行简单制作，分别设置在 10 个包气带监测点位附近，使地下水相关的指标参数与包气带监测结果配套。此外，在地下水位监测点 G02 和 G04 处安装大气补偿探头，用于校正计算地下水位。

为掌握研究区地下水位的分布及地下水的流场规律，在青土湖湿地选取 32 个代表性的点（含 6 个湖水边界点）开展 9 次地下水埋深的人工测量工作，统测时间分别为：2018 年 7 月 20 日～7 月 26 日、2018 年 8 月 22 日～8 月 25 日、2018 年 9 月 4 日～9 月 6 日、2018 年 12 月、2019 年 5 月、2019 年 7 月、2019 年 9 月、2020 年 12 月和 2021 年 4 月。

为了对青土湖湿地地下含水系统进行分析，对青土湖湿地 10 个监测点位进行土壤取样，并进行相应的岩性鉴定和颗分工作。图 5-7 显示出研究区岩性分布空间差异较大。西侧、东侧和南侧区域有黏粒含量高沉积物分布，透水性较差，东北区域渗透性好的砂分布较广。

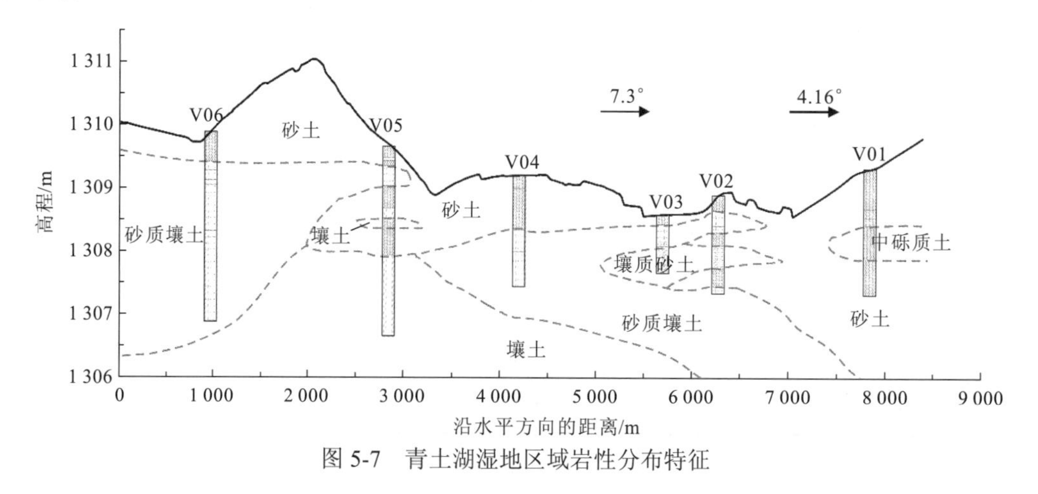

图 5-7 青土湖湿地区域岩性分布特征

2. 地下水位和温度动态变化特征

不同监测点的地下水埋深变化如图 5-8 所示。地下水埋深在每年的 9 月至 10 月开始逐渐增大，直到次年的 3 月有一个小幅度的减小（冻结的冰融化的影响）；3 月至 8 月底，地下水埋深持续增大；8 月底至 9 月初，地下水埋深迅速减小（生态输水的影响）。对于不同的监测点，远离湖水靠近沙漠的 G01 地下水埋深变化最小；远离湖水的 G05 地下水埋深比其他点位高，地下水埋深的变化幅度也最大；靠近湖水的 G02、G03、G04、G07、G08、G09 和 G10 地下水埋深变化趋势接近，最大埋深不超过 2 m。

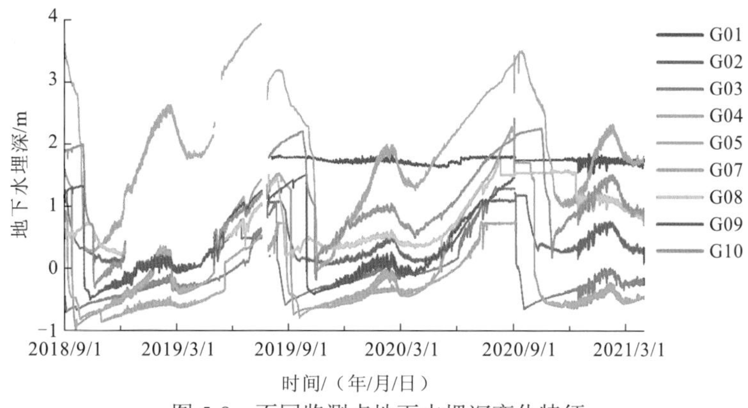

图 5-8　不同监测点地下水埋深变化特征

各水位监测点的地下水温度变化如图 5-9 所示。每年 2 月至 3 月，地下水温度降至最低；每年 7 月至 8 月，地下水温度升至最高，地下水温度的变化范围是 0～20 ℃。

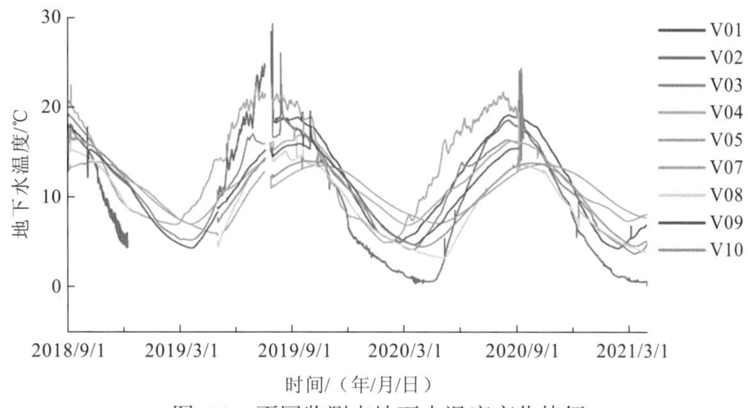

图 5-9　不同监测点地下水温度变化特征

3. 地下水电导率动态变化特征

各监测点的地下水电导率变化如图 5-10 所示。地下水电导率在每年 8 月底迅速上升（受输水将土壤中盐分溶解带入地下水的影响），9 月至 10 月迅速下降后又上升，10 月至

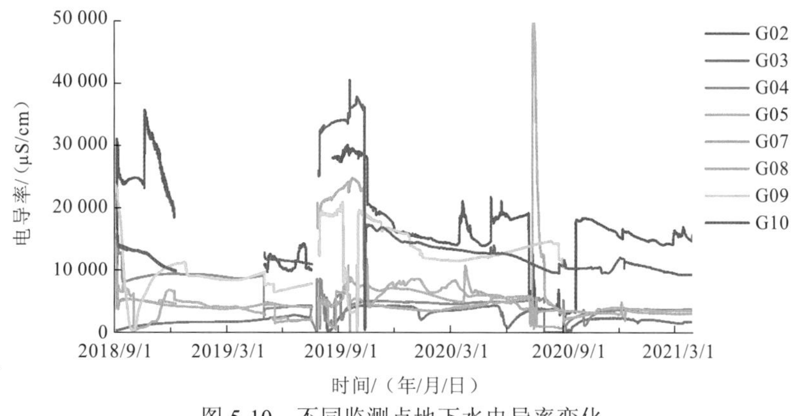

图 5-10　不同监测点地下水电导率变化

次年 8 月地下水电导率整体下降，其中在 3 月有小幅上升，可能是由于冻结土壤融化后将土壤盐分带入地下水。对于不同的地下水位动态监测点，G02、G05、G08、G09 和 G10 在输水后地下水电导率上升幅度较大，能达到 20000～40000 μS/cm，其中，G02、G08、G09 和 G10 土壤盐渍化程度高；G03、G04、G07 靠近湖水，地下水埋深浅，地下水电导率最大值不超过 10000 μS/cm。

4. 地下水位空间分布特征

研究期间，在自动监测区域外增加了 9 次人工地下水位及埋深调查，结合自动监测点的地下水位观测数据分析地下水流场。图 5-11 为地下水位时空变化特征图，可以看出青土湖地区流场的整体趋势。结合分析可知，在生态输水前（每年 7 月和 8 月），地下水流总体方向是自东向西；在生态输水后（每年 9 月和 12 月），由于湖水向地下水补给，地下水位在湖中心升高，地下水流从湖中心向湿地周边流动；在每年 4 月至 5 月，土壤解冻会引起地下水位上升。

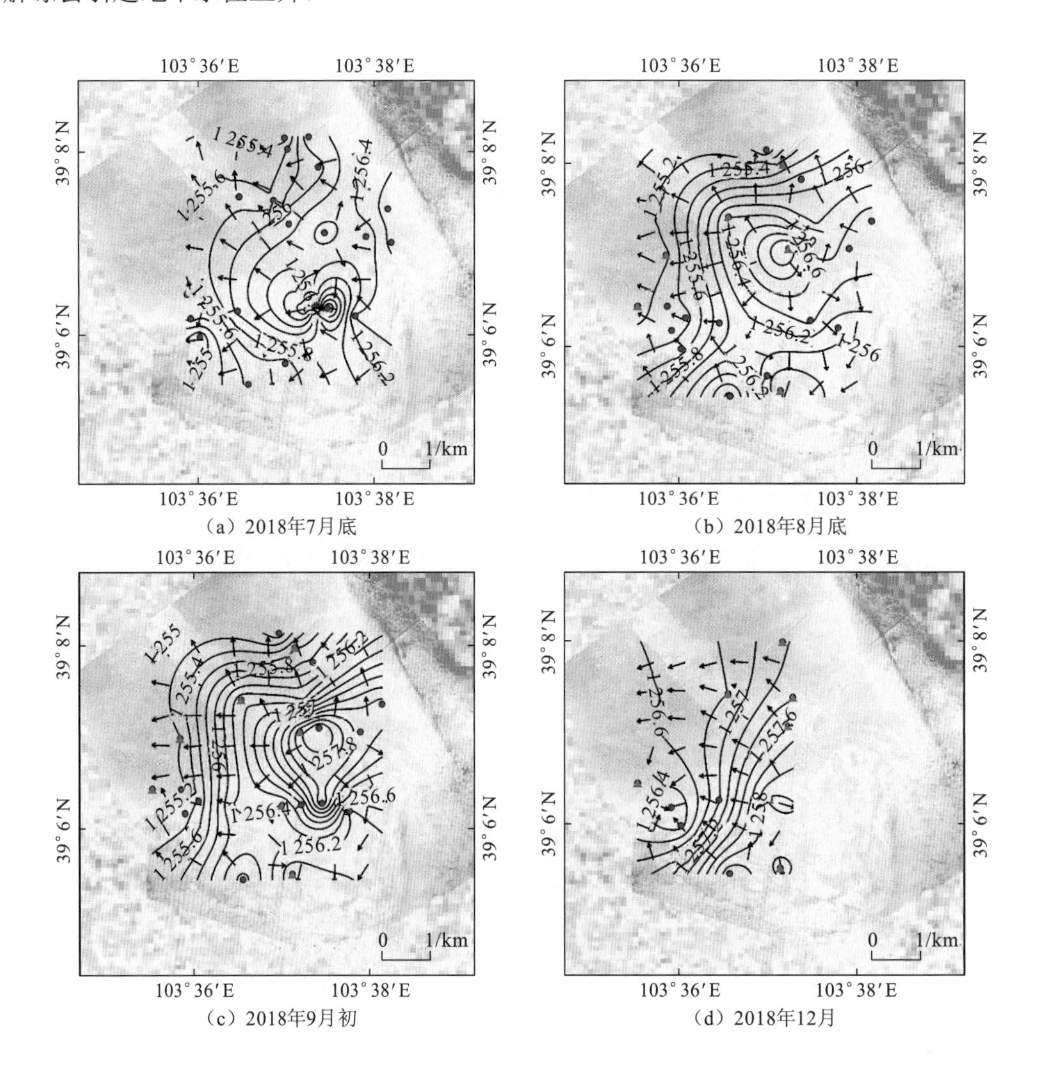

（a）2018年7月底

（b）2018年8月底

（c）2018年9月初

（d）2018年12月

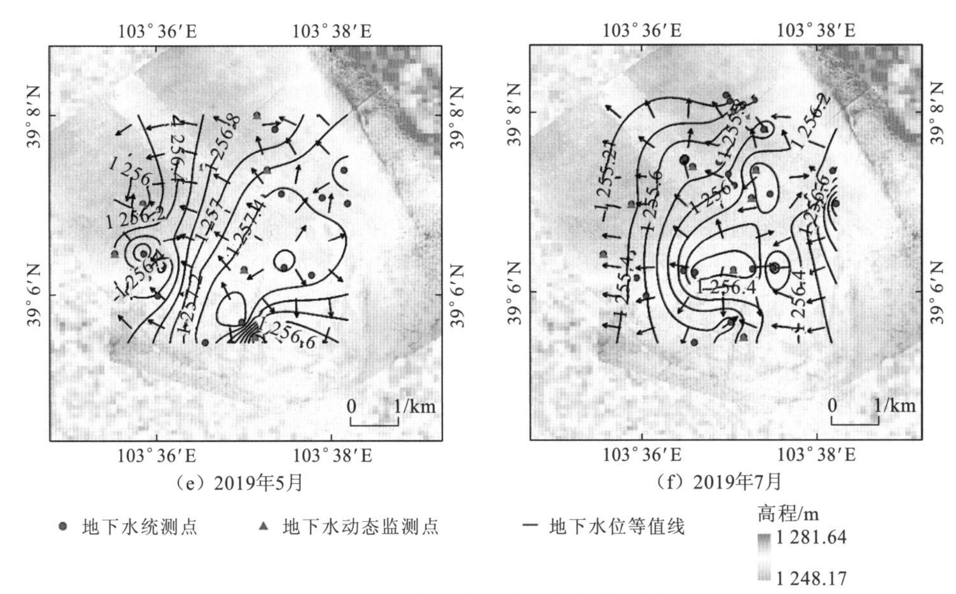

图 5-11 地下水位时空变化特征图

5.2.3 湖水与潜流带监测网络及相关指标

1. 湖水及潜流带监测

1）监测剖面的选取和监测井的制作

在青土湖分布范围及湿地周边 5 km^2 的范围内主要布设重点监测点，从青土湖湿地中心至周边地段布设 2 条典型剖面，每个剖面布设 3 个监测点，以获取青土湖湖水温度、地下水位及温度数据，计算青土湖与地下水的交换量。对于每条观测剖面，布设长度依据湿地水位波动对地下水影响程度消失的位置确定，其他井的布设间距主要依据湿地-地下水相互作用的强度和复杂程度。用于监测潜流带温度的监测井管整体采用铁或钢材制作，下侧头部为锥形以方便安装。管的长度控制在 1.3 m 以上，其中 1.1 m 长度打入河床或湖底，其余长度出露在河床以上，用于放置温度探头对河水或湖水温度和气温进行监测，此外也可用于标记位置、固定装置并方便取出。

2）监测仪器、监测时间及监测频率

温度传感器选用 ONSET 公司型号为 HOBOSTMB-M006/M017 的探头，探头呈线状，外接数据采集器。在 2018 年 7 月底和 8 月上旬安装完各监测点位，自安装完成即开始进行监测，监测频率为 1 次/30 min。

在 1 号、2 号和 4 号潜流带监测井旁边安装一个简易的湖水监测井，布设 Solinst-LT 探头，对湖水进行监测。该探头含温度和压力 2 个探测器，可同时进行水温和水头（由水压转算得出）的监测，分辨率分别达 0.1 ℃和 0.21 cm。为保证水压数据向水头数据换算的精度，在监测场地内同时布设气压探头（位于 V02 和 V04 包气带监测点）进行大气压力的监测。

3）监测点位及监测深度

在沿着地下水位降低方向的2个剖面上各安装3个监测点位。在安装的6个监测点位中，3个监测点位在季节性淹没的区域，3个监测点位在始终有水的区域。每个监测点位布设4个探头，用于获取湖水和湖底0.2 m、0.6 m和1 m深度地下水的温度数据。在6个温度监测点中，T01、T02和T04监测点是2017年夏季以后长期分布有地表水的点位，监测探头长期处于淹没状态，T01和T04监测点在夏季上游输水前的小部分时间段内地表为干涸状态，T03、T05和T06监测点在夏季上游输水后的部分时间段内处于淹没状态。

2. 湖水和湖床温度变化规律

图5-12展示了6个温度监测点位不同深度处地下水温度的动态变化特征。在监测时段内，T02、T04和T05监测点的部分监测数据由于设备电源出现问题而缺失。6个点位不同深度的监测温度呈现以年为周期波动的变化规律，不同点位监测温度的变化趋势有一定差异。在各个点位内，温度的年变化幅度和日变化幅度与深度相关，温度的日变化幅度和年变化幅度随深度增大而减小。湖水温度的变化最为剧烈，昼夜温度变化幅度及季节性变化幅度均大于其他监测深度的变化；0.2 m 深度温度变化幅度次之，昼夜变化明显小于湖水温度；长期淹没在水中的T01、T02和T03监测点的0.6 m和1 m深度处温度基本没有昼夜变化，只表现出季节性的变化趋势。T03、T05和T06监测点的0.6 m和1 m深度在夏季没有被水淹没，昼夜变化幅度相对较大。

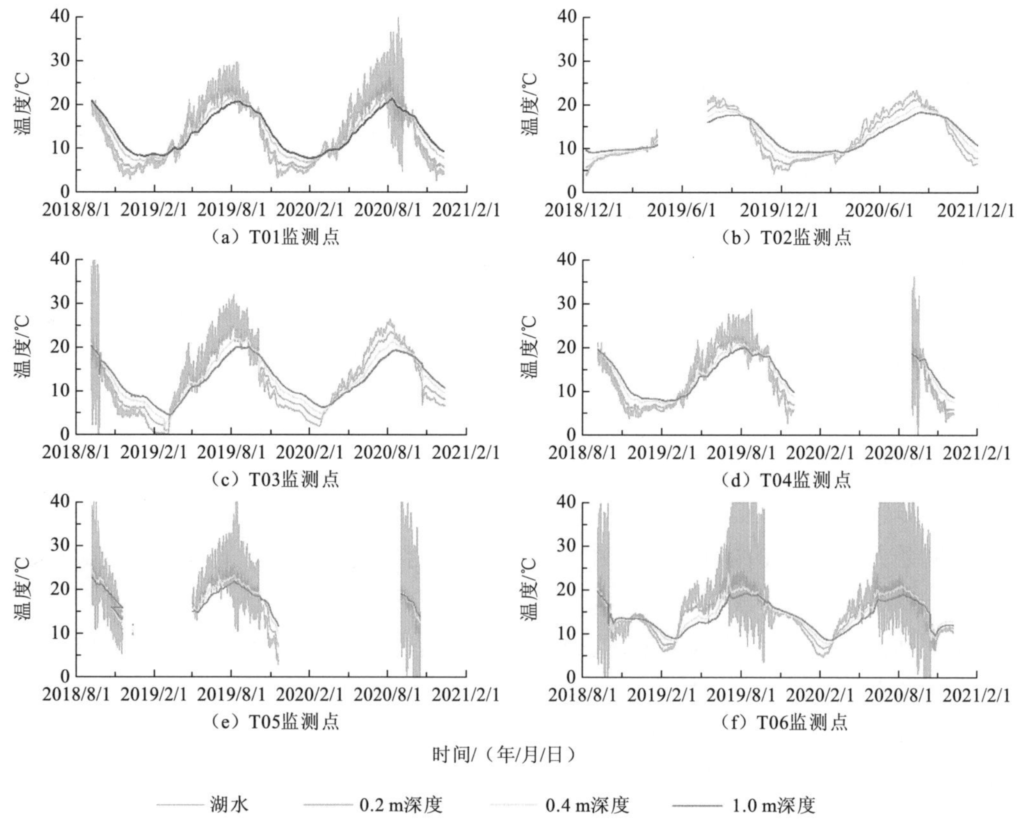

图5-12 各监测点位湖水与湖床沉积物不同深度处地下水温度的动态变化特征

从2月至夏季生态输水前，湖水位逐渐降低，T02监测点以外的其他5个温度监测点地面会处于无水状态。总体上，湖水中的温度监测数据变化幅度小于未淹没状态。温度的昼夜变化幅度在一定程度上可以反映点位的水位变化情况。T02监测点位以外的其他各监测点各深度的监测温度在9月之后发生急剧变化，这是受生态输水影响的结果。

5.2.4 近地表大气监测网络及相关指标

1. 近地表大气监测

1）陆面气象站布置

用于监测植物蒸腾作用的气象站点位需要位于陆地上，而且该点位的植物要能够代表区域的植被分布。区域植被类型包括芦苇、白刺、梭梭等，其中芦苇和白刺分布相对较多且分布在距湖面较近的区域，因此考虑将气象站点位放置在只有芦苇或有芦苇和白刺两种植物的地方。水分和盐分会影响植物的生长发育，因此气象站点位的水分和盐分条件可以代表青土湖湿地的平均状况。湿地内地下水埋深多在0～2 m，然而，由于难以确定地下水盐分的空间分布特征，在站点选择时未考虑盐分的影响。综合上述，考虑如下条件安装气象站的点位：植物类型为芦苇或芦苇和白刺，地下水埋深为0～2 m。将陆面气象站选择在包气带4号附近，为了更好地计算蒸散发，设计陆面双层气象站结构，利用钢管将气象站分别架设在离地面2 m和3 m高度处。

2）水上气象站布置

为计算湖水的蒸发量，需要在湖面安装气象站以精准获取相关参数。气象站安装在可随湖水深度沉浮的木筏上，四周锚定（有足够的伸缩范围），漂浮在2号温度监测点所在的湖中。

3）降雨采集

为方便样品采集，在青土湖地区放置自制雨量筒，对气象站上的降雨时间段进行记录并采集降雨样品。采集对象为一次降雨（在降雨结束6 h内无降雨时，将该降雨作为一次降雨；在降雨结束6 h内有后续降雨时，前后的降雨作为一次降雨）。2018年7月18日～2018年9月10日，共观测到15次降雨，其中5次降雨的降雨量较少未采集到样品，共采集了10次降雨样品，获得了10组样品，用于分析植物水分来源的水稳定同位素氘氧测试。

4）监测指标及频率

选用2900ET便携式自动气象站，对风向、风速、降雨量、气温、相对湿度和太阳辐射6个气象要素进行全天候现场监测，监测频率为1次/30 min。监测期间，每次降雨事件发生后立即采集降雨样品。

2. 水面蒸发量计算

由于青土湖湖面面积较小，空间上的差异性可忽略，湖面总蒸发量可由点尺度上的蒸发量乘以湖面面积来估算。由于季节性供水补给，青土湖湖面面积年内变化较大，面积的动态变化可由遥感影像确定。单位面积上的湖面蒸发量由能量平衡法计算，而利用能量平衡法计算湖面蒸发需要气象观察数据和湖水表面温度数据。陆面气象站和水上气象站实时监测湖面以上 2 m 和 3 m 处的总辐射、气温、空气湿度、风速、降水量等数据，水温则由温度计监测而得。研究收集了 2019 年 7 月 22 日～2021 年 4 月 7 日的监测数据，图 5-13 显示了监测的青土湖降水和气温数据，季节效应明显。

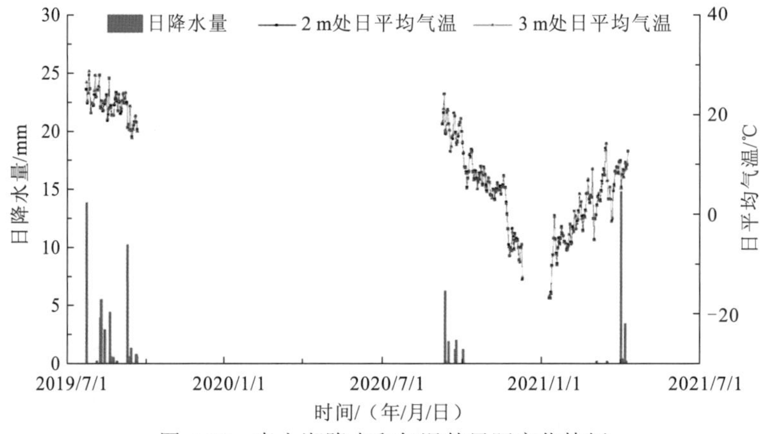

图 5-13　青土湖降水和气温的日际变化特征

图 5-14 显示了基于能量平衡法计算的青土湖日蒸发量。在观测期内，青土湖的日蒸发量季节特征明显，最高可达 10 mm。日蒸发量的变化主要受太阳辐射影响，且与日平均温度高度相关。

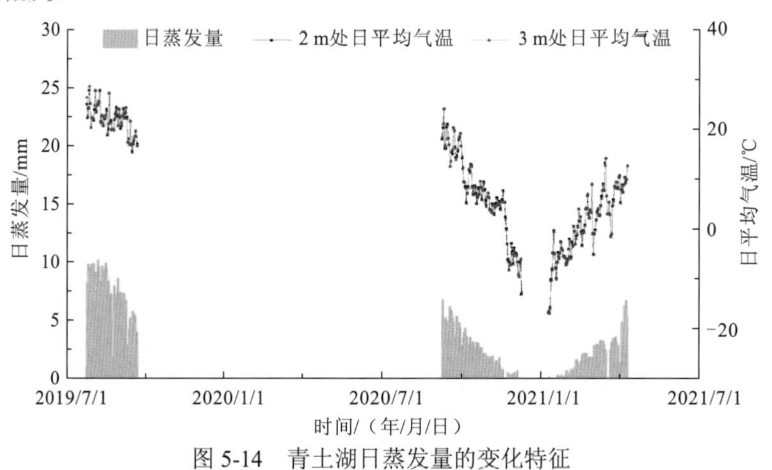

图 5-14　青土湖日蒸发量的变化特征

5.2.5　植被调查与监测体系及相关指标

本小节开展不同尺度的植被调查与监测工作，包括景观尺度和群落尺度，另外还采集植被样品用于同位素测试。

1. 景观尺度植被调查

生态输水前后均存在较长时间序列的数据，因此需要波段丰富、可提取植被和水体信息且时空分辨率较高的遥感数据。基于长时间序列的卫星遥感影像数据可以提取植被恢复区域，评价植被长势，提出湿地内生态水空间配置优化建议。

生态输水后，如果植被得到了恢复，则植被在生长季（5 月～10 月）的长势应强于生态输水前。利用这一特点，可通过对比生态输水前后的归一化差异植被指数（NDVI）来提取植被恢复区域，且仅需遥感数据即可实现逐年提取。

$$\mathrm{NDVI}=\frac{\rho_{\mathrm{NIR}}-\rho_{\mathrm{R}}}{\rho_{\mathrm{NIR}}+\rho_{\mathrm{R}}} \tag{5-1}$$

式中：ρ_{NIR} 为近红外波段反射率；ρ_{R} 为红光波段反射率。NDVI 的范围为-1～1，NDVI 越高表示植被生长越旺盛。

具体提取方法步骤如下。①下载长时间序列（1987 年 1 月 1 日～2019 年 12 月 31 日）的 Landsat5 和 Landsat7 数据（两者的近红外波段和红光波段参数值一样）计算 NDVI，考虑 Landsat 卫星数据的时间分辨率为 16 天，因此先采用 Savitzky-Golay（S-G）滤波（时间窗口为 4、多项式阶为 1）对原始 NDVI 数据进行处理，然后采用分段三次厄米多项式插值方法获取 NDVI 数据。②计算下载数据年份植被生长季（每年的 5 月 1 日～10 月 31 日）的 NDVI 均值和全年（每年的 1 月 1 日～12 月 31 日）的 NDVI 标准差。③以 1987 年～2009 年（无生态输水年份）的 NDVI 均值和标准差为样本，对 2010 年～2019 年的 NDVI 均值和标准差进行逐年的单一样本 T 检验的差异显著性检验。④如果某年某像元栅格内的 NDVI 均值和标准差与样本值均具有显著的差异，且两者均高于样本值中的最大值，则表示该栅格的植被在该年份得到了恢复。

将步骤③和④应用于生态输水后的所有年份和所有像元栅格，成功提取生态输水后湿地逐年植被恢复区域，图 5-15 为示意栅格的提取结果。基于提取的逐年植被恢复区域，讨论其时空变化特征。值得注意的是，因为地形的存在，某些像元栅格逐渐变化为永久淹水状态，植被可能存在先恢复后消失的现象。

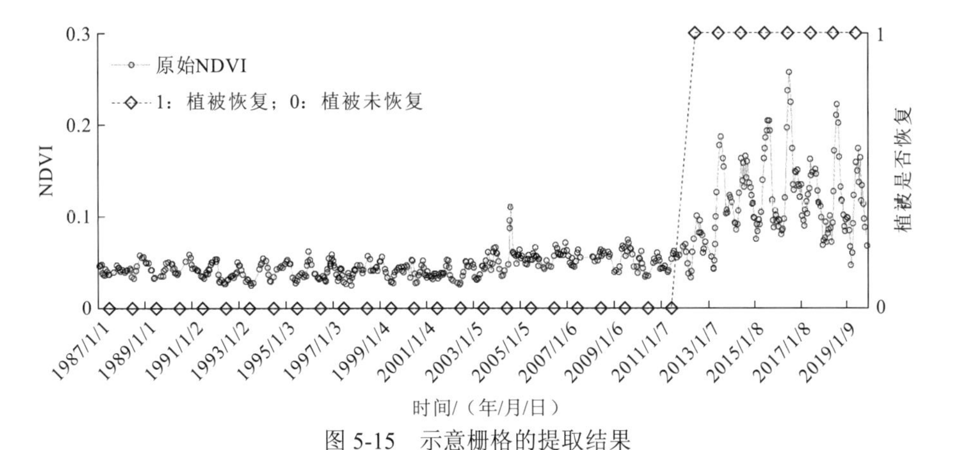

图 5-15　示意栅格的提取结果

2. 群落尺度植被调查

1）样方调查

青土湖湿地属于绿洲-荒漠过渡带，生态系统脆弱，研究青土湖湿地湖岸植被群落分布特征，对青土湖湿地恢复具有重要的意义。青土湖湿地主要植物有白刺、梭梭、柽柳、芦苇、盐爪爪、黑果枸杞、猪毛菜等。为了更好地研究青土湖植物生态系统结构特征，于2019年7月对青土湖湿地10个固定样方进行了样方调查。

样方调查方法如下。①通过测绳等工具划定样方范围，通过地钉和塑料绳等将样方圈划出来。②记录样方面积、地理位置、经纬度、海拔、坡向和坡度等，同时拍照记录。③根据样方内的植被类型及分布，确定进行调查的样方面积，对于植被分布较为密集、调查开展较为困难的区域，选择 1 m×1 m 的小样方开展调查。④记录每个样方内各种植物的名称、株树、覆盖度、高度、胸径（仅限于乔木）等。⑤使用网格纸绘制样方简图，标注植物种类及其分布位置、面积等。在本次青土湖湿地生态系统野外调查中，不同监测点位处的主要植物类型如表5-1所示。

2）根系调查

为了进行根系调查，在样方采集直径为 14.5 cm 的圆柱体，采集深度范围为自地表至地下水面的含根系土壤样品，柱体在垂向上以 10 cm 为间隔进行分隔。含根系土壤样品带回实验室进行处理，处理步骤包括初步挑根、浸泡挑根、洗根、挑选活根及扫描分析。使用 WinRHIZO 软件对扫描图片进行分析，得到不同直径区间内的总根长。根据“总根长密度=总根长/土壤样品体积”，计算各个分层内的总根长密度。

青土湖湿地各样地植物根长密度分布如图5-16所示。由图可知，芦苇根系主要分布在近地表浅层土壤中，随着深度的增加，芦苇的根系逐渐减少，且在芦苇生长旺盛、相对覆盖度高的样地，根系极为丰富。白刺根系呈现出明显的二态分布特征，有利于白刺对水源的获取。梭梭根系分布较深，在整个土壤层中都较为发育，在取样范围内，无明显根系分布峰值。

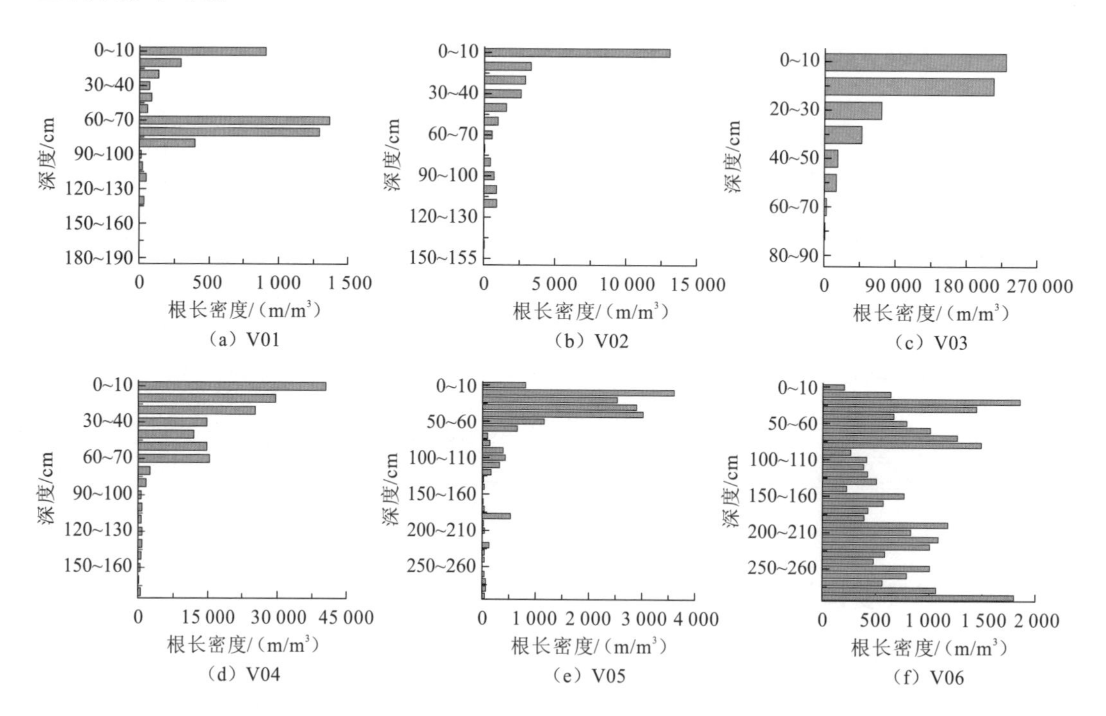

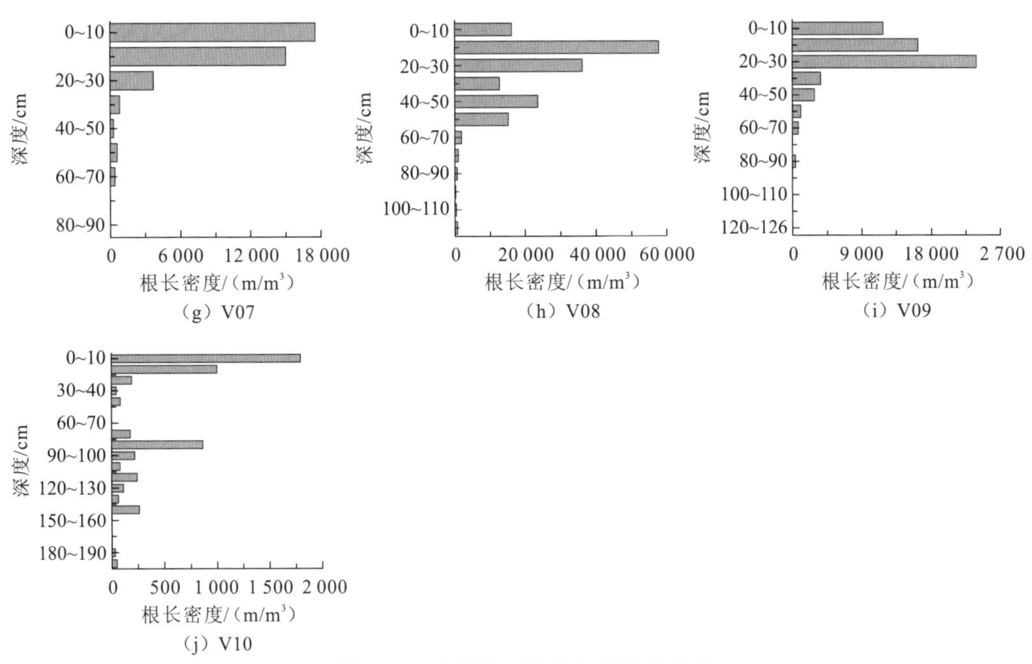

图 5-16　各样地植物根长密度分布图

3）土壤、地下水和植物样品采集和水分氢氧同位素测试

在选择的样地中，对于每种优势植物，选取 3～4 棵长势良好的代表性植物。在 2019 年 5 月初、7 月底、9 月初，即该地区植物的萌芽期、生长旺期、生长末期，分别对每个样地的土壤与植物样品进行采集。具体采集方法为：①在每个研究样点，对于每种优势植物，分别采集 15～20 根 5 cm 长的木栓化茎干，将枝条段的外皮和韧皮部去掉，混合后分为 3 组，作为平行样，用于植物水分的提取和 δD、δ^{18}O 的测定。②同步开展土壤样品和地下水样的采集，利用 Edelman 钻或洛阳铲在茎干采样的植物周围钻取土壤，用于土壤水分的提取和土壤水 δD、δ^{18}O 的测定，每个深度采集 3 组重复样。土壤样品采集深度如表 5-1 所示。植物样、土壤样和地下水样采集完成后，现场立即放入 8 mL 的硼硅酸盐玻璃瓶中，用 Parafilm 封口膜密封，置于保温箱中冷藏保存，并尽快带回室内。其中植物样和土壤样在−10 ℃以下冷冻保存，直至进行水分提取。水样在直径为 0.02 μm 的水相针式滤器过滤后，装入 2 mL 透明螺纹口自动进样瓶中，用 Parafilm 封口膜密封，在 6 ℃冷藏保存，直至进行稳定同位素测试。

样品测试时，首先使用 LI-2100 低温真空抽提系统抽提出植物样品和土壤样品中的水分，即时装入 2 mL 透明螺纹口自动进样瓶中，用 Parafilm 封口膜密封，在 6 ℃冷藏，使用 Picarro L2140-i 超高精度液态水和水汽同位素分析仪进行稳定同位素测试。

5.3　地下水与湿地生态系统协同作用机制

基于湿地-地下水生态系统一体化多要素动态监测体系采集的遥感、生态输水及同位素数据，本节将讨论地下水与湿地生态系统协同作用机制，厘清地表水-地下水转换关系，阐明因生态输水而提升的地下水位对湿地内植被恢复的作用机制，给出地下水位波动情况下植被水分利用策略。

5.3.1 植被非生长季输水生态效应

1. 生态输水情况下地表水-土壤水-地下水相互作用过程

2010～2019 年青土湖生态输水量及入湖水量数据见表 5-2。由输水时间可知，生态输水主要发生在秋季（非植被主要生长季），且年入湖水量与水库下泄水量自 2014 年来逐步趋于稳定。对比分析水库下泄水量与入湖水量，发现二者之间存在显著的线性函数关系（斜率为 0.68，截距为 0），说明渠道水量损失率约为 32%。

表 5-2 2010～2019 年青土湖生态输水量及入湖水量统计表

年份	下泄水量/（$\times10^4$ m^3）	实际入湖水量/（$\times10^4$ m^3）	入湖水量/下泄水量/%	输水时段	输水时长/天
2010	1 290	909.98	70.5	9 月 1 日～10 月 20 日	50
2011	2 160	1 282.18	59.4	9 月 2 日～10 月 24 日	53
2012	3 000	2 100.33	70.0	7 月 31 日～11 月 25 日	118
2013	2 000	1 399.69	70.0	8 月 2 日～11 月 5 日	96
2014	3 300	2 324.97	70.1	6 月 9 日～11 月 4 日	150
2015	2 833	1 983.00	70.0	8 月 17 日～11 月 5 日	81
2016	3 358	2 335.00	69.5	7 月 30 日～11 月 3 日	97
2017	3 830	2 400.00	62.7	8 月 1 日～11 月 21 日	113
2018	3 180	2 207.52	69.4	8 月 6 日～11 月 6 日	93
2019	3 100	2 154.88	69.5	8 月 1 日～10 月 30 日	91

注：下泄水量为红崖山水库向下游放水量；数据来自《武威市统计年鉴》和民勤县水务局

2010 年以前，地下水开采导致青土湖湿地地下水位持续长期下降，但自 2010 年生态输水后，青土湖湿地地下水埋深开始变浅。如图 5-17 所示，监测点的地下水埋深呈现明显的下降趋势，累计下降深度可达 1 m 以上，这表明生态输水明显抬升了区域地下水位。整体上，2017 年之前地下水埋深呈现明显变浅的趋势，2017 年之后地下水埋深趋于稳定，且地下水埋深达到流域管理局设定的目标（青土湖地下水文观测点的水面埋深小于 3 m）。

此外，从不同时间土壤剖面含水率特征图（图 5-18）中可以看出，各个监测点的地下水埋深在年内呈现明显的季节性波动。进入 9 月之后，随着生态输水开始，各个监测点的地下水埋深出现了明显的下降（地下水位上升），之后地下水位变化不大。随着湿地中心地下水位升高，地下水开始向侧向补给，使距离湿地中心较远位置的监测点位的地下水埋深出现一定程度的升高。进入 3 月之后，由于气温上升，地表水及冻结的表层土壤水消融补给地下水，监测点的地下水埋深表现出一定程度的回升，G04 和 G05 监测点

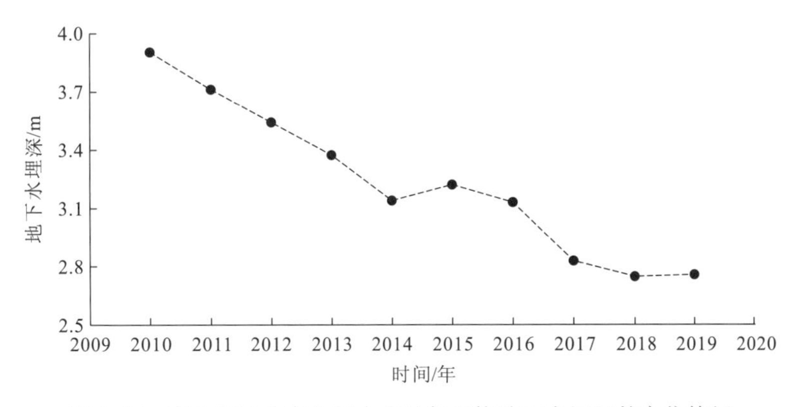

图 5-17　青土湖湿地东北部水文站年平均地下水埋深的变化特征

数据来自甘肃省水文水资源局

位的回升效果最为显著。在此之后，随着气温不断上升，各个监测点的地下水埋深不断上升，直到夏季时达到最大。进入 9 月之后，上述水位变化过程又重新开始。同时，可以发现 G04 和 G05 监测点位的地下水埋深变化幅度较大，这应该与两个监测点所在的地理位置和地势条件有一定的联系。

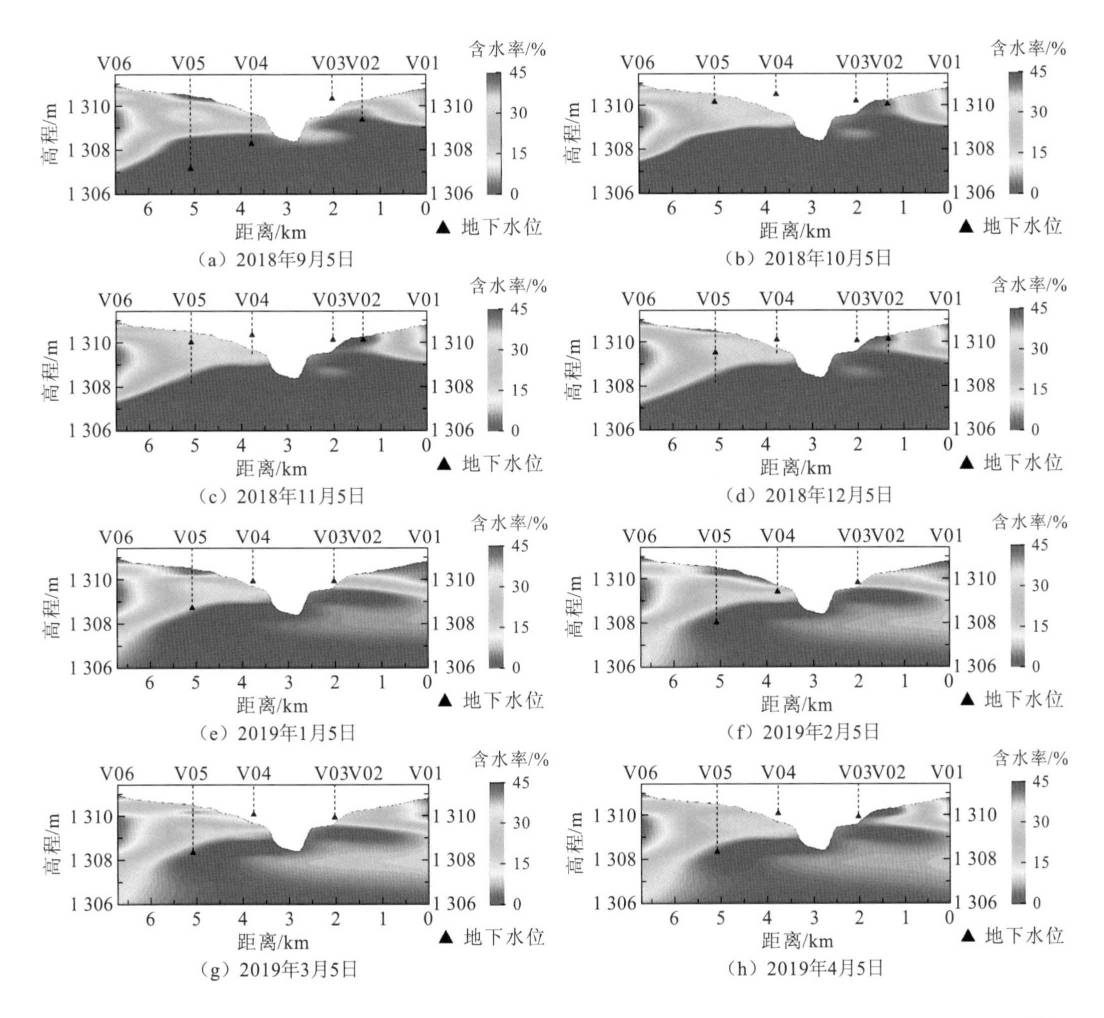

（a）2018年9月5日
（b）2018年10月5日
（c）2018年11月5日
（d）2018年12月5日
（e）2019年1月5日
（f）2019年2月5日
（g）2019年3月5日
（h）2019年4月5日

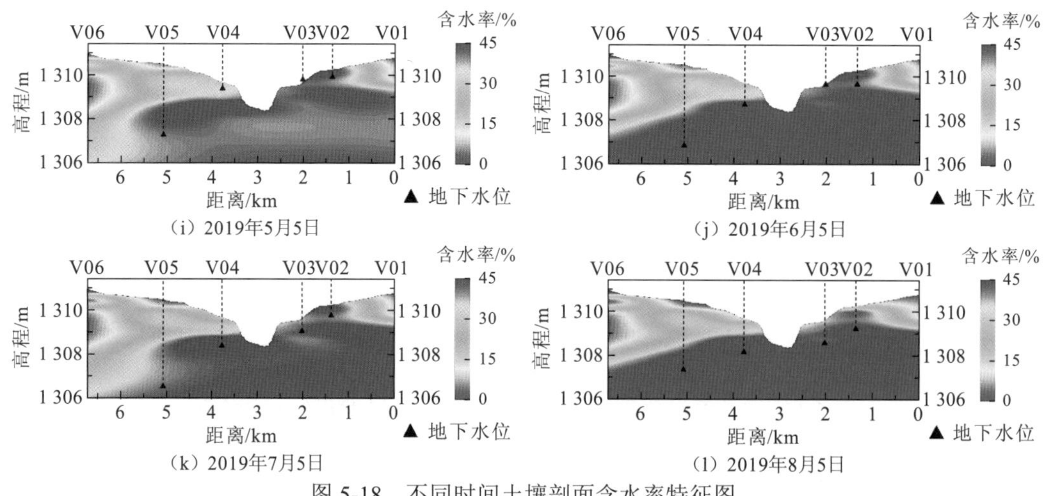

（i）2019年5月5日 （j）2019年6月5日

（k）2019年7月5日 （l）2019年8月5日

图 5-18 不同时间土壤剖面含水率特征图

由图 5-18 中土壤剖面的含水率插值数据可知，各个监测点包气带的土壤含水率具有一定的差异，表明不同监测点位受生态输水影响的程度不同。部分监测点位（如 V01、V03、V07）的土壤含水率随季节变化不大，表明生态输水对其影响较小；其余监测点位（如 V02、V04、V05、V09、V10 等）的土壤含水率随季节变化较大，表明生态输水对其产生了一定的影响。产生上述现象的原因是不同监测点位的地理位置及地势不同，地势越低或越靠近湿地中心位置的区域越易受到生态输水的补给，同时，地势较低的区域排泄能力较差，不易产生较大程度的水分波动。除此之外，各个监测点位之间仍存在一些共同点。第一，在每年的 3 月之后（入春以来），V02、V04、V05、V09、V10 监测点位表层土壤的含水率均出现了明显的上升，这与地下水埋深的变化规律保持一致。第二，除V06监测点位外，各个监测点位的土壤含水量在年内均呈现明显的“上干下湿”状态，表明区域受到降雨补给较少，基本可以忽略不计，主要的补给来源是上游的生态输水。

为分析地下水与地表水的相互作用关系，图 5-19 给出了不同时间地表水与地下水的转换关系示意图。在夏季末期和秋季生态输水后，湖水面积增大，湖水位上升；湖水补

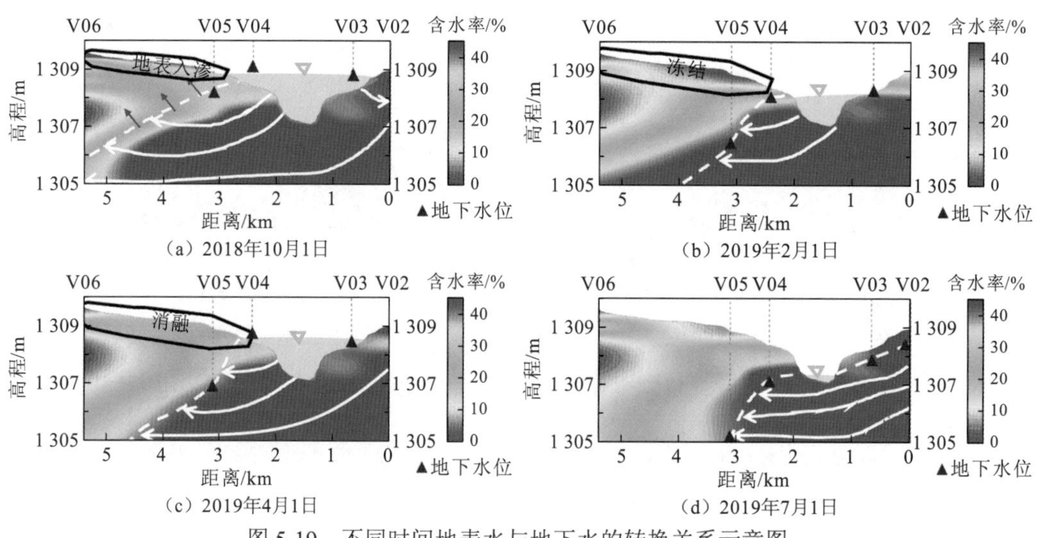

（a）2018年10月1日 （b）2019年2月1日

（c）2019年4月1日 （d）2019年7月1日

图 5-19 不同时间地表水与地下水的转换关系示意图

给地下水，导致地下水位从湿地中心至湿地周围依次上升，从而使包气带下界面上升，土壤含水率增大。进入冬季后，湿地区域湖面冻结，湖水位下降；湖水仍补给地下水，但总体来说湖水对地下水的补给量减小，地下水位下降，包气带表层冻结。以上过程显示了生态输水后地表水转化为地下水和土壤水的储存的过程。在春季，冻土消融导致地下水位略有回升；包气带浅部含水率变大，深部含水率维持在较高水平。在夏季没有输水的情况下，湖水面积减小到年内最低水平，地下水位下降，地下水与湖水的补排关系改变为地下水补给湖水；包气带表层含水率减小，毛细带深度下降。地表水与地下水的这种补排关系转换与前文的温度示踪结果也实现了相互验证。

2. 青土湖湿地区域植被覆盖度变化特征

根据遥感数据计算的青土湖湿地水域面积如图 5-20 所示。自 2010 年 9 月后，由于生态输水工程的实施，青土湖开始出现一定范围的水域。随着时间的推移，水域面积开始不断扩大，呈现总体上升趋势。但是由于生态输水并不是持续进行的，而是集中在每年的 8～10 月，青土湖的水域面积呈现明显的季节变化趋势。在夏季时，湖水面积最小，一般低于 1 km^2；在秋冬季节，湖水面积达到最大，可达约 14 km^2。此外，青土湖在秋冬季节所占据的地理位置基本不变，达到一种相对稳定的状态。在夏季时，其主要占据整个湿地中部地势较低的位置，并从秋季开始向湿地西侧和北侧扩张。因此，整个研究区域可以分为长期被水淹没、间断性被水淹没和长期不被水淹没三大部分。

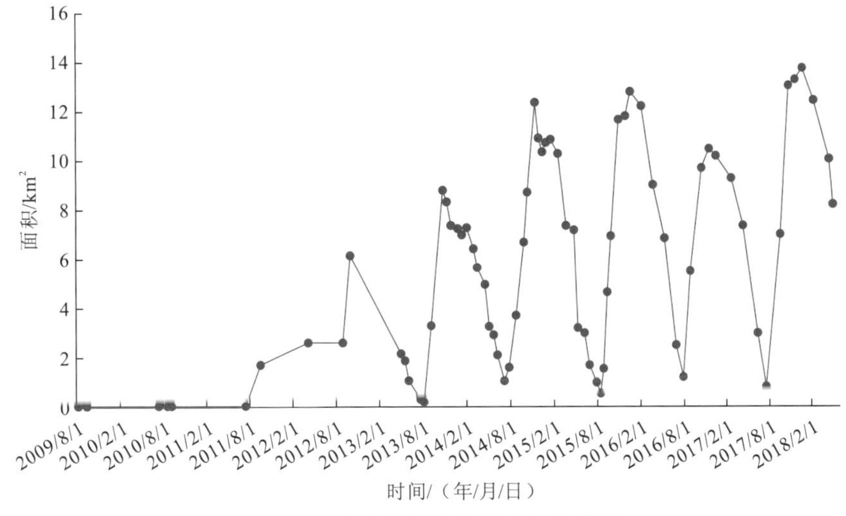

图 5-20　青土湖湿地水域面积变化图

在青土湖周边 10 km^2 范围内，不同植被覆盖度的植被覆盖面积变化情况如图 5-21 所示。各植被覆盖度区间的植被覆盖面积均表现出明显的季节变化趋势。通常，每年的 11 月到次年的 2 月，植被覆盖面积最低；6 月到 9 月，植被覆盖面积最高。但是，各植被覆盖度区间的植被覆盖面积间也存在一定的差异。如植被覆盖度在 0%～10%内的裸岩、裸土、水域等区域，其面积随季节变化较小，面积大小基本属同一数量级。对于植被覆盖度大于 30%的区间，植被覆盖面积随季节变化较大，数量级不统一，有时甚至会出现植被覆盖面积为 0 的季节。

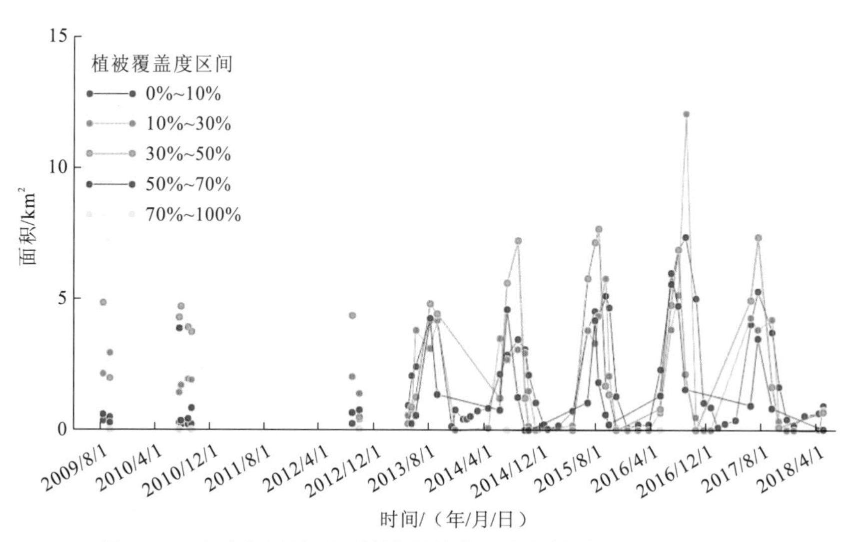

图 5-21　青土湖湿地不同植被覆盖度对应的植被覆盖面积变化图

2009～2013 年的 Landsat 数据存在缺失，2009 年有 8 月、9 月两幅图，2010 年 7、8、9 月的数据共三幅图，2011 年仅有 7 月一幅图，2012 年仅有 8、9 月两幅图

红崖山水库于 2010 年 9 月开始向青土湖进行生态输水，因此抽选了 2010 年 9 月之后的数据，并结合已有的湖水面积及青土湖周边 10 km² 范围内植被覆盖面积，进行相关性分析，结果如表 5-3 所示。各个植被覆盖度区间的植被覆盖面积与青土湖湖水面积之间存在不同程度的相关性，其中植被覆盖度为 70%～100%的植被面积与湖水面积之间存在较差的相关关系，这是因为植被覆盖度为 70%～100%的植被面积较小，基本为 0，难以显示相关性。除此之外，其他植被覆盖度区间的植被面积与湖水面积之间均显示负相关关系，相比其他的植被覆盖度区间，植被覆盖度在 30%～50%的植被面积与湖水面积之间相关性更强。总的植被覆盖面积与湖水面积之间的相关性也较强。从图 5-20 和图 5-21 也可以看出，水域面积增大对植被覆盖度为 0%～50%的植被面积影响最大，而对植被覆盖度大于 50%的植被面积几乎没有影响。

表 5-3　各植被覆盖度所对应的植被面积与湖水面积的相关系数表

项目	植被覆盖度					总面积
	0%～10%	10%～30%	30%～50%	50%～70%	70%～100%	
相关系数	−0.506	−0.533	−0.691	−0.575	0.217	−0.721

3. 植被非生长季输水对湿地植物生态系统恢复的作用机制

青土湖水域面积增大对植被覆盖度为 0%～50%的植被面积有着显著影响。前一年秋冬季生态输水形成的水域面积越大，次年植被覆盖的面积也越大，可以看出，非生长季的生态输水对植被生态系统有改善作用。自 2010 年开始的生态输水对研究区地下水位的持续下降有着很好的遏制作用，图 5-17 显示地下水埋深随着生态输水的进行有减小趋势，地下水位增高会有效减少湿地湖水对地下水的入渗补给，从而对维持湖面有着重要的支持作用。图 5-19 显示，虽然生态输水是在秋冬季进行，但由于湖水的补给作用，地下水位上升，在毛细作用的影响下，土壤水可保持较高的含水率，并一直维持在4月和5月的水平，从而供植物返青时利用。另外，春季冻结土壤融化也可增大土壤的含水率。生态输水时，地表径流也会有一定的下渗，增大水流途径上的土壤含水量，尤其是对浅层分布有黏性土壤的地区。通过地表水与地下水、地表水与土壤水、地下水与土壤水的相互作用，植被非生长季生态输水使地表浅层土壤水维持在一定的水平，从而维持植物的生长。以上分析证明了非生长季生态输水在植物生长发育过程中同样可以起到重要的支撑作用。

5.3.2 植被水分利用策略

1. 植被根系分布特征

植被根系分布特征对分析植物水分利用策略具有重要的意义。以青土湖为中心，沿北北东方向布设了两条样带（同包气带和地下水监测位置），对不同潜水埋深和输水影响程度下植被的类型、根系分布、吸水层位、水位来源及主要生态因子（土壤质地、土壤水分、潜水位等）进行调查或动态监测。其中，第一个样带由V01～V06监测点组成，调查时的潜水埋深（无生态输水的夏季末期，可代表年内最大埋深）在0.9～4.0 m不等；第二条样带由V07～V10监测点组成，调查时的潜水埋深在0.8～2.0 m不等。植物根系的空间变化如图5-22所示，下面将具体分析各监测点的植物和水分利用情况。

1）V01监测点

V01监测点潜水埋藏相对较深（最大埋深为1.9 m），且包气带土壤颗粒较为粗大，以砾质土为主，仅表层分布0.6 m厚的壤质砂土，持水能力较差。地表植被虽然稀疏，但包括骆驼莲、白刺和芦苇三种植被类型（图5-22）。调查结果显示，在土壤剖面上，植物总根长密度存在两个显著的峰值区间，深度分别是0.0～0.2 m和0.6～0.9 m。根据地表植物群落的结构，推断这种“双层根”的垂向结构与白刺种群的年龄结构有关，两个峰值分别对应白刺幼苗和成年两类个体。将总根长密度剖面与土壤含水率剖面对照，发现植物根系主要分布在1.2 m以上浅的较干燥土壤中，1.2 m以下深的土壤虽然含水率极高，但其中总根长密度很低。这与白刺的水分生理习性相符：作为一种耐旱植物，白刺对缺水胁迫有一定的耐受能力，但对淹水胁迫反而没有进化出对应的适应对策，因此其根系虽然分布较深，但多位于潜水面以上。比较反常的是位于表层0.2 m的根长密度“峰值”区：与成年个体相比，植物幼苗对水分往往有着更为严格的要求，因潜水埋藏深、当地降水稀少、生态输水无法淹没，该层位内土壤极为干燥，应该无法满足幼苗的生存需求。结合最新研究和白刺的无性繁殖特征，推断这些幼苗与成年个体的主根是连接在一起的，两者存在偏利共生关系，即成年母体利用深根从深部吸收水分，然后向上提升并输送给幼苗。

2）V02监测点

V02监测点潜水埋藏相对较浅（最大埋深为1.55 m），且包气带土壤颗粒偏细，以砾质壤土和壤质砂土为主，持水能力较强。地表植被密度有所增高，优势种为盐爪爪，

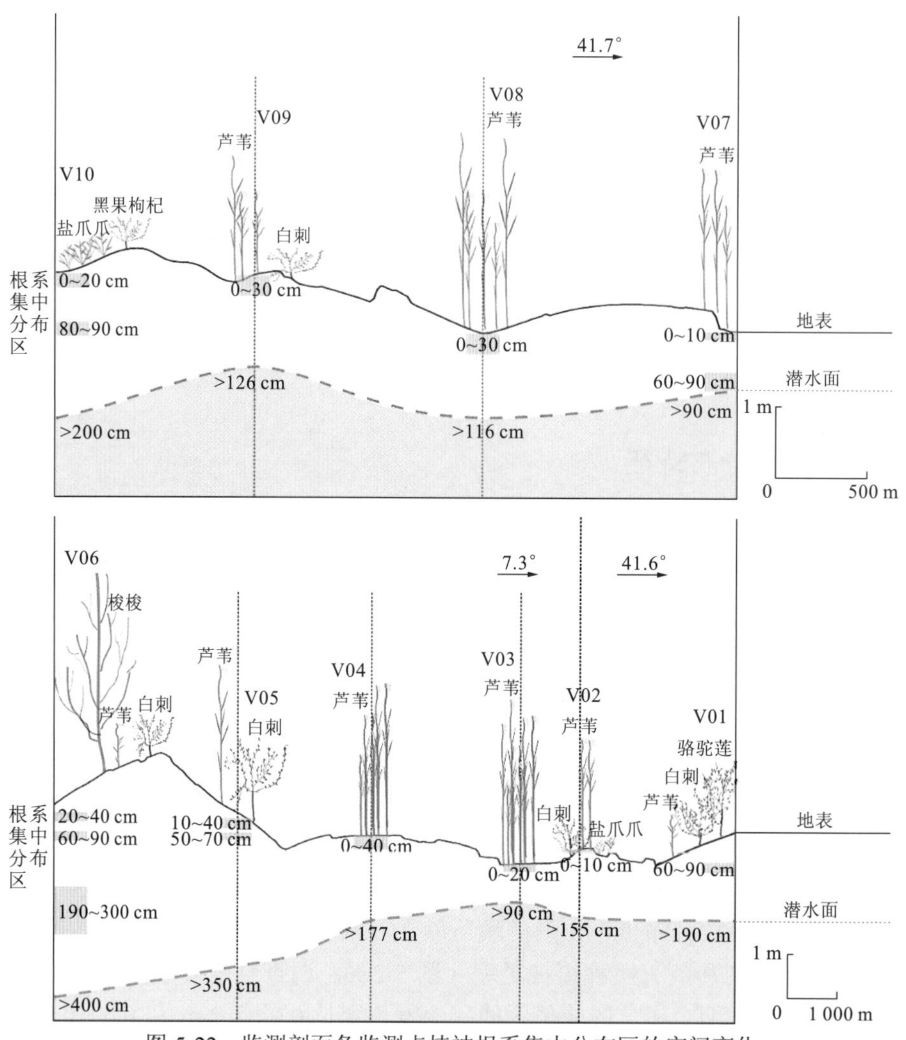

图 5-22　监测剖面各监测点植被根系集中分布区的空间变化

其次是芦苇。虽有白刺分布，但大多已枯死，仅少量植株有活枝。从地表的盐壳可以推断，此处因潜水面上升和包气带质地较细，正在经历土壤含水量增高和盐渍化的过程，导致优势种由旱生的白刺向耐盐的盐爪爪演替。根系结果调查与上述推断相符：在 0.6 m 以上，总根长密度随深度单调递减，表明植物根系集中分布在表层，与半灌木盐爪爪和旱生芦苇的生态习性一致。盐爪爪属于直根性，地上部分一般高 15 cm，主根入土后分叉生出 4～5 个侧根，侧根倾斜或向水平方向扩展，长达 80～100 cm，在侧根上又生出许多细长的不定根，从而导致根系在表层集中。在 0.8～1.2 m 深度内，又出现一个不太显著的根长密度“峰值”，对应的应该是白刺。

3）V03 监测点

V03 监测点潜水埋藏最浅（最大埋深为 0.9 m），且包气带质地细密，为砂质壤土，持水能力强，含水量很高。地表植被为芦苇单物种群落，密度很高、长势良好。根系调查结果显示，总根长密度在表层最高，随深度单调递减，表明浅埋的地下水和较高的毛细上升带一方面限制了根系向深部的发育，同时也为植物提供了充足的水源，使其根系在浅层较小深度范围内就能吸收到足够的水分。

4）V04 监测点

V04 监测点潜水埋藏相对较浅（最大埋深为 1.77 m），包气带质地细密，以砂质和粉砂质壤土为主，持水能力强，毛细上升高度较大，土壤含水量较高。与 V03 监测点类似，地表植被也是由芦苇单物种构成的群落，密度高、长势好。根系调查结果显示，该监测点的总根长密度从表层向下也呈递减趋势，但其递减速度较 V04 监测点小，在地下 0.7 m 处仍保持较高的值，即根系的分布不如 V04 监测点向表层集中。两个监测点根系分布的差异与潜水埋深的差异具有较好的对应性，说明对于同种植物，在包气带岩性相似和潜水埋藏较浅的条件下，其根系分布主要受潜水埋深控制，当埋深较大时，为获得足够的水分，根系的主分布区向下扩展。

5）V05 监测点

V05 监测点潜水埋藏深（最大埋深为 3.5 m），但包气带颗粒相对较细，以壤质砂土和砂质壤土为主，具有一定的持水能力。在输水前，0.7 m 以上的土壤较为干燥，但其下的土壤仍能保有一定的水分。地表植被以芦苇为主，但其较 V03、V04 监测点的芦苇密度小、植株矮、长势差；此外，零散分布有丛生白刺。与地表植被对应，土壤剖面上的总根长密度也出现了两个峰值区间（分别是 0.0～0.7 m 和 0.9～1.3 m 深度）。浅层的“峰值”与 V04 监测点芦苇的根系“峰值”深度相似；深层的“峰值”较 V01 监测点成年白刺的“峰值”略深；深层“峰值”的幅度远小于浅层“峰值”。这可能有两方面的原因：一方面，随着潜水埋藏的加深，包气带内水分含量减少，芦苇和白刺对有限的土壤水资源产生竞争，其结果是生态位产生分化，表现为根系在地下形成层片现象；另一方面，与芦苇相比，白刺根系的总根长密度“峰值”并不太显著，根长密度也低得多，这与该处白刺密度远小于芦苇有关。需要指出的是，虽然芦苇密度较白刺高，但其总体密度小，长势较差，这可能与输水前 0.7 m 以上的浅层土壤较为干燥有关。

6）V06 监测点

V06 监测点潜水埋藏最深（最大埋深为 4.0 m），虽然包气带颗粒相对较细（以砂土和粉砂质壤土为主），具有一定的持水能力，但土壤剖面上水分总体含量很低。植物群落的优势物种是小乔木梭梭，其次是丛生灌木白刺，偶见草本植物芦苇。与地表三种植物物种对应，土壤剖面上的总根长密度也出现了三个峰值区间，分别是 0.2～0.4 m、0.6～0.9 m 和 1.9～3.0 m 深度，对应着芦苇、白刺和梭梭。这种地下“层片”现象与包气带厚度增大和土壤水分匮乏密切相关：随着潜水埋藏的加深，包气带内可利用的水分进一步减少，为了避免对有限的水资源产生竞争，三种生长型的吸水位层（空间生态位）产生分化，深根的梭梭可能利用地下水和深层土壤水，白刺利用中层土壤水，芦苇利用浅层土壤水。特别要注意的是，虽然 0.6～1.4 m 深度仍以砂质壤土为主，但其土壤水分含量却显著高于上部和下部土层，即在无上部降水/地表水入渗补给和下部地下水补给的情况下，该层位却获得了额外的水分补给。结合之前研究报道，推断其水分应源自梭梭的水力提升，即梭梭在夜间利用深根从潜水或支持毛细水带中吸收水分，在根系中向上运输，然后由其浅根将水分释放到浅层土壤中，为白刺和芦苇等浅根植物提供水分来源。

7）V07～V10 监测点

第二个样带上的 V07 监测点和 V08 监测点与第一个样带上的 V03 监测点、V09 监测点和 V10 监测点与第一个样带上的 V01 监测点具有相似的环境特征和根系分布规律，在此不再赘述。

综合上述结果，潜水埋深是影响植物群落结构（物种组成和密度）与根系分布的主要因素，具体表现为 4 个方面。①对于相同的植物物种，当潜水埋深较浅时，根系集中分布在表层，根长密度随深度增大而减少；随着潜水埋深的增加，其根系分布有加深的趋势，根系在垂向上的分布也更为分散，这种生态适应有利于植物从更大的空间范围内获取水分。②自湖心向湖岸，随着潜水埋深的增加，植被从芦苇单物种群落过渡到芦苇+白刺群落，最后变为梭梭+白刺+芦苇群落，由湿生植物向旱生植物演替。但与通常认为相反，随着环境中水资源减少，物种丰度却在增多。这说明在干旱区，大多数植物（尤其是多年生的灌木和乔木）都进化出了对缺水胁迫的适应机制，反而对淹水胁迫的耐受性较差，淹水胁迫成为控制干旱区湿地环境中物种多样性的主要因素。③随着潜水埋深的增加和包气带的增厚，根系在垂向上的分层现象更加明显。这主要是因为随着可利用水分的减少，物种间的水分竞争加剧，导致生态位在空间上的分化。当地下水浅埋或支持毛细水较高时，可利用水分较为充足，物种间对水资源的竞争较弱，根系分布较为集中，垂向上的分化不如潜水深埋时显著。④在潜水埋藏较深时，深根植物（如乔木或成年灌木）与浅根植物（如草本或灌木幼苗）之间可能存在偏利共生，即深根植物夜间吸收潜水或支持毛细水，通过根系向上提升，或者通过相连的根系输送给连生的浅根幼苗，或者由浅根将水分释放到浅层土壤中供草本植物吸收利用。

2. 基于稳定同位素的植被水分利用策略

植物利用的水分来源可以通过许多方法确定，其中稳定同位素技术是一种有效的、强大的和非破坏性方法。一般认为，对大多数陆生植物（除少数耐盐植物和旱生植物外）而言，水分在从根部到未栓化的植物茎干之间的运输过程中，同位素成分并不发生变化，这是利用稳定同位素技术确定植物水分来源或量化植物对不同水源利用程度的理论基础。而基于稳定同位素的 MixSIAR 模型，不仅能判断植物的水分来源，还能定量计算各潜在水源对植物用水的贡献比例。

1）植物水源示踪

受植物趋水性的影响，土壤水分运动决定着植被的生存和生长，生态输水注入湖泊后，湖水的入渗补给会导致湖泊周围的地下水位上升。而地下水位的动态变化不仅决定植物群落的类型，还与土壤性质共同作用控制土壤水分的储存与运移，进而影响植物生长。直接比较法是定性确定植物水分来源的简便方法，它假定植物只吸收某一深度的土壤水，将植物木质部水的同位素值与不同深度土壤水的同位素值相比较，即确定了植物主要吸水深度。

2019 年 5 月、7 月和 9 月的植物水及其潜在水源的 $\delta^{18}O$、δD 值如图 5-23 所示，综合各样地的同位素示踪结果，发现植物类型和生境同时影响植物的水分来源。由于芦苇

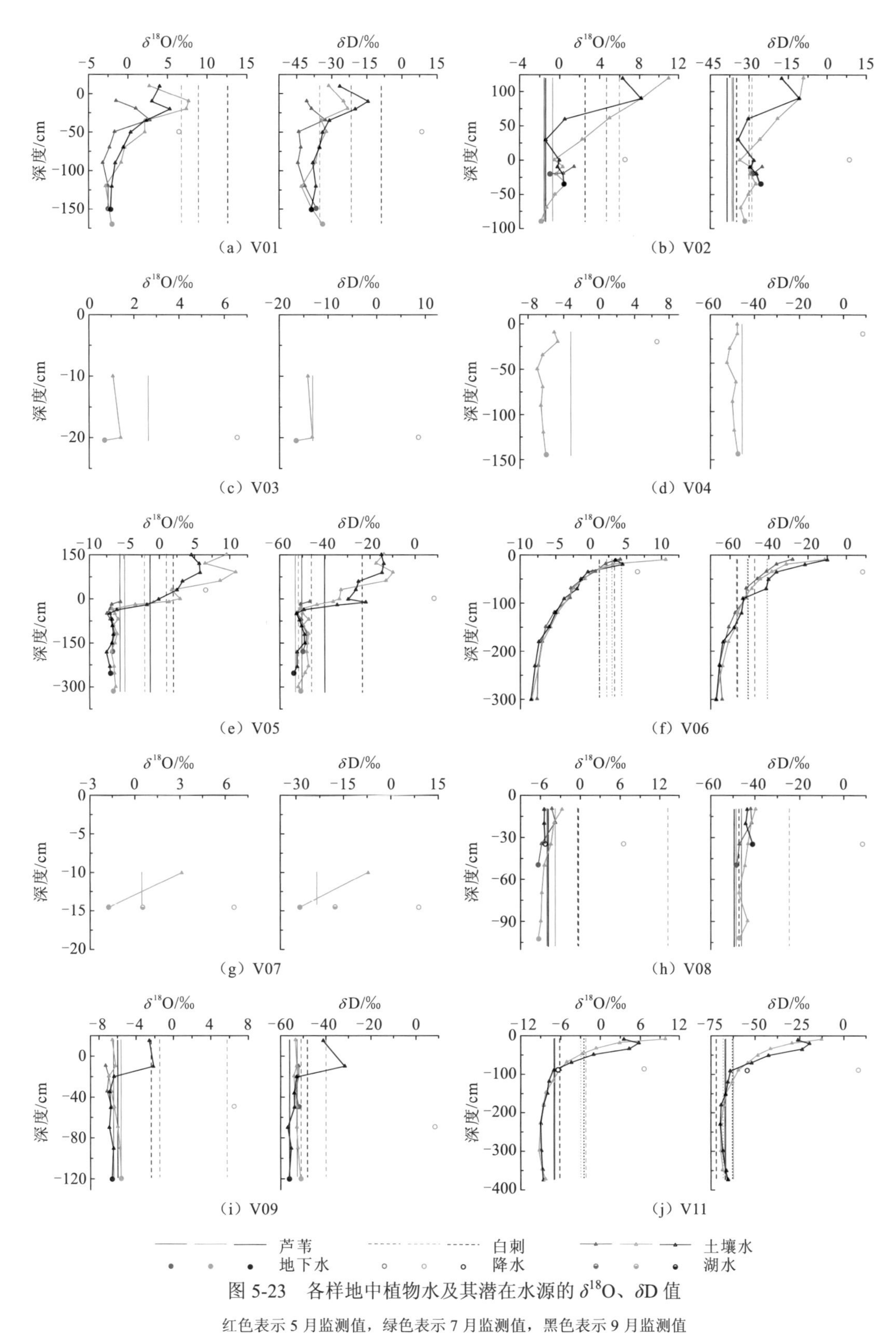

图 5-23 各样地中植物水及其潜在水源的 $\delta^{18}O$、δD 值

红色表示 5 月监测值，绿色表示 7 月监测值，黑色表示 9 月监测值

群落主要分布在离湖较近的区域，地下水埋深较浅，这种情况下芦苇主要吸收近地表的浅层土壤水；对于位于湖面周围的 V07 监测样地，芦苇主要吸收湖水。从时间上看，在多物种群落中，春、夏、秋三季的地下水埋深由浅至深再变浅，同时芦苇的主要吸水深度也由浅至深再变浅。从空间上看，近湖面地下水埋深较深，不同季节芦苇的吸水层位较为稳定；而远湖面地下水埋深较浅时，土壤水分波动剧烈，不同季节芦苇的吸水层位波动较大。结合各样地植物根长密度分布可知，承担主要吸水作用的芦苇细根集中分布于浅层土壤，浅层土壤水是芦苇的主要水分来源。因地下水埋深不同，芦苇的具体吸水层位在地面以下 130 cm 左右波动。

对比有沙丘和无沙丘两种生长环境下白刺的吸水层位，从时间上看，从夏季到秋季地下水埋深逐渐变浅，生长在沙丘上的白刺的吸水深度也逐渐变浅至吸收地表以上沙丘中的土壤水；对于生长在地表上的白刺，随着春、夏、秋三季地下水埋深逐渐增大，白刺的吸水深度逐渐加深。从空间上看，距湖面越远，地下水埋深越大，白刺的吸水深度越深。

2）植被水分利用比例和利用策略

（1）MixSIAR 模型定量计算。

依据同位素质量守恒原理，多元线性混合模型可定量计算植物对各水源利用的比例，在植物水分利用上得到了广泛应用。但是，当植物可能利用的水源种类过多，测定的同位素种类不能满足线性模型的要求，为此 Moore 等（2008）开发了 MixSIAR 模型，综合了 MixSIA 和 SIAR 模型的优点，充分考虑了植物水和土壤水同位素值的潜在不确定性及贡献源参数化过度引起的不确定性，增加了多同位素原始数据源、随机效应分类变量和残差的输入形式，对过程误差等模块的贡献源进行了分析，显著提高了植物水源及其贡献率的计算精度。

为了确定研究区各样地中潜在水源对植物的具体贡献率，以各样地中植物水与其潜在水源的 ^{18}O、D 双稳定同位素为基础，使用 MixSIAR 模型进行定量分析。MixSIAR 基于以下公式进行：

$$Y_j = \sum_k p_k \mu_{jk}^s \tag{5-2}$$

式中：Y_j 为混合物示踪值；μ_{jk}^s 为 k 潜在源示踪平均值；p_k 为 k 潜在源对混合物的贡献比例。

MixSIAR 模型的先验信息基于潜在源均值和方差的正态似然估计

$$L(X \mid m, s^2) = \prod_{k=1}^{n} \prod_{j=1}^{q} \left[\frac{1}{s_j \sqrt{2\pi}} \exp\left(-\frac{(x_{kj} - \hat{u}_j)^2}{2 s_j^2} \right) \right] \tag{5-3}$$

式中：q 为潜在水源的数量；n 为植物的数量；u 为水源模式、吸水率和分馏的函数。

（2）植被水分利用比例和利用策略的时空变化。

2019 年 5 月（春季）、2019 年 7 月（夏季）和 2019 年 9 月（秋季）两个剖面的潜在水源对青土湖典型植被的平均贡献率如图 5-24 和图 5-25 所示。生态输水的有效性影响着青土湖湿地植被的水分利用策略。离湖距离不同引起的地下水埋深差异是影响植物用水策略的主要因素。当外部水源供应的土壤水分足以供植物吸收利用时，就有可能替代地下水，成为干旱地区内陆植物在干旱期的重要水源。受连续输水的叠加效应

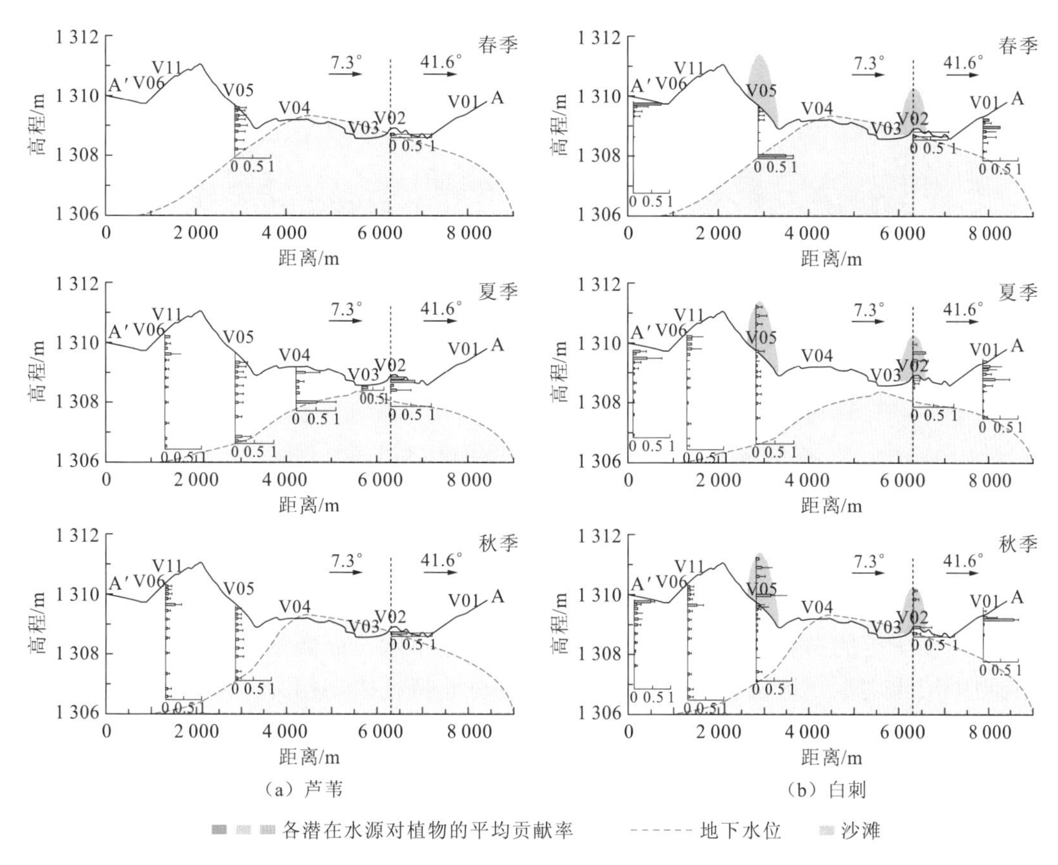

图 5-24　剖面一的潜在水源对芦苇和白刺的平均贡献率

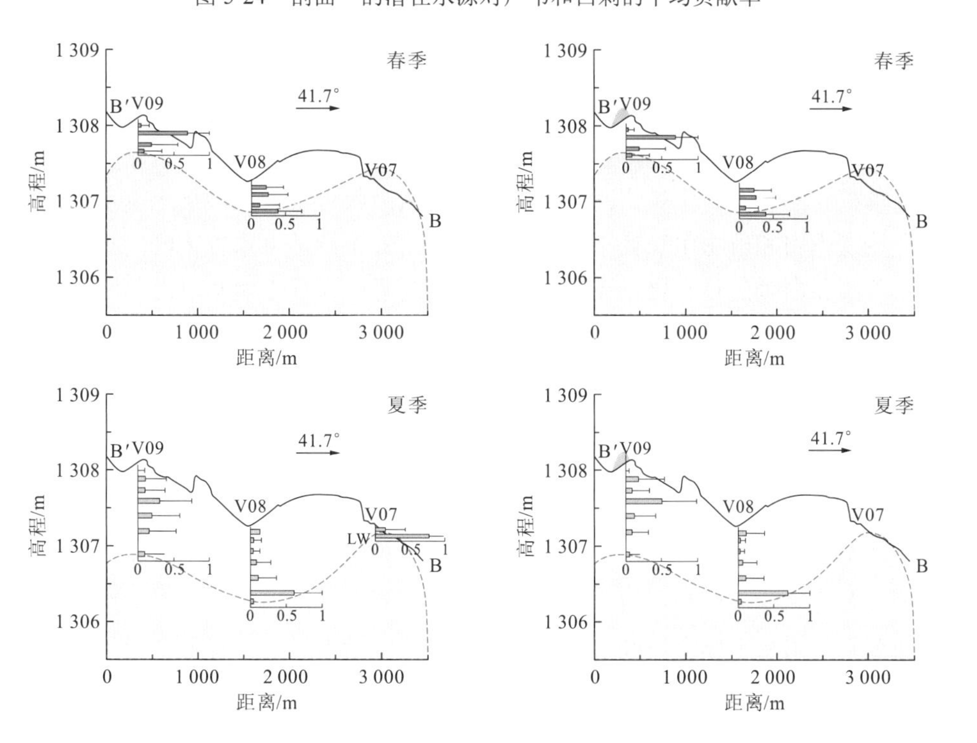

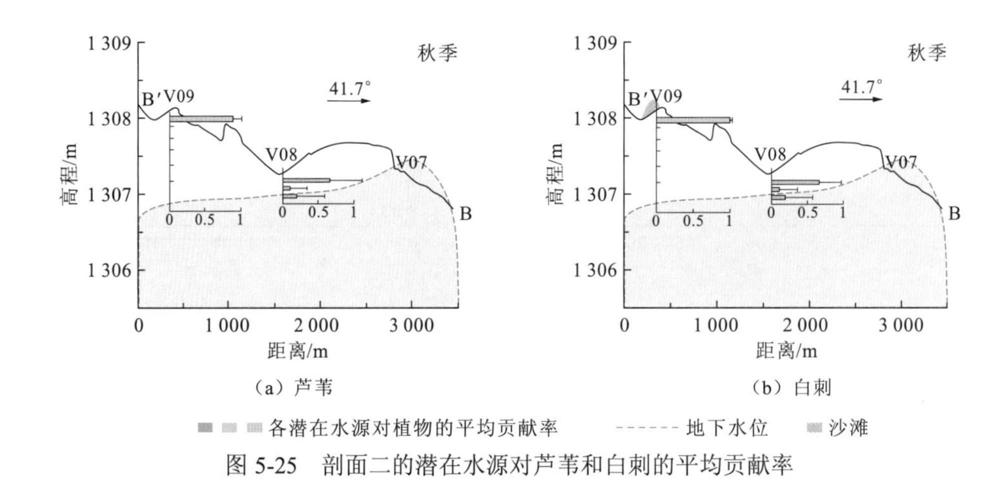

图 5-25　剖面二的潜在水源对芦苇和白刺的平均贡献率

影响，水域面积成倍增加，促进芦苇等湿地植物的生长。在湖面周围，芦苇可以直接利用湖水。随着距湖面距离的增加，芦苇的主要水源逐渐由浅层土壤水向中深层土壤水过渡，最终转变为浅层土壤水。白刺也表现出类似的模式。受长期地下水位上升的影响，湖面附近的白刺既利用浅层土壤水又利用地下水，而离湖面较远的白刺则倾向于利用中层土壤水，这与白刺根系发育的两态分布特征密切相关。但对于距离湖面极远（如 V11 和 V06 监测样地）的植物，生态输水对植物生境的影响不大，植物用水策略没有明显变化。

此外，植物在生态输水的影响下表现出灵活的用水策略，以适应生长环境的改善。一般来说，随着生长季节的推移，植物可能会受到越来越严重的水分胁迫。本书中，由于生态输水发生在植物生长季末期，随着生长季的推移，青土湖湿地植物的水分胁迫呈现先上升后下降的趋势。受生态输水的影响，从春季到夏季再到秋季，青土湖湿地两种典型植被芦苇和白刺的吸水层位呈先下降后上升的趋势。2019 年 5 月，季节性冻土融化后，春季浅层土壤含水量增加，土壤含水量较高，地下水埋深较低，水资源相对充足，有利于春季植物的萌发和生长，此时芦苇和白刺能吸收近地表的浅层土壤水。2019 年 7 月，在强蒸发作用和植物生长耗水的双重影响下，青土湖地下水位下降，土壤含水量随之降低，芦苇和白刺的吸水层位逐渐下移，因此夏季中深层土壤水对芦苇和白刺的贡献更大。2019 年 9 月，生态输水后地下水位上升，此时芦苇和白刺的吸水层位发生小幅度上移。

需要特别指出，干旱和半干旱生态系统中许多植物具有两个功能根。例如，在浅层土壤水分不足时，白刺的一个功能根能吸收深层土壤水分；在土壤水分充足时，另一个功能根则主要吸收浅层土壤水分。因此，对于距离湖面较近、土壤含水量较高的 V02 监测样地，芦苇和白刺在整个生长季内都表现出一定程度的生态位分离。此外，与白刺相比，芦苇具有更高的水分利用效率，当芦苇与白刺共存时，白刺的二态根系特征使其可以通过强蒸腾作用从土壤中汲取水分以保持旺盛的生活力。这一特征说明生态输水对青土湖湿地植被的生长具有一定的促进作用，有利于青土湖湿地的生态恢复。

5.4 影响湿地生态功能的生态水位及其安全界限

本节将进一步构建青土湖湿地植被恢复面积-地下水埋深模型，并估算青土湖湿地植被恢复的最大可能面积及其对应的生态水位（地下水关键参数），同时还给出临界水位和极限水位。此外，还将对比已有的我国西北干旱区湿地地下水关键参数（如适宜生态水位等）和安全界限（如盐渍化临界水位、生态警戒临界水位等）研究，以说明本书模型和参数的合理性。

5.4.1 青土湖湿地的生态水位估算

为了估算青土湖湿地的生态水位，首先必须弄清青土湖湿地植被的恢复面积和长势等情况，进而讨论地下水与这些因素的关系。

1. 湿地植被恢复区域时空变化特征

图 5-26 展示了生态输水影响下基于 NDVI 的青土湖湿地不同地点的植被长势变化趋势，由此可知，若青土湖湿地植被因生态输水得到恢复，必定满足以下规律：植被恢复区域的 NDVI 相比于生态输水前具有更高的平均值和年内方差，且和生态输水前的 NDVI 具有显著性差异。

（a）Sentinel2 卫星影像（2019年12月31日）

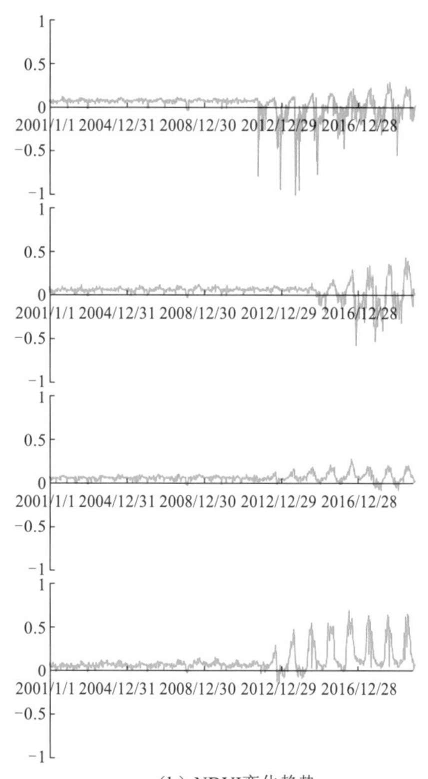

（b）NDVI变化趋势

图 5-26 生态输水前后基于 NDVI 的青土湖湿地不同地点的植被长势变化

（b）横坐标为日期（年/月/日）；纵坐标为 NDVI 值

基于提出的植被恢复区域提取方法，通过逐像元计算得到植被恢复区域，如图 5-27 所示。由图可知，生态输水有效地恢复了青土湖湿地的植被，南部和中部的植被比其他地区恢复得早，这是因为生态输水主渠道由南向北，南部和中部最先获得生态水。西部和西北部的植被恢复的原因，一方面是地下水位的上升使植被利用地下水更容易，另一方面是建设的支渠使西部和西北部可直接获得生态水。对比青土湖湿地植被恢复面积和入湖水量的变化（图 5-28），2016 年之后植被恢复的空间分布和面积趋于稳定，且植被恢复面积与生态输水之间存在滞后性。青土湖植被利用生态水呈现非生长季性特征，即当年植被生长所需水分主要受前一年生态输水对土壤水及地下水的补给的影响。此外，有报告表明，植物多样性的增加对生态输水的响应比植被生物量生长的响应慢。从图 5-28 中可以看出，植被恢复面积在 2012 年、2014 年和 2016 年有较高的增长率，分别对应于 2010 年、2012 年和 2014 年较大的生态输水量。由此可知，植被恢复对生态输水的响应滞后时间约为两年。

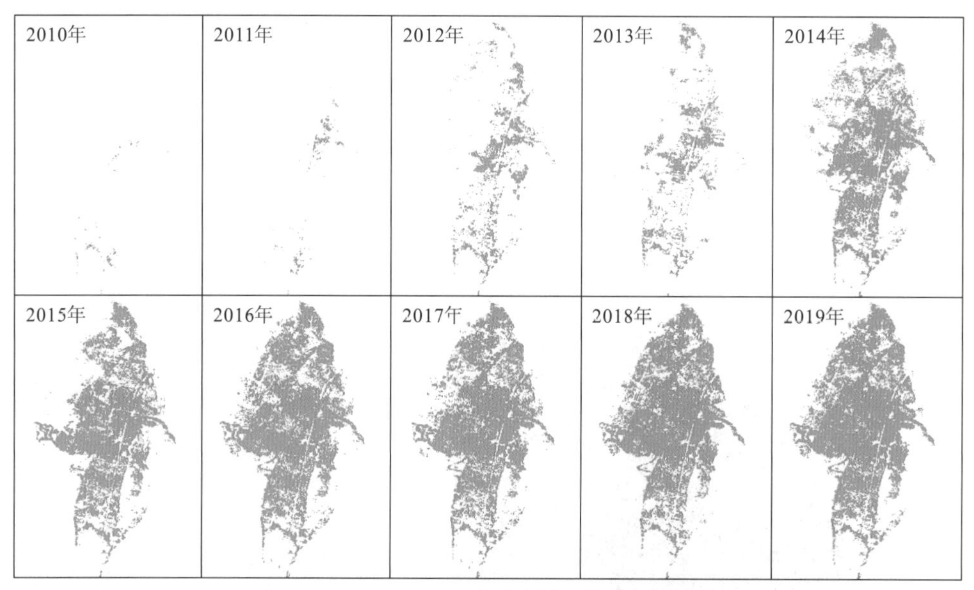

图 5-27　2010～2019 年植被恢复区域分布图

2. 湿地植被长势时空变化特征

植被长势分析包括年内植被长势变化和年际植被长势变化两个方面。此外，为分析植被长势与生态输水的关系，基于遥感反演的归一化差异水分指数（normalized difference water index，NDWI），提取不同时间青土湖湿地的湖面分布。

1）年内植被长势变化分析

图 5-29 和图 5-30 展示了 2019 年湖面及植被长势的变化过程。由图 5-29 可知，因生态输水和低蒸发强度，春、秋、冬季的湖面面积较大，进入夏季后，因湖水下渗、强烈的水土面蒸发和植被蒸腾，湖面快速缩小。综合图 5-29 和图 5-30 可知，除湖水和湖水补给的土壤水外，前一年因生态输水而得到补给的地下水也是植被生长旺季需水的主要来源，这决定了植被夏季旺盛的生长。

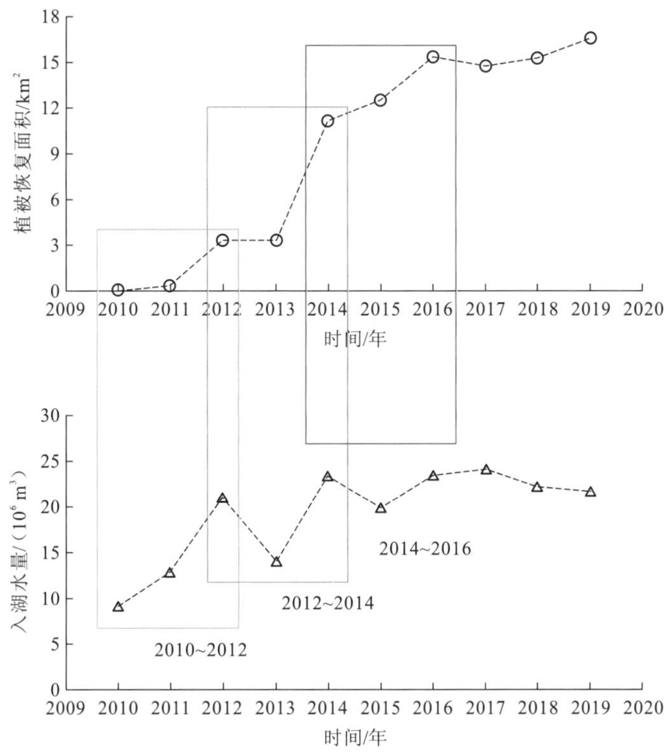

图 5-28　青土湖湿地植被恢复面积和入湖水量变化

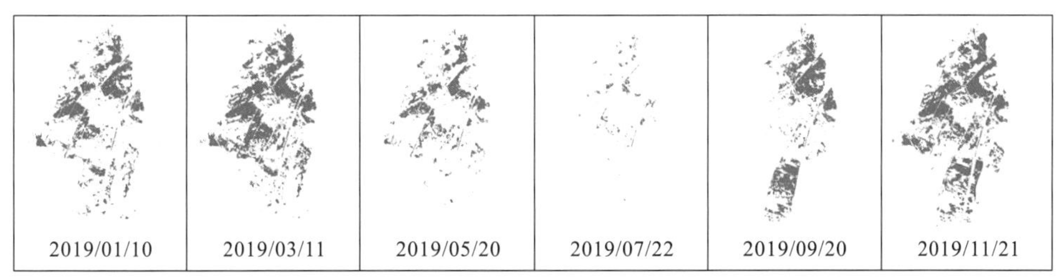

图 5-29　基于 NDWI 的年内湖面变化过程

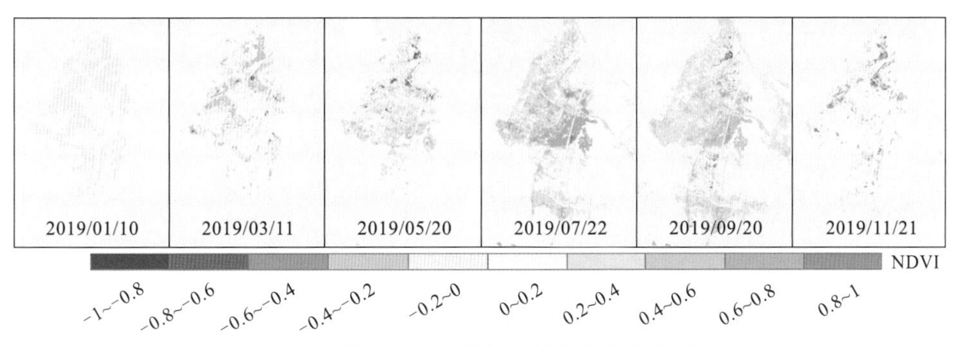

图 5-30　基于 NDVI 的年内植被长势变化过程

2）年际植被长势变化分析

图 5-31 展示了反映植被长势的植被生长季 NDVI 均值的时空变化特征，AMNDVI 为湿地全区域 NDVI 的均值。由此可知，自生态输水后，植被恢复面积不仅显著增加，且植被长势也得到了明显的提升。图 5-32 展示了生态输水量基本稳定后生态输水结束时

刻和次年湖面最小时的水域分布情况。结合图 5-31、图 5-32 可知，在不改变入湖水量的情况下，均匀分配生态水可有效提升植被长势，尽管这对植被面积的增加作用不明显。植被长势提升有助于增强植被的防沙能力，因此，建议在实际管理过程中，应尽量做到生态水在空间上的均匀分配。

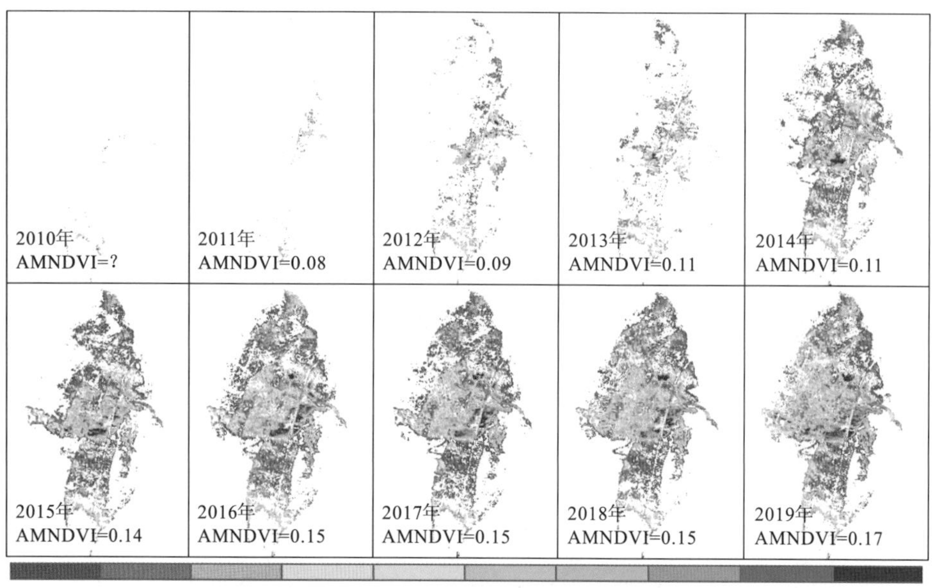

图 5-31　植被生长季 NDVI 均值的时空变化特征

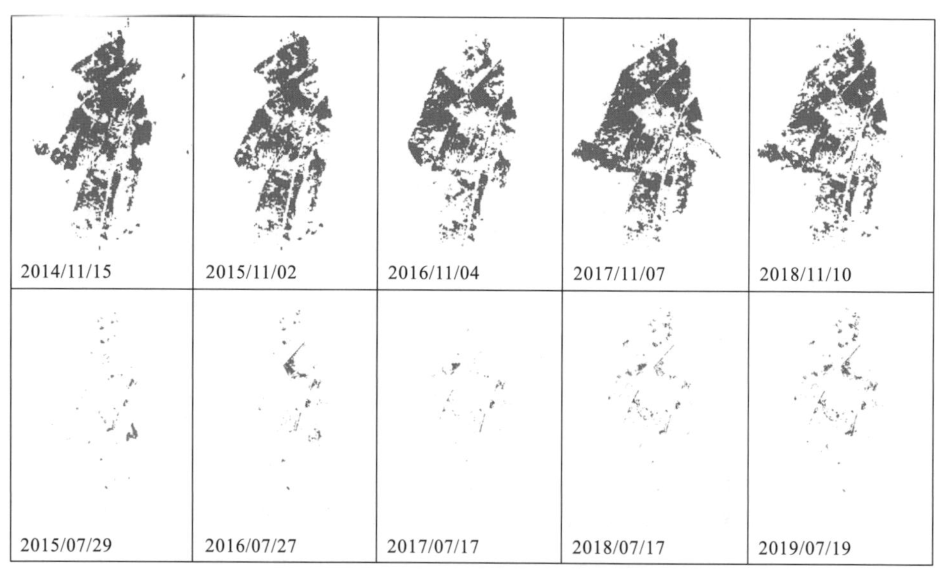

图 5-32　水域面积时空变化规律

3. 湿地植被恢复生态水位估算

根据干旱区植被生长与地下水位的关系，植被生态水位可分为沼泽/荒漠化水位、临界水位和适宜生态水位。临界水位包括盐渍化水位和生态警戒水位。盐渍化水位的主要特征是地下水通过毛细作用到达地表，地下水中的盐分积聚到地表，使土壤盐渍化，影响植物生长；同时，潜水蒸发损失大，浪费了一定的水资源。生态警戒水位的主要特征是潜水蒸发停止，上层土壤干燥，浅根草本植物不能利用地下水而死亡，乔灌木根系较深，主根向下延伸吸收地下水，能抵御土壤干旱，但生长较差，存在潜在的荒漠化威胁。适宜生态水位的主要特点是毛细上升水能到达植物根系层被吸收利用，土壤水分基本能满足乔木、灌木和草本植物的需要；潜水的无效蒸发量很小，几乎全部被植物吸收利用，既不会盐碱化，也不会荒漠化。在这种条件下，植被生长最好，繁殖最快。

生态输水后，青土湖湿地地下水埋深明显降低且后期趋于稳定，植被得到明显恢复，但后期恢复的面积也趋于稳定。因此，为估算生态地下水位，首先构建地下水埋深与植被恢复面积的函数关系，植被恢复面积最大时对应的地下水埋深即为最适地下水埋深，进而可确定生态水位。为建立地下水埋深与植被恢复的面积关系，主要考虑两个方面。①植被生长对土壤含水量具有一定的要求，土壤太湿或淹水状态下，植被因根系无法获取氧气而受涝渍；土壤太干情况下，植被因根系吸水的水分来源不足而受旱。②基于无人机遥感数据，青土湖湿地湖底高程符合正态分布，如图 5-33 所示。因此，采用正态分布函数描述地下水埋深与植被恢复面积的关系，示意图见图 5-34。基于图 5-34 中地下水埋深与生态水位的关系，提出了 H_{eu}、H_{cu}、H_{op}、H_{cl} 和 H_{el} 5 个生态水位阈值。地下水埋深低于 H_{eu} 表示左边的累积比例小于 1%，地下水埋深高于 H_{el} 表示右边的累积比例小于 1%；当地下水埋深高于 H_{eu} 和低于 H_{el} 时，青土湖地区的植被得到了部分恢复。H_{cu}

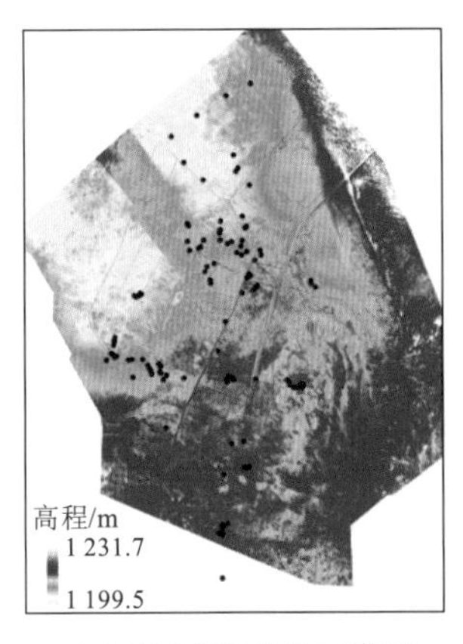

(a) 青土湖湿地湖底高程

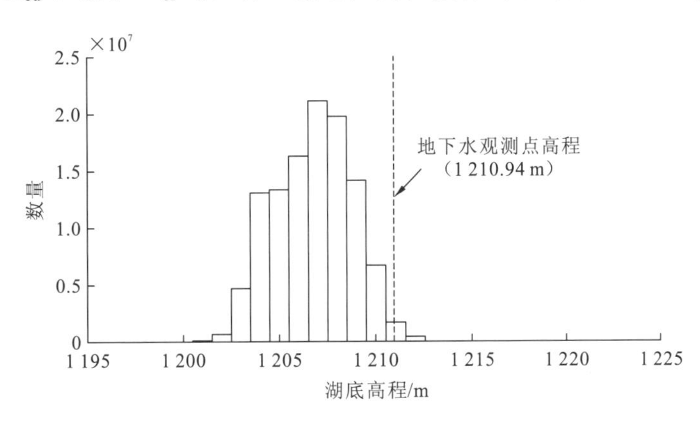

(b) 高程的频数分布

图 5-33 青土湖湿地湖底高程和高程的频数分布

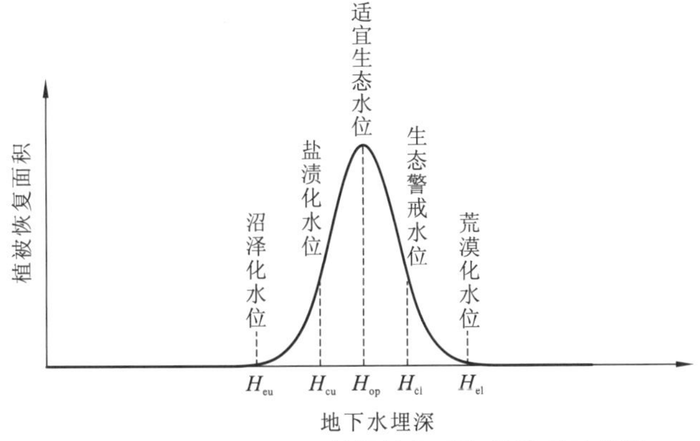

图 5-34 地下水埋深和植被恢复面积的关系示意图

和 H_{cl} 代表植被恢复面积变化最快的地下水埋深；H_{op} 代表获得最大植被恢复面积的地下水埋深。H_{op} 为适宜生态水位，当地下水埋深处于该值附近时，植被恢复面积最大，也可认为植被生态得到了最佳修复。H_{cu} 和 H_{cl} 分别为盐渍化水位和生态警戒水位，地下水埋深低于 H_{cu} 表示湿地内盐渍化明显加重，而地下水埋深高于 H_{cl} 表示植被因受旱而发生快速退化。H_{eu} 和 H_{el} 则分别为盐渍化和受旱的极限值，即分别开始沼泽化和荒漠化。

基于收集的地下水埋深和提取的植被恢复面积（restored vegetation area，RVA）数据，两者的函数关系式通过最小二乘法拟合得到（$R^2=0.94$）：

$$\mathrm{RVA}=17.08\cdot\exp\left(-\frac{1}{2}\cdot\left(\frac{h-2.91}{0.31}\right)^2\right) \tag{5-4}$$

式中：h 为地下水埋深，m。

由式（5-4）和图 5-35 可知，最大植被恢复面积应为 17.08 km²，对应的各生态水位见表 5-4。结合图 5-34 和图 5-35 可知，在现状管理条件下，青土湖湿地植被恢复面积已基本达到最大值，同时，地下水位也到达了适宜水位附近，证明了现状管理措施的合理性。

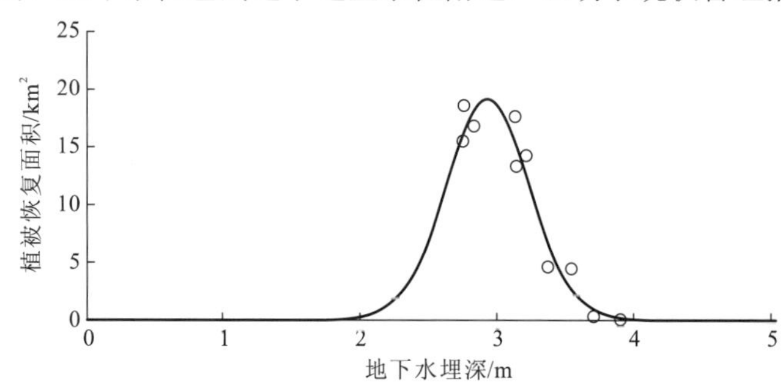

图 5-35　植被恢复面积与地下水埋深关系

表 5-4　青土湖湿地植被恢复对应的生态水位

生态水位	埋深/m
沼泽化水位	2.18
盐渍化水位	2.60
现状条件下适宜生态水位	2.91
生态警戒水位	3.22
荒漠化水位	3.64

5.4.2　西北干旱区湿地的地下水关键参数及其安全界限现状

5.4.1 小节基于植被水分利用策略结果和遥感解译的植被恢复面积-地下水埋深关系，给出了青土湖湿地的各生态水位。本小节将通过系统总结我国西北干旱区湿地的地下水关键参数及其安全界限，对比验证青土湖湿地生态水位计算结果的合理性。影响干旱半干旱区湿地生态系统结构的关键参数为地下水位、土壤含水率和地下水盐度，其中，土壤含水率及其分布也与地下水位有密切的关系。将我国西北干旱区生态水位阈值汇总至表 5-5，并将不同地区不同种类的植被生长的不同生态水位汇总至图 5-36。根据汇总结果，在大多数情况下，植被的适宜生态水位为 2～4 m，生态警戒水位为 4～8 m，低

表 5-5　我国西北干旱区生态水位阈值统计结果

序号	地区	研究方法	植被类型	沼泽化水位/m	盐渍化水位/m	适宜生态水位/m	生态警戒水位/m	荒漠化水位/m	参考文献
1	塔里木河下游	植物生理	胡杨	—	—	<4	4	9	陈亚宁等（2006）
			柽柳	—	—	<5	5	9	
2	塔里木河下游	植物生理	柽柳	—	—	3.12	5	8.83	庄丽等（2007）
3	塔里木河干流	植物出现频率、正态分布模型	胡杨	—	—	2.51	4.52	—	张丽等（2004）
			柽柳	—	—	2.29	3.55	—	
			芦苇	—	—	1.36	2.49	—	
			罗布麻	—	—	2.51	3.2	—	
			甘草	—	—	2.39	2.95	—	
			骆驼刺	—	—	2.84	4.09	—	
	黑河流域额济纳旗	植物长势调查	胡杨	—	—	<4	4	10	
			柽柳	—	—	<5	5	8～10	
			白刺	—	—	—	—	—	
4	毛乌素沙地	植物长势调查	草原	<1	1～2	2	4.5	6	贾利民等（2013）
5	塔里木河干流区	统计分析	胡杨	—	—	1～4	7	10	赵辉等（2010）
			柽柳	—	—	1.5～3	7	10	
			高杆芦苇	—	—	0～2	3	—	
			矮杆芦苇	—	—	1.5～3.5	5	—	
			罗布麻	—	—	1.5～3	6	—	
			甘草	—	—	1.5～3.5	5	—	
			骆驼刺	—	—	2～3.5	6	—	
			天然绿洲	—	—	2.0～4.5	—	—	

续表

序号	地区	研究方法	植被类型	沼泽化水位/m	盐渍化水位/m	适宜生态水位/m	生态警戒水位/m	荒漠化水位/m	参考文献
6	玛纳斯河河谷	调查统计	柽柳	—	—	1～5.3	—	8.5	程艳等（2018）
			沼柳	—	—	0.5～2.5	—	4.5	
			锦鸡儿	—	—	0.7～5.7	—	9	
			芦苇	—	—	0～1.6	—	4	
			粉苞苣	—	—	5.2～32	—	—	
			芨芨草	—	—	0.5～1.7	—	3	
			苦豆子	—	—	0.45～1.45	—	2.25	
7	额济纳绿洲	遥感、植物群落	人工防护林	—	<1	2	3	—	郭巧玲等（2011） 胡广录等（2009）
			胡杨	—	<2.5	2.51	3.5	—	
			灌木	—	<2	2.28	3	—	
			草地	—	<2	2.39	3	—	
8	吉兰泰沙漠湖盆区	调查统计	梭梭	—	—	1.8～4	7	10	宋国慧（2012）
			白刺	—	—	1.8～4	5	8	

注：— 指无数据

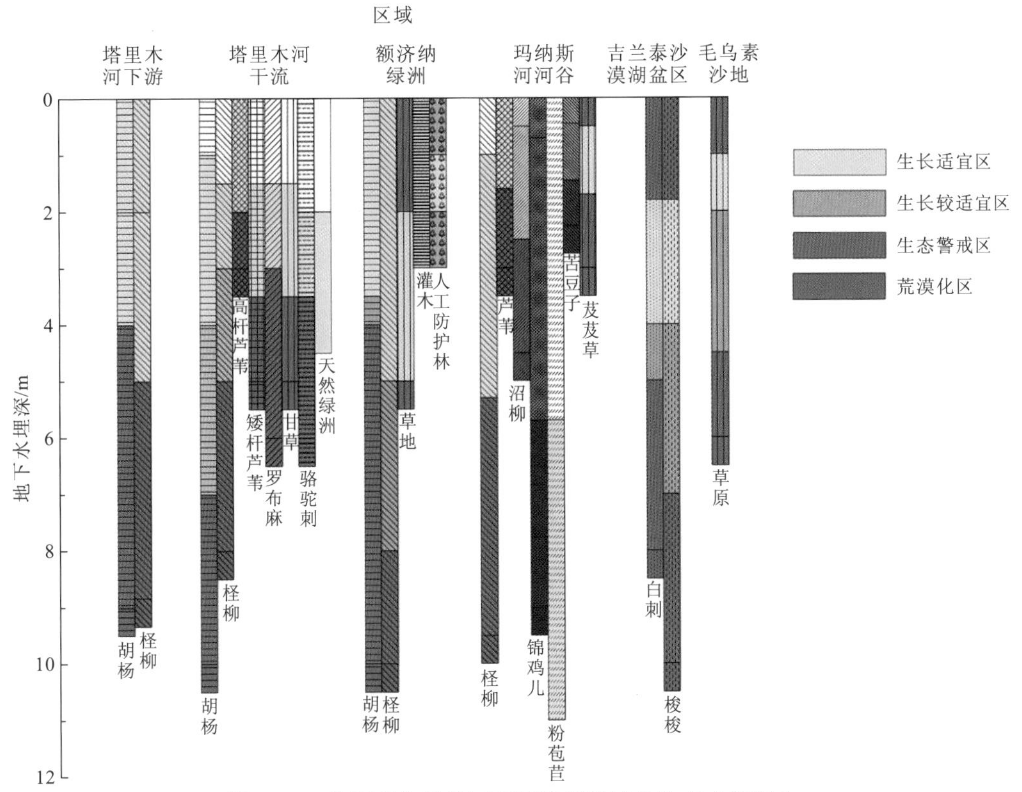

图 5-36　我国西北干旱区不同类型植被的生态水位汇总

于 8 m 为荒漠化水位。青土湖湿地的植被类型与表 5-5 中植被类型类似，在进行后续青土湖湿地具体分析和模拟计算时，表中数据可以提供一定的参照。

通过构建的植被恢复面积-地下水埋深关系模型，结合干旱区湿地生态水位的定义，青土湖湿地的各生态水位（埋深）如下：适宜生态水位为 2.91 m，生态警戒水位为 3.22 m，盐渍化水位为 2.60 m，荒漠化水位为 3.64 m，沼泽化水位为 2.18 m。青土湖湿地主要恢复的植被为芦苇，与我国西北干旱区不同类型植被的生态水位汇总数据（图 5-36）进行对比，本小节针对青土湖湿地估算出的生态水位符合一般规律，证明了计算结果的合理性。

5.5　生态水文耦合模型的构建

地下水埋深动态变化与依赖于地下水资源的生态系统具有密切的联系。构建数值模型进行地下水流动特征和水文循环的模拟，是后续以湿地保护为约束的地下水调控技术的基础。目前构建生态水文模型一般采用现有的卫星高程数据，但是青土湖湿地面积较小，且现有高程数据的空间分辨率及精度有限。因此，如果直接采用现有的卫星高程数据将不能很好地反映青土湖湿地内的地形起伏变化，也就不能准确估计湖泊等的变化。为了克服这一难点，本节将融合无人机高分辨率和高精度数字高程数据作为模型高程输入，通过长时间序列卫星反演的湖面数据给出准确的湖泊范围，构建反映青土湖湿地实际地表水-地下水水文过程的生态水文模型。基于一体化多要素监测体系的监测数据，本节还将对构建的生态水文模型进行优化，并利用优化后的模型准确描述地下水-湖水的相互作用关系，给出各水均衡量，同时对湿地的水位及埋深进行深入分析，以期更深入和精细地探讨生态输水在青土湖湿地产生的生态效应，服务水资源管理。

5.5.1 概念模型

针对已有的卫星高程数据和无人机高程数据，结合青土湖湿地及周边的水文地质条件，本小节将介绍如何确定生态水文模型的范围、边界及模型高程的处理等，以实现概念模型的搭建。

1. 模型范围的选取

模型以青土湖区域为重点模拟对象。由于研究区范围没有天然的水文地质边界，为了减小边界条件对模拟结果的影响，本模型的范围从青土湖湿地向外扩展至北边、东边和西边与沙漠接壤处，南部边界位置确定在青土湖区域与民勤盆地的断裂处，模型面积约为 400 km^2。

青土湖东北侧与沙漠之间有明显的高程和地貌差异，界线相对分明；青土湖西北侧的地表高程整体高于青土湖区域。根据区域的水文地质条件，青土湖及周围较大范围内赋存第四系松散堆积物孔隙水。根据模型范围内实测的地下水等水位线分布，青土湖区域受到来自北侧和西侧沙漠区域地下水的侧向补给。模型南部边界处有隐伏断层分布，根据前期的水文地质条件分析和水流场的动态变化，模型区域与上游民勤盆地地下水存在较弱的水力联系。

根据青土湖周边地区水文地质钻孔信息及实地样品采集测试数据，研究区内第四系松散堆积物厚度整体在 150 m 内，部分位置厚度在 80 m 左右，含水层和弱透水层呈互层状结构。模型区域地下水埋深整体在 20 m 以内，输水后地下水埋深减小幅度整体在 5 m 以内，因此输水后水位变化的影响范围主要在地下 20 m 深度以内。本次模型构建是为了精细刻画地下水的动态特征及其与湖水的时空交换特征，所以模型未包含深部地下水含水系统。模型模拟含水系统厚度为 100 m，参考模型区域内钻孔资料，在垂向上将含水介质分为 4 层，厚度分别为 10 m、15 m、25 m、50 m。

2. 边界条件概化

青土湖区域的地下水补给来源包括地下水侧向补给、降水入渗补给、生态输水渠道渗漏补给和湖泊下渗补给。地下水排泄途径包括侧向水流排泄、蒸散发及地下水向湖泊和沟渠的排泄，各边界概化如下。①侧向边界：模型区域东、北、西三侧被沙漠包被，根据前述水文地质条件和地下水等水位线的分析，模型范围内的地下水接受这三侧地下水的侧向补给。青土湖南侧隐伏断层分布区，模型区域与上游民勤盆地含水层水力联系较弱。目前针对青土湖南侧断裂开展的研究仍相对较少，在本模型中将南侧边界根据实测水位概化为给定水头边界。②下边界：模型的模拟深度为地下 100 m，在该深度处，地下水流以水平流动为主，因此在本模型中，将模型底部边界概化为零水流通量边界。③上边界：模型上边界处接受降水补给并产生蒸散发排出，湖泊和沟渠地表水与地下水产生交换，因此，上边界由补给、蒸散发和地表水入渗或地下水向地表水排泄过程刻画。

除生态输水影响外，模型区域内基本没有其他对地下水系统的人为干扰，因此模型不考虑人工开采等源汇项。

3. 模型地表高程

模型地表高程与地下水埋深、区域均衡计算和湖体均衡计算等直接相关，合理的区域水均衡量和湖面分布动态变化的模拟需要基于合理的地表高程设置。对于湖泊分布范围以外区域，地下水埋深相对较大，与湿地主要以地下水的形式相关联，受地表高程精度的影响较小，其对应网格剖分大小相对较大。利用高程数据进行模型剖分网格流程如图 5-37 所示。基于航天飞机雷达地形测绘使命（shuttle radar topography mission，SRTM）卫星数据获取的模型范围内数字高程的空间分辨率为 90 m，如图 5-38（a）所示，满足该区域地表高程数据分辨率的需求，因此在该区域内可采用 SRTM 卫星数据作为模型的地表高程。

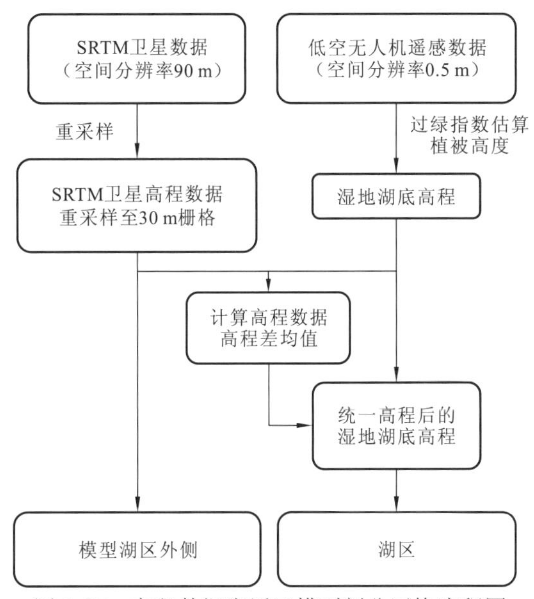

图 5-37　高程数据应用于模型剖分网格流程图

在湖泊分布的区域，一方面，由于湖面蒸发与潜水蒸发的大小存在差异，相对准确地反映湖面面积的变化才可以获取合理的湖体均衡计算，进而得到合理的湖水面及湖水位的动态变化；另一方面，湖泊的范围取决于地表高程和水位，当一个区域的水位高于地表高程且地下水与地表水之间无阻碍时，该区域可形成湖泊，即湖泊的分布范围与湿地的地表高程密切相关。因此，对湿地的模拟需要精细的地表高程数据。此外，根据实地观察，湿地的地形起伏相对剧烈，部分湖泊的长宽均在 90 m 以内，因此对湿地的模拟需要使用相对更小的剖分网格，直接采用 SRTM 卫星数据作为网格地表高程不能真实反映湖泊空间分布情况。为此，基于低空无人机遥感设备获取的湖区的高清数码影像[图 5-38（b）]，利用 Agisoft PhotoScan Proessional 软件处理后获取湿地陆表高程数据。然后利用高清数码影像数据计算的过绿（excess green，ExG）指数估算湿地植被高度，进而得到高空间分辨率（0.5 m）的湿地湖底高程[图 5-38（c）]。

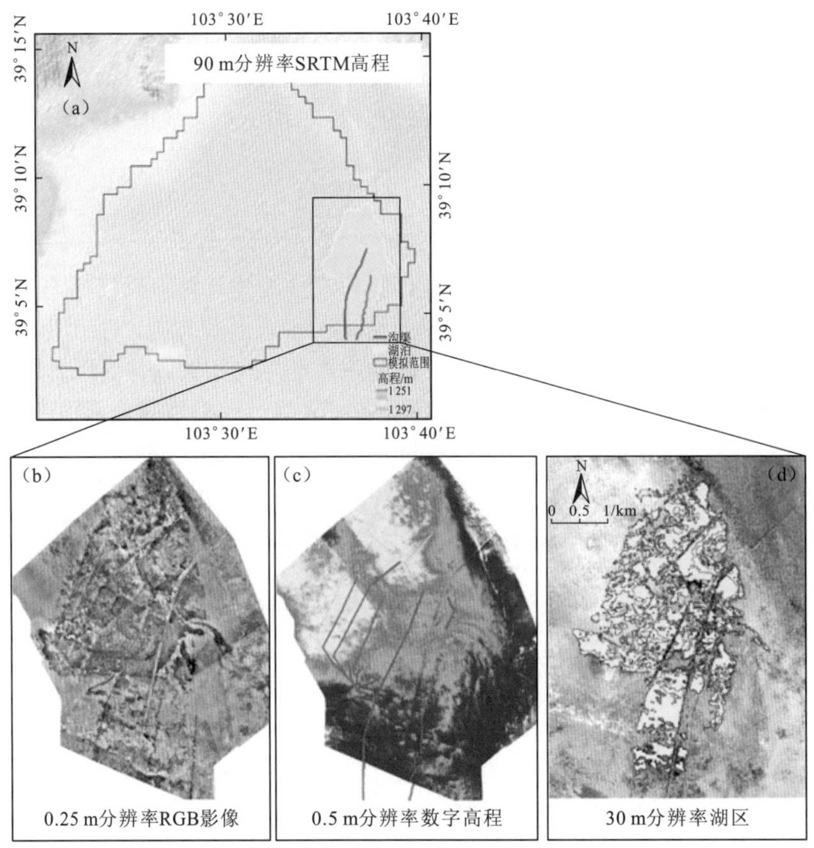

图 5-38　模型数字高程、渠道及湖区

无人机数据范围未能覆盖整个模拟区域，因此将 SRTM 数据与湿地湖底高程数据进行拼接。无人机高程数据与 SRTM 数据存在差值，即相同区域对应高程数据均值存在差别，但是区域内不同点之间的高差数据相对固定，因此计算获取无人机高程数据与 SRTM 共同覆盖区域的高程差均值，并基于该均值将两者高程数据统一到 SRTM 对应高程范围，拼接获得最终采用的高程数据。另外，基于高清数码影像对湿地内的放水渠道进行调查。为了获得湿地的最大湖面（模型输入文件）数据，利用长时间序列的 Landsat 和 Sentinel 卫星数据进行拼接和叠加，得到该输入文件（图 5-38）。

5.5.2　数值模型

1. 数学控制方程及求解

通过上述分析，采用三维非稳定流模型刻画地下水流过程，对应的数学控制方程如下：

$$\frac{\partial}{\partial x}\left(K_{xx}\frac{\partial H}{\partial x}\right)+\frac{\partial}{\partial y}\left(K_{yy}\frac{\partial H}{\partial y}\right)+\frac{\partial}{\partial z}\left(K_{zz}\frac{\partial H}{\partial z}\right)+w=S_y\frac{\partial H}{\partial t} \tag{5-5}$$

$$H(x,y,z,0)=H_0,\quad (x,y,z)\in\Omega \tag{5-6}$$

$$K\frac{\partial H}{\partial n}\Big|_{S_2}=q(x,y,z,t),\quad (x,y,z)\in S_2 \tag{5-7}$$

$$H(x,y,z,t)=H_1,\quad (x,y,z)\in S_1 \tag{5-8}$$

式中：Ω 为地下水渗流区域，量纲为 L^2；H_0 为初始地下水位，量纲为 L；H_1 为给定水位，量纲为 L；S_y 为给水度，无量纲；S_1 为第一类边界；S_2 为第二类边界；K_{xx}，K_{yy}，K_{zz} 分别为 x、y、z 主方向的渗透系数，量纲均为 L/T；w 为源汇项，包括蒸发，降雨入渗补给，量纲为 T^{-1}；$q(x, y, z, t)$为边界不同位置上不同时间的流量，量纲为 L^3/T；$\frac{\partial H}{\partial n}$ 为水力梯度在边界法线上的分量。数学方程由 MODFLOW 程序代码进行求解。

2. 模型剖分

在空间上，以 500 m×500 m 的网格对青土湖以外的区域进行剖分。青土湖为模型重点关注的区域，在青土湖分布范围内用 30 m×30 m 的网格加密处理。在两种网格之间，分别以 30 m×100 m，100 m×100 m 和 100 m×500 m 网格进行过渡。剖分得到网格共计 292 行、305 列。模型区域垂向上剖分为 4 层，厚度分别为 10 m、15 m、25 m、50 m。

在时间上，模型运行时间为 2009 年 12 月～2020 年 12 月，共 10 年的时间，每年分为 14 个应力期。在生态输水时段外每月设置一个应力期，以模拟降水蒸发等因素变化造成的地下水位改变。在生态输水时段将时间剖分进一步细化，每月包括两个应力期以模拟生态输水变化对水文过程的影响。

3. 初始条件

将模型运行稳定流结果作为非稳定流的初始条件。以模型区域地下水等水位线分布特征为依据，对模型边界上的侧向流量及水文地质参数进行调整，以获得比较合理的初始流场。

4. 边界条件

1）侧向边界

基于等水位线分布而确定的水力梯度、含水层的水力传导系数等确定北侧、东北侧和西侧的边界在模型中的给定流量初始值。在获得合理的稳定流初始流场时，对边界条件的流量进行了大量的测试工作，最终确定了模型边界的流量值范围。模型南侧给定水头边界依据各个监测点的地下水流量实测值而确定。

2）上边界

（1）降水入渗和蒸散发。2000 年之后，区域内多年的年降水量为 120 mm 左右。由于蒸发强烈，实际降水入渗补给地下水的水量极小，降水入渗量由降水量乘以降水入渗系数获得。在模型中将降水入渗量划分为两个区，在地下水埋深较浅的地区将降水入渗系数设为 0.1，青土湖湿地外侧的地下水埋深多数在 5 m 以上，降水入渗补给地下水水量可以忽略。

利用民勤气象站长时间监测资料，基于彭曼-蒙特斯公式计算湖面蒸发，区域内多年平均湖面蒸发量在 1 950 mm 左右，模型中将每个应力期的湖泊蒸发量设置为月平均湖面蒸发量。

潜水蒸发与潜水埋藏深度密切相关，根据模型区域内的钻孔资料，区域内表层分布 4～5 m 厚的细砂与砾砂层互层堆积物，该岩性对应的潜水蒸发极限深度为 3～5 m。根据相近区域的研究资料，潜水埋深为 0.5 m 时，细砂层潜水蒸发系数接近 0.3，砾砂层潜水蒸发系数接近 0.03。在模型中，根据地下水埋深范围分段设置湖泊分布范围以外的模型蒸发强度。在青土湖分布及其附近区域，地下水埋深较小，实际潜水蒸发量相对更大，因此模型中潜水蒸发强度随深度发生改变。在本模型中，潜水蒸发与湖面蒸发一样随时间变化。

（2）输水渠道。根据实地观察，输水主要通过两条主要的输水渠道进行，输水渠道在生态输水季节走水，在其他时间段基本处于干涸状态。在本模型中，通过河流模块对两条主要渠道的输水情况进行模拟。

河流模块中河流与地下水的交换量和交换速率由河水位标高、河床基底标高及河道渗漏系数控制，其中河道渗漏系数由河床厚度、河流宽度、河床垂向渗透系数等进行计算。河床基底标高是根据地面高程进行设置的，由于输水渠道为人工开挖，输水渠道的宽度和深度相对固定，河水位根据实际输水时渠道内水深进行设定，在夏季放水时渠道内水深整体可达到 2～3 m，而在非输水季节河道与地下水交换基本可以忽略。在输水时段中，渠道渗漏对地下水的补给对水位的影响较大，因此在河流模块的调参过程中，除了河水位标高和河床基底标高，河道渗漏系数是相对关键的一个参数。基于河道网格面积和厚度，设置河道的垂向渗漏系数初始值，通过模型拟合对该参数进行调整。河道垂向渗漏系数在输水季节相对较大，而在非输水季节将其设置为极小值，这并不代表实际河道的物理性质会随输水或非输水季节变化，只是将非输水季节河道与地下水交换量控制到较小，可以更好地反映实际情况。

（3）湖泊。青土湖是模型的主要模拟对象，湖面面积大小、湖水的蒸发量、湖水与地下水的交换量均是最终影响湖区分布范围变化及湿地地下水均衡的重要因素。湖泊的刻画是模型模拟的关键。

根据实地观察，湖泊区域地表高程变化复杂，湖面面积、湖水位等的变化直接与湖泊地表高程相关，湖泊网格地表高程的刻画精度直接影响到湖面面积、湖水位等的模拟结果。较粗网格难以精细刻画湖泊范围的变化，但是过于精细的模型高程数据通常需要花费巨大的时间成本，也需要更高精度的配套参数支撑，而目前研究区水文地质参数的空间分布较少。综合考虑以上因素，将湿地网格大小设置为 30 m×30 m，湖底网格高程采用基于低空无人机遥感设备获取的高程数据。

青土湖湿地的湖面面积随时间变化，湖泊面积直接影响湖水与地下水交换量。由于湖底地形相对固定，湖面面积与湖水深度呈正相关，湖面面积较大时，湖水深度较大，湖面面积变化可在一定程度上反映湖水水深的变化。不同的湖面面积对应不同的蒸散发量和湖水与地下水的交换量。在以湖泊为重点的模拟中，对上述不同年份和年内不同时间的湖面面积的动态模拟至关重要。

为了反映湖面面积的动态变化及相应蒸散发变化，本模型选取湖泊模块模拟湖泊，通过该模块可模拟得到湖面面积、湖水位、湖面蒸发量及湖水与地下水交换量的动态变化。为了对区域内的湖泊分布的动态变化进行相对精细的刻画，选取整体湖面面积相对最大的2017～2018年时段内多个月份的遥感影像，将不同月份解译的湖面分布范围的影像叠加，将叠加后的解译湖面作为模型中湖泊的模拟范围，该范围基本覆盖了青土湖区域内实际可以形成湖泊的绝大部分区域。

在湖泊模块中，根据湖泊内水均衡量的变化计算湖水位。基于上个时间步长计算的湖水位和当前时间步长内的降水量、蒸发量、径流量、用水量及与支流的交换量，可以计算在一个时间步长中的湖泊水位。

$$h_l^{n-1} = h_l^n + \Delta t \frac{p - e + \mathrm{rnf} - w - \mathrm{sp} + Q_{si} - Q_{so}}{A_\mathrm{s}} \tag{5-9}$$

式中：h_l^{n-1} 和 h_l^n 分别为湖泊在前一个时间步长和在当前时间步长中的湖水位，量纲为L；Δt 为时间步长长度，量纲为T；p 为当前时间步长降水强度，量纲为 L^3/T；e 为当前时间步长的蒸发强度，量纲为 L^3/T；rnf为当前时间步长进入湖泊的地表径流，量纲为 L^3/T；w 为当前时间步长的用水量，量纲为 L^3/T；Q_{si} 为支流的补给量，量纲为 L^3/T；Q_{so} 为向支流的排泄量，量纲为 L^3/T；A_s 为湖泊开始时的表面积，量纲为 L^2；sp为网格与含水层在当前时间步长的交换量，量纲为 L^3/T。

通过上述计算，模型根据不同时段降水量、蒸发量等值来计算更新湖水位，然后根据湖水位的分布来计算不同时期的湖面面积变化及湖水与地下水的交换量。

5. 模型参数

含水层水力学参数（包括水力传导系数、给水度、储水系数等）的初始范围主要基于研究区附近的水文地质钻探成果及野外沉积物采样的颗分结果。在后续模型校正过程中，对以上水文地质学参数进行识别，识别结果将在5.5.3小节给出。

5.5.3 模型识别与验证

模型的识别与验证是模型构建后的重要步骤，通过调整模型相关水力学参数能够达到较为理想的拟合结果。结合手动调参和PEST++程序自动校参的方法对模型进行识别，通过调整区域内的水力学参数，使模型模拟的地下水位、湖面面积和湖面蒸散发量与监测结果吻合，并在此过程中，不断地修正概念模型，达到对模型区水文过程的正确认识。

1. 模型参数识别

在模型参数识别过程中，调整模型中水文地质参数使模型计算的地下水位、湖面面积等与实际观测结果拟合程度最优。观测点分布位置见图5-39，区域共有11个观测点，其中0号观测点的监测时间为2010～2016年，其余观测点数据的监测时间为2018年8月～2019年8月。

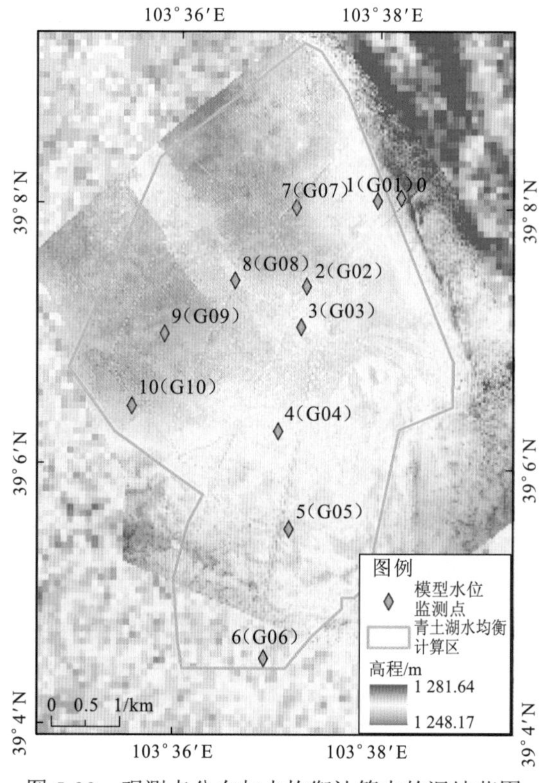

图 5-39　观测点分布与水均衡计算中的湿地范围

青土湖湿地区域的地下水位变化主要在地表以下 10 m 深度范围内，10 个地下水位观测点都分布在该区域内。在保证模拟区水流场形态与实际情况相符的基础上，主要对湿地的参数分区进行细化。参数分区如图 5-40 所示，在拟合观测地下水位和湖面过程中，对相关参数的初始值进行优化，最终获取的水文地质参数如表 5-6 所示。

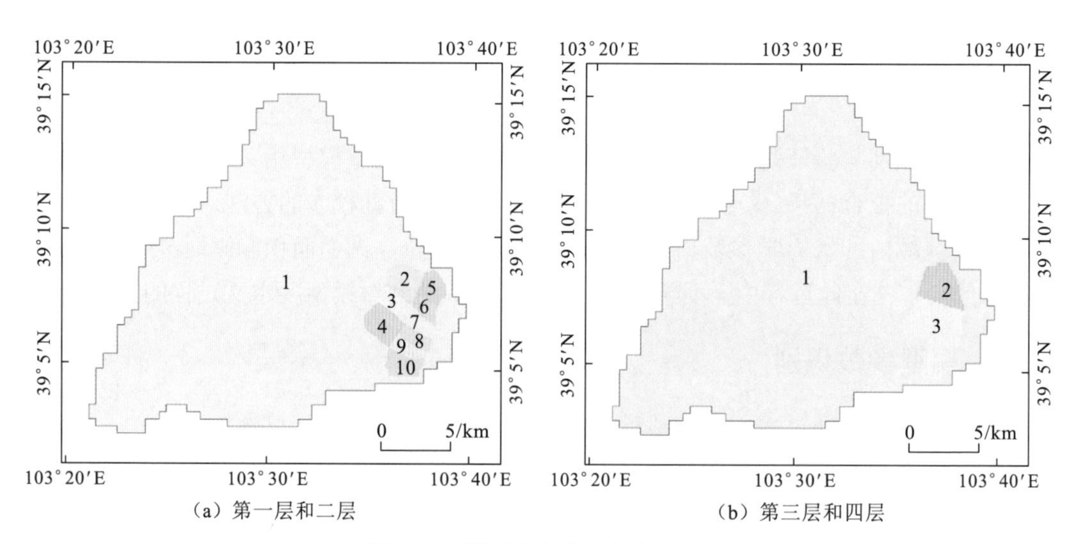

图 5-40　模型水文地质参数分区

表 5-6　模型水文地质参数优化结果

模型分层	分区号	K_x/（m/d）	K_y/（m/d）	K_z/（m/d）	S_y	S_s
第一层和第二层	1	18	18	1.8	0.10	8×10^{-6}
	2	1.625	1.625	1.566	0.15	5×10^{-5}
	3	3	0.8	0.5	0.06	2×10^{-5}
	4	15	15	3	0.06	6×10^{-5}
	5	1.59	1.59	0.01	0.19	9.3×10^{-6}
	6	0.6	0.6	10	0.15	2×10^{-5}
	7	38.21	38.21	10	0.17	3.3×10^{-5}
	8	30	30	5	0.21	9×10^{-5}
	9	30	30	5	0.20	8×10^{-5}
	10	6	5	5	0.07	2×10^{-5}
第三层	1	10	10	2.5	0.15	8×10^{-5}
	2	13.5	13.5	1.35	0.15	8×10^{-5}
	3	5.625	5.625	0.566	0.10	8×10^{-5}
第四层	1	36	36	3.6	0.18	5×10^{-5}
	2	15.48	15.48	1.548	0.15	5×10^{-5}

注：K_x、K_y、K_z 分别为 x、y 和 z 方向水力传导系数；S_y 为给水度；S_s 为储水系数

2. 模型验证

模型验证期为 2019 年 8 月～2020 年 7 月。基于上述经过参数识别的模型，将 2019～2020 年的蒸散发数据和入湖量数据输入模型，对模型的地下水位计算值与实测值进行对比，模拟结果见图 5-41。模拟水位的变化趋势与监测水位的变化趋势整体一致，个别点模拟水位的年变化幅度小于实测数据。如 G05 观测点的模拟水位年变化幅度与监测数据有较大差异，推测该误差与 G05 观测点位于输水渠道旁边有关，模型无法精细地刻画渠道的分布，致使结果产生误差。由于模型区存在季节性冻融，实测水位数据在 12 月至 2 月时段的下降速度小于模拟结果，且实测水位会在春季消融后短暂上升然后再次下降。由于没有考虑冻融过程对地下水位的影响，模型暂时无法对冻融导致的水位变化进行拟合。总体来说，不同监测点上模型模拟的地下水位值和变化趋势与观测值都比较接近，表明模型具有较高的可靠性。

图 5-42 为模拟湖面面积和遥感解译获取的湖面面积的对比。由于实际地形存在微小起伏，模型网格难以反映湖底高程的微地形变化，模型模拟湖面面积与遥感解译湖面面积有一定的偏差，但整体变化趋势比较接近。

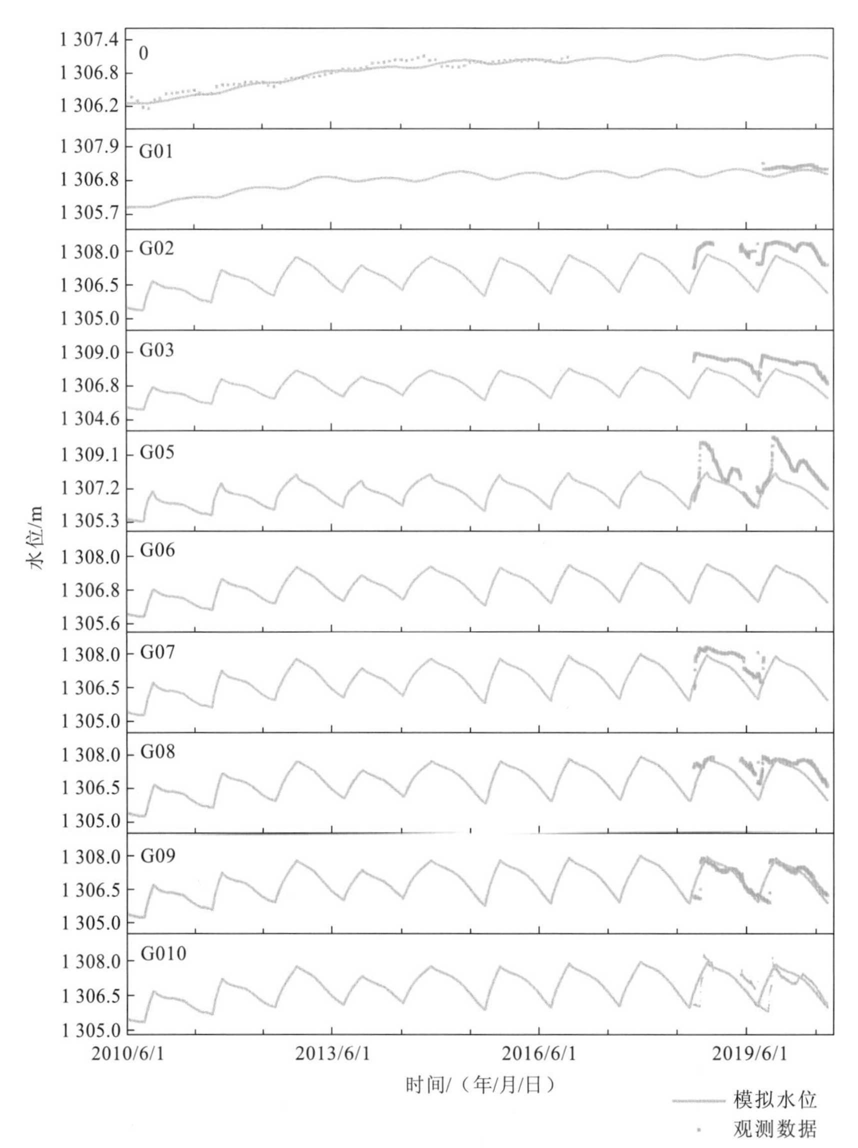

图 5-41　研究区不同监测点模型模拟水位与观测水位对比图

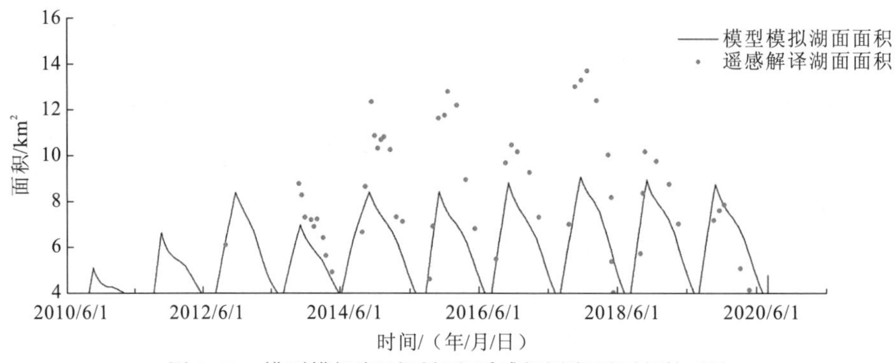

图 5-42　模型模拟湖面面积和遥感解译湖面面积的对比

3. 模型敏感性分析

在模型识别验证之后，对影响模型计算结果的参数进行敏感性分析，以探究各参数对模型计算结果的影响程度。在保持其他参数不变时，计算改变特定参数时引起的模型结果的变化程度，采用的敏感性计算公式为

$$\mathrm{CSS}_{jk}=\left[\frac{\sum_{i=1}^{\mathrm{ND}_k}\mathrm{DSS}_{ijk}^2}{\mathrm{ND}_k}\right]^{\frac{1}{2}} \tag{5-10}$$

式中：ND_k 为第 k 个状态变量下观测点的个数；DSS_{ijk} 为第 k 个状态变量下第 i 个观测点第 j 个参数的无量纲敏感系数，其值可由以下公式计算：

$$\mathrm{DSS}_{ijk}=\frac{\Delta y_{ijk}}{\frac{\Delta b_j}{b_j}}w_{ik}^{\frac{1}{2}} \tag{5-11}$$

式中：Δy_{ijk} 为目标参数 j 变化 Δb_j 时，第 k 个状态变量下第 i 个观测点计算结果值的改变量；w_{ik} 为加权系数；b_j 为目标参数未变化前的观测点计算值。

使每个参数的变化量为 20%，模型对参数的敏感性如图 5-43 所示。地下水位对湖水蒸发强度和潜水蒸发强度最为敏感，其次对重力给水度和水平水力传导系数较为敏感，但对湖床水力传导系数、垂向水力传导系数、侧向流量和储水系数不敏感。

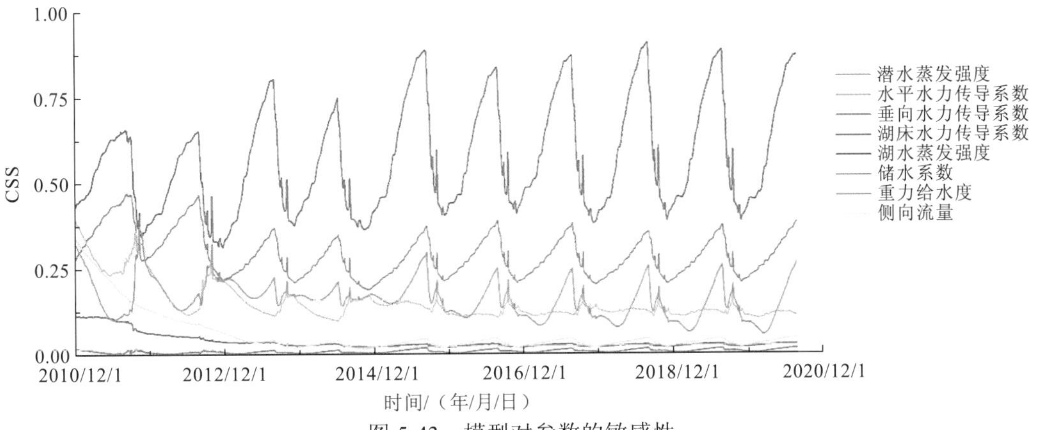

图 5-43　模型对参数的敏感性

5.5.4　模拟结果

1. 地下水位的时空变化特征

图 5-44 展示了 2010 年生态输水前与 2020 年输水后的地下水位对比，随着生态输水的进行，地下水位逐年抬升。在模拟区西部和北部，地下水位变化较小；在模拟区中部，地下水位稍有抬升，湖周地下水位均有抬升；在模拟区东南角，地下水位线有明显的偏移，说明地下水位抬升幅度较大。在生态输水前，湿地及周边区域的地下水位整体在 1 305～1 306 m，生态输水 10 年后，湿地及周边区域的地下水位在 1 306～1 307 m。

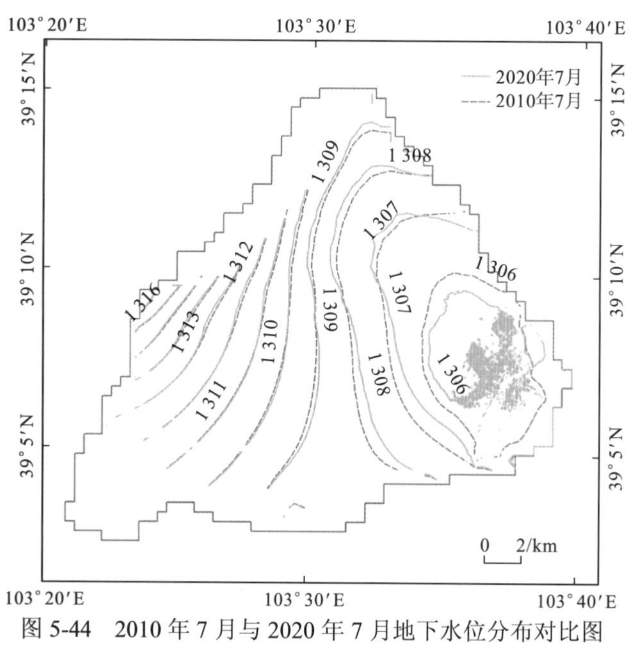

图 5-44　2010 年 7 月与 2020 年 7 月地下水位分布对比图

模拟结果显示，从 2011 年～2014 年区域地下水位整体增长较快，而 2015～2016 年增长速度放缓，直至 2017 年区域地下水位逐渐趋于稳定。

2. 地下水埋深的时空变化特征

植被恢复与地下水埋深具有重要的联系，但是前述相关内容是基于点位数据分析的结果，缺乏对地下水埋深空间分布的考虑。为此，通过模拟的地下水位数据和数字高程数据，分析生态输水后青土湖湿地内地下水埋深的时空变化规律，并对比讨论精细化高程数据对地下水埋深时空变化规律的影响。

1）基于重采样后粗分辨率的地下水埋深分析

在建立生态水文模型时，对原始（融合了无人机高程）高程数据进行了重采样，青土湖湿地内的高程数据空间分辨率为 30 m。利用模型高程数据（插值空间分辨率为 30 m）减去地下水位数据，得到 2009 年 8 月 1 日～2020 年 7 月 31 日的地下水埋深数据，计算不同时间模型全区域特定地下水埋深（0 m、1 m、2 m、3 m）对应的分布面积的变化幅度，如图 5-45 所示。可以看出，4 种地下水埋深范围内对应的分布面积变化幅度呈现相似的变化特征，2009 年 8 月 1 日～2009 年 10 月 31 日，面积变化幅度基本为 0；从 2009 年 10 月 31 日起，各个地下水埋深范围内的面积变化幅度随着时间的推移逐渐增加；2012 年 8 月 31 日后，各个地下水埋深范围内的面积变化幅度达到一种波动平衡状态，基本表现为每年 7 月的面积变化幅度最小，而每年 11 月的面积变化幅度最大，但是不同地下水埋深范围内的面积变化幅度仍然存在差异。2012 年 8 月 31 日后，地下水埋深在 0 m 内的面积变化幅度处于 6～14 km^2，地下水埋深在 1 m 内的面积变化幅度处于 6～11 km^2，地下水埋深在 2 m 内的面积变化幅度处于 4～8 km^2，地下水埋深在 3 m 内的面积变化幅度处于 1.5～4.5 km^2。随着生态输水的进行，对整个模型区域而言，不同地下水埋深范围内的面积均出现了明显的增加，增加幅度在 2012 年后逐渐达到一种相对稳定的状态。但是，不同地下水埋深范围内的面积变化幅度有所差异，地下水埋深在 0 m 内的面积变化幅度最大，而在 3 m 内的面积变化幅度最小，出现这种现象的原因是生态输水只存在于局部并形成了一定范围的湖面，尤其对青土湖湿地之外的地下水影响较小。

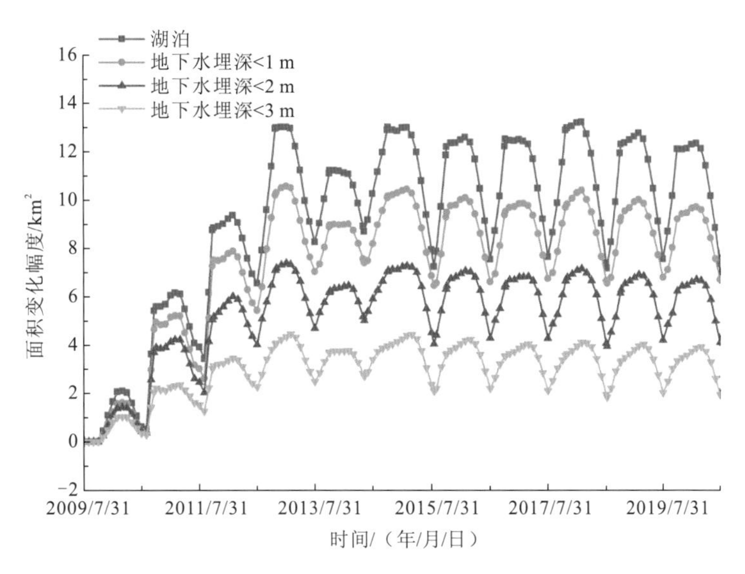

图 5-45　模型区域内特定地下水埋深对应的分布面积的变化幅度

2）基于无人机高精度分辨率的地下水埋深分析

为了进一步准确描述青土湖湿地范围不同地下水埋深分布面积的变化规律，选用青土湖湿地高精度空间分辨率的高程数据进行相应的计算分析，该数据利用低空无人机遥感数据进行解译，空间分辨率为 1 m，范围覆盖整个青土湖区域。最终获取的青土湖区域不同地下水埋藏深度（0 m、1 m、2 m、3m）对应的分布面积及变化幅度随时间变化的特征，得到图 5-46、图 5-47 所示结果。可以看出，不同地下水埋深范围内的面积具有相似的变化特征。2009 年 8 月 1 日～2009 年 10 月 31 日，不同地下水埋深范围内的面积均处于最低且相对稳定的状态。生态输水开始（2009 年 10 月 31 日）后，不同地下水埋深范围内的面积开始呈现波动式增长，其波动规律与每年的生态输水时间保持一致。2012 年 8 月 31 日后，不同地下水埋深范围内的面积逐步达到一种较为稳定的状态，在 7 月时面积基本达到最低值，在 11 月时面积基本达到最高值，且其数值变化较小。此外，不同地下水埋深范围内的面积变化幅度也存在一定的规律，与模型区域范围的计算结果相似。2009 年 8 月 1 日～2009 年 10 月 31 日，不同地下水埋深范围内的面积变化幅度基本为 0，表明区域地下水条件保持稳定。从 2009 年 10 月 31 日起，由于生态输水的进行，各个地下水埋深范围内的面积变化幅度随着时间的推移逐渐增加。在 2012 年 8 月 31 日后，各个地下水埋深范围内的面积变化幅度达到一种波动平衡状态，基本表现为每年 7 月的面积变化幅度最小，每年 11 月的面积变化幅度最大。而不同地下水埋深范围内的面积变化幅度存在较小的差异，在 2012 年 8 月 31 日后，地下水埋深在 0 m 内的面积变化幅度处于 3～12 km^2，地下水埋深在 0 m、1 m、2 m 内的面积变化幅度处于 4～12 km^2，地下水埋深在 3 m 内的面积变化幅度处于 3～11 km^2。因此，随着生态输水的进行，对于青土湖区域而言，不同地下水埋深范围内的面积均出现了明显的增加，说明生态输水显著抬升了区域的地下水位，而增加幅度在 2012 年后逐渐达到一个相对稳定的状态，表明上游输水对下游产生的影响达到一种动态平衡，特别体现在湖面面积及不同地下水埋深范围内面积的变化幅度方面。但不同地下水埋深范围内面积的变化幅度差别较小，说明生态输水产生的影响主要体现在湖面面积的增加上。这一点也同样证实了整个模型区域内，地下水埋深在 0 m 内的面积变化幅度最大。

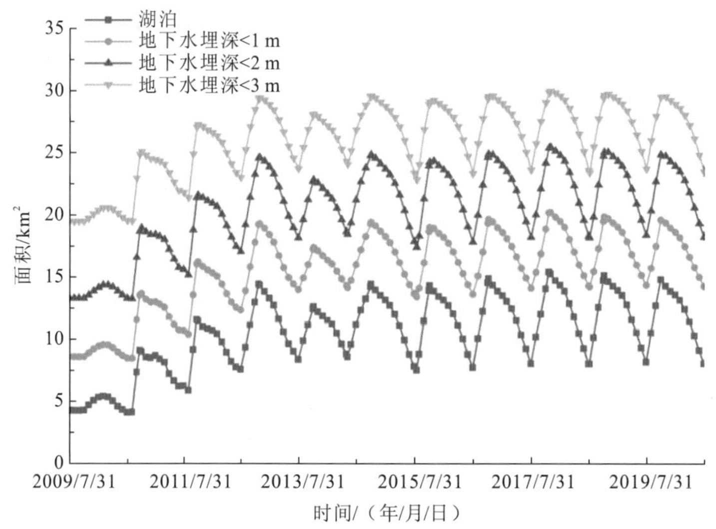

图 5-46 青土湖区域不同地下水埋深范围对应的分布面积变化特征

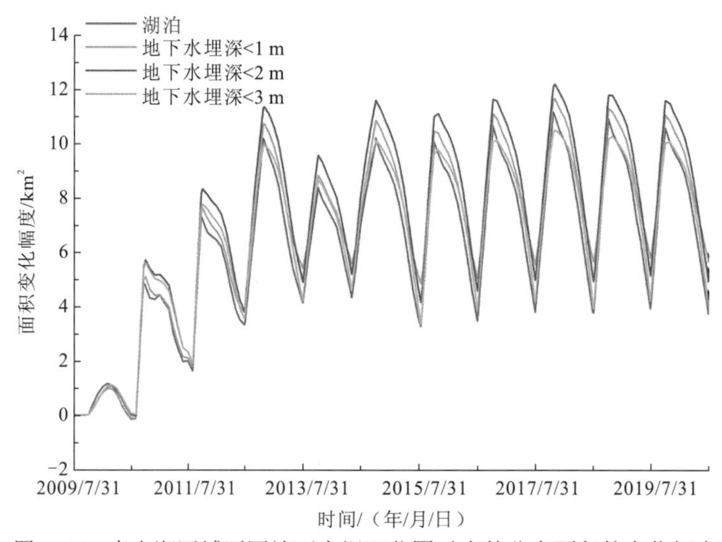

图 5-47 青土湖区域不同地下水埋深范围对应的分布面积的变化幅度

为了进一步分析青土湖区域在不同地下水埋深范围内的面积变化及其分布特征，根据红崖山水库向青土湖输送水量的具体时间（8 月底）及青土湖区域地下水位变化的基本特征，分别选取 7 月末（地下水埋深最大）和 11 月末（地下水埋深最小）两个时间节点，绘制青土湖区域的地下水埋深分布图（图 5-48、图 5-49）。

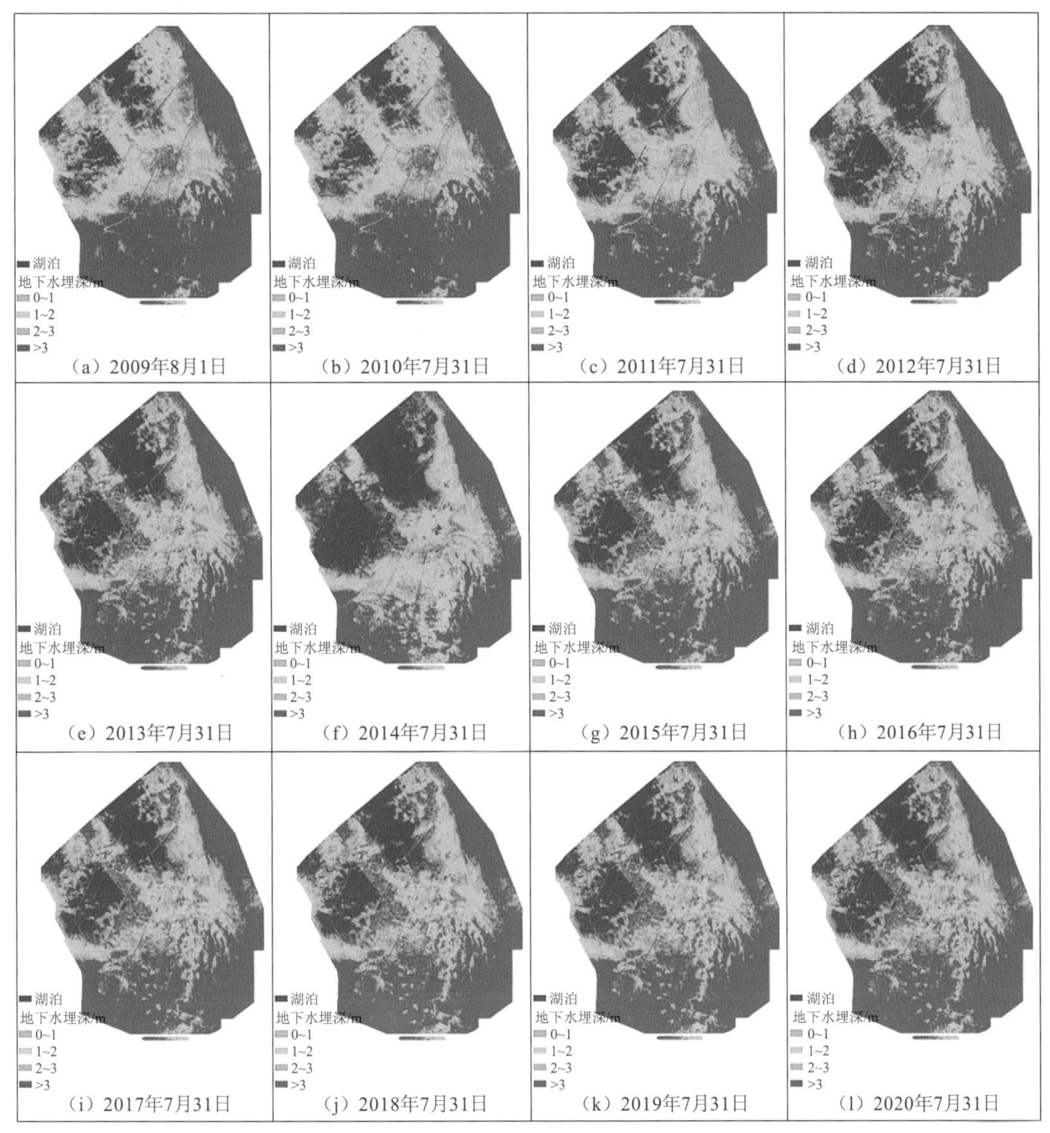

图 5-48　生态输水前青土湖区域地下水埋深分布图

图 5-48 是青土湖区域 2009 年～2020 年 7 月末（生态输水前）的地下水埋深分布图。可以看出，在每年的 7 月末，青土湖区域的地下水埋深总体呈现东深西浅的状态，地下水埋深小于 1 m 的区域主要集中在整个区域的西北部，而地下水埋深大于 3 m 的区域主要集中在整个区域的东南部，这与区域的高程条件相吻合，说明高程特征会对区域的地下水埋深产生影响。通过分析该区域 7 月末地下水埋深逐年的变化情况可以发现，在 2009 年生态输水开始之后，区域地下水埋深呈现逐年减小的趋势，特别是地下水埋深小于 1 m 的区域开始逐年扩大，其分布范围也由输水前的西北部开始向东南部不断扩散，面积最

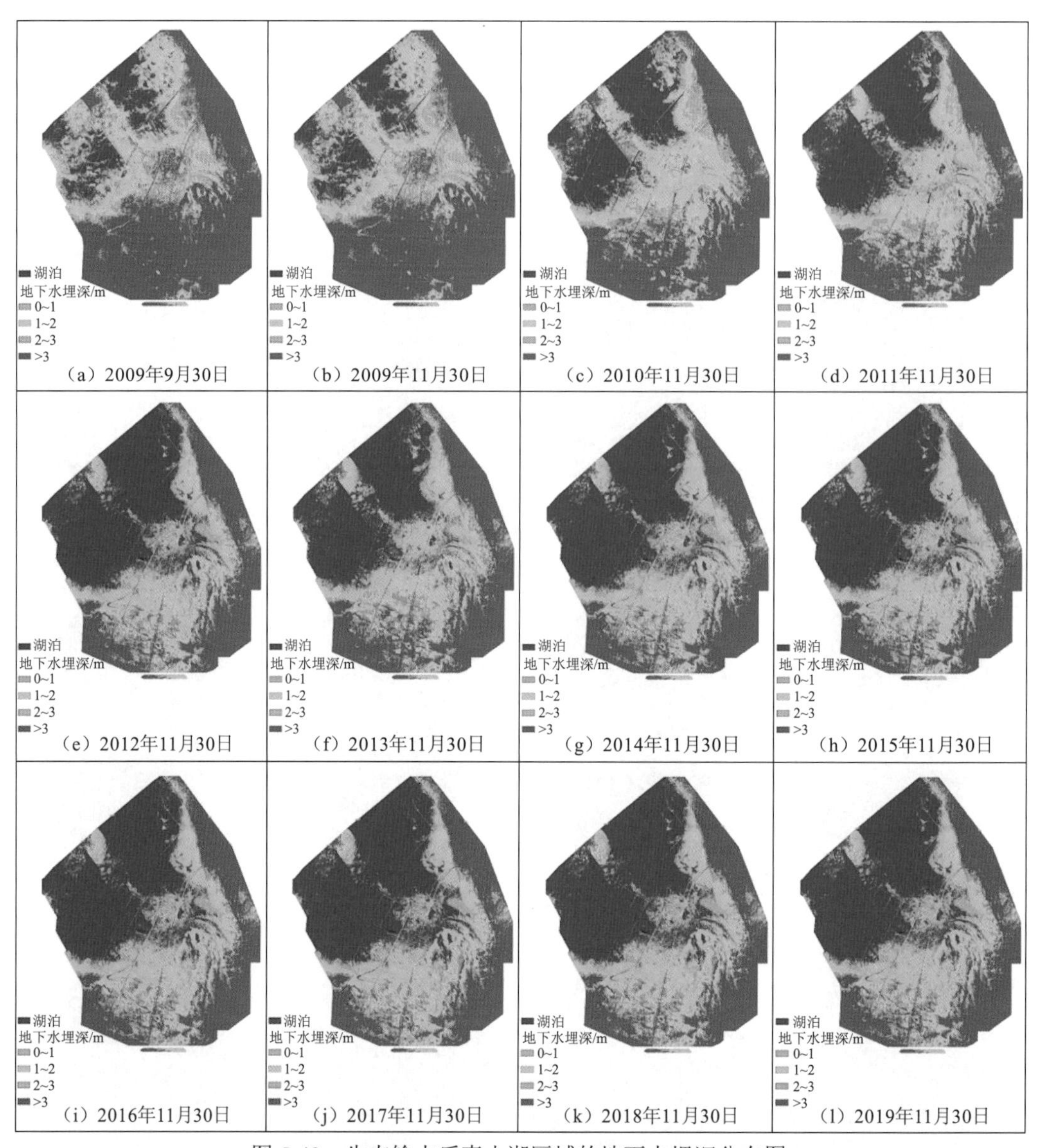

（a）2009年9月30日（b）2009年11月30日（c）2010年11月30日（d）2011年11月30日
（e）2012年11月30日（f）2013年11月30日（g）2014年11月30日（h）2015年11月30日
（i）2016年11月30日（j）2017年11月30日（k）2018年11月30日（l）2019年11月30日

图 5-49　生态输水后青土湖区域的地下水埋深分布图

大时可覆盖中部大部分地区。而生态输水前地下水埋深大于 3 m 的区域几乎占据整个区域一半的面积，随着生态输水的进行，地下水埋深大于 3 m 的区域正在逐步减小。但是自 2012 年起，该区域在每年 7 月末的地下水埋深较为接近，变化幅度较小。

图 5-49 是青土湖区域从 2009 年～2020 年 11 月末（生态输水后）的地下水埋深分布图。从图中可以看出，整体而言，在每年的 11 月末，青土湖区域的地下水埋深仍然呈现东深西浅的状态，地下水埋深小于 1 m 的区域主要集中在整个区域的西北部，而地下水埋深大于 3m 的区域主要集中在整个区域的东南部。进一步分析该区域 11 月末地下水埋深逐年的变化情况，可以发现其与 7 月末的变化情况相似。

通过对比每年 7 月末及 11 月末的地下水埋深分布状况，可以发现生态输水开始之前，该区域的地下水埋深在夏冬季节的变化差异不明显，而生态输水开始之后，地下水埋深的分布情况在年内表现不同。一般来说，在 7 月末，区域的地下水埋深相对较浅，而 11

月末，由于生态输水的进行，区域的地下水埋深相对较深，形成了青土湖区域的基本特征，即地下水埋深会随着每年生态输水的进行而发生波动性变化，因此，青土湖的湖面面积（地下水埋深小于 0 m）也会产生相应的季节性波动，主要表现为每年夏季青土湖的湖面面积最小，而冬季湖面面积最大，由夏季至冬季再到次年的夏季，湖面面积呈现先增大后减小的变化规律。综上，生态输水在该区域产生了一系列的变化效应，由地下水埋深的变化逐步影响到区域湖面面积的变化，最终影响整个区域的水文条件。

3）不同分辨率下模型计算的湖面面积分析

图 5-50 显示了不同分辨率下青土湖的湖面面积计算结果。可以看出，在 30 m 分辨率下，青土湖的湖面面积呈现明显的规律性，2009 年 8 月 1 日～2009 年 10 月 31 日，湖面面积最低且处于相对稳定的状态，此时的湖面面积为 2.37 km^2；在生态输水开始之后，青土湖的湖面面积开始不断增加；在 2012 年 8 月 31 日后，湖面面积逐渐稳定并保持规律性的波动状态，此时的湖面面积在 3～9 km^2。而高空间分辨率（1 m）下青土湖在生态输水前的湖面面积为 4.22 km^2，在生态输水后的湖面面积最终稳定在 7～16 km^2。对照遥感数据的解译结果可以看出，在生态输水开始之前，青土湖的湖面面积几乎为 0 km^2，在生态输水开始之后，湖面面积逐渐增加并维持在 0.8～14 km^2。

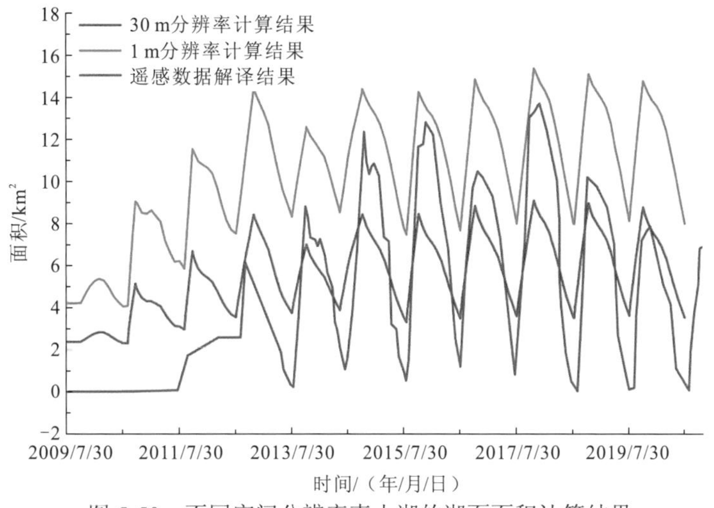

图 5-50　不同空间分辨率青土湖的湖面面积计算结果

因此，模型在使用不同分辨率数据计算出的结果与遥感数据解译得到的结果均呈现出相似的规律特征，但是它们在数值上存在很大的差别，低分辨率下计算出的湖面面积整体偏小，这是因为该区域的地表起伏波动明显，存在诸如沙包、洼地、沟渠、道路等微地形，而 30 m 低分辨率的数据图件往往会将这些区域平均化，难以准确描述区域的高程信息，因此在使用时无法判断局部区域的地下水埋深情况，产生较大的误差。遥感数据的解译结果同样偏低，且较低分辨率使结果在年内的波动幅度较大，最大湖面面积达 13.71 km^2，最小湖面面积达 0.82 km^2。出现这种结果的原因是遥感数据在进行解译时会受到地表植被的影响，特别是在夏季，植被生长极为旺盛，该地区有大量芦苇生长在湖中，这些芦苇会覆盖湖面，从而影响遥感数据对地物的识别能力，最终产生一定的误差。因此，使用高分辨率的数据进行模拟是十分必要的，高分辨率的数据能够精准地识别区域的地物信息，分辨不同的微地形条件，从而对区域进行更加准确的模拟。

通过模拟的地下水位数据和数字高程数据，计算得到了不同空间分辨率下青土湖湿地地下水埋深的时空变化规律。可以看出，在不同空间分辨率下计算的结果存在相似的规律，均反映了青土湖区域在生态输水开始之后地下水埋深从逐渐降低到波动平衡的变化趋势。就空间分布而言，随着生态输水的进行，地下水埋深低于 1 m 的区域也由西北部逐渐向东南部扩张。但是低空间分辨率下计算出的青土湖湖面面积明显偏低，这是由于低空间分辨率的高程数据不能明显区分诸如沙包、洼地、沟渠、道路等微地形，在使用时无法判断局部区域的地下水埋深情况，会产生较大的误差。通过对比遥感数据解译结果，发现遥感数据在区分湖面和植被时也会受到限制，特别是在植被长势较为茂盛的夏季。因此，使用高分辨率的数据进行模拟值得研究，高分辨率的数据能够精准地识别区域的地物信息，分辨不同的微地形条件，从而可以对区域进行更加精准的模拟。

3. 水均衡

生态输水引起地下水位、湖水位和湖面面积均发生变化，从而影响青土湖区域的地下水均衡。由于本次模拟的重点刻画区域和数据获取区位于青土湖范围，所以将青土湖范围作为水均衡计算的重点区域。基于此，将模型区域水均衡计算区划分为两个分区，如图 5-40 所示。

生态输水期间湖水和输水渠道的渗漏均为重要的地下水补给源，由于生态输水量自 2010 年以来整体呈上升趋势，青土湖湿地地表水向地下水的渗漏量从 2010 年至 2012 年快速增加，之后基本保持稳定。地下水向地表水的排泄量先呈下降趋势，然后基本保持稳定，如图 5-51 所示。

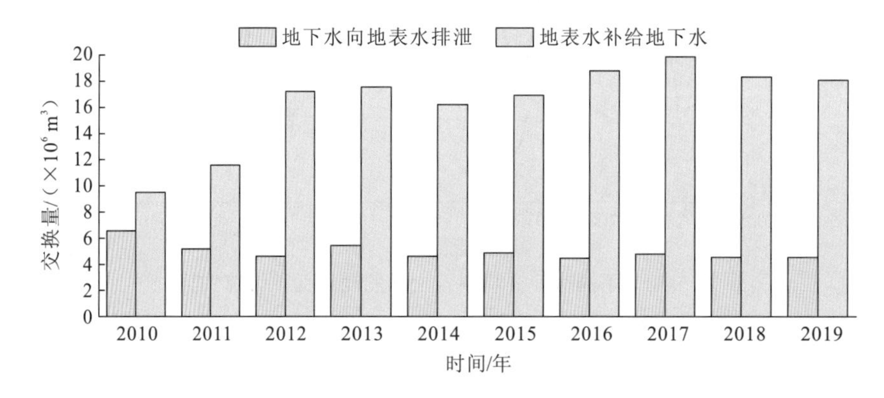

图 5-51 输水期间湿地分布区地下水与地表水交换量

横坐标时间代表该年份 8 月 1 日～次年 7 月 31 日，如 2010 年表示 2010 年 8 月 1 日～2011 年 7 月 31 日

图 5-52 展示了生态输水期间湿地区域地下水向外侧区域侧向排泄量随年份的变化。从图中可以看出，在生态输水之前，外侧区域 2 对湿地地下水进行补给，生态输水之后湿地与外侧区域的补排关系发生转变。生态输水后，湿地地下水与区域 2 地下水的交换量对每年的输水量敏感。在 2010 年、2011 年和 2013 年，输水量相对较少，外侧区域 2 仍对湿地地下水进行补给。在 2012 年及 2013 年之后，由于湿地的生态输水量相对较大，湿地开始对外侧区域 2 进行排泄。

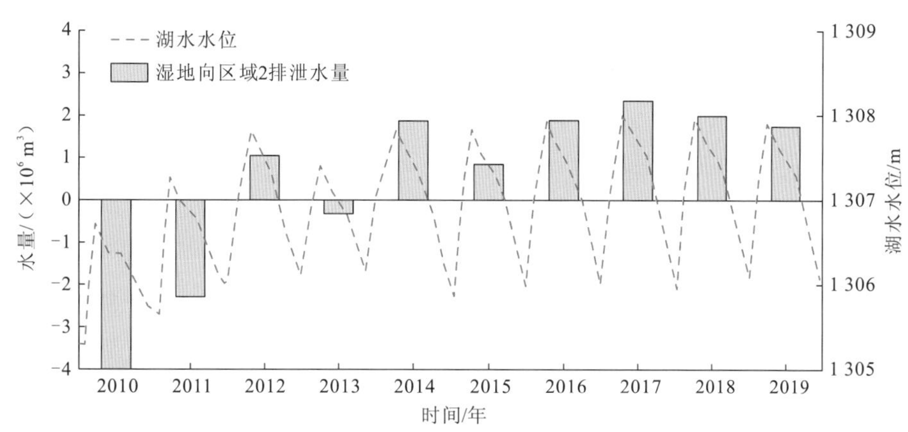

图 5-52　湿地（区域 1）地下水及区外（区域 2）地下水排泄量与湖水水位

横坐标时间为输水前至次年输水前，如 2010 年表示 2010 年 8 月 1 日～2011 年 7 月 31 日；水均衡分区见图 5-39

为进一步验证模型的可靠性，采用能量平衡法计算湖面蒸发量，该方法被认为是现阶段湖面蒸发量估算最准确的方法。湖面总蒸发量的估算由点尺度上的估算蒸发量乘以湖面面积得到（由于青土湖湖面面积较小，忽略空间上的差异性）。青土湖湖面面积年内变化较大，相关面积的动态变化可由遥感影像确定。单位面积上的估算湖面蒸发量可由能量平衡法及彭曼法计算而得。

模型中湖面蒸发依据实际计算的潜在蒸发量按输水时段进行设置。模拟得到湿地年平均蒸发量为 1 000 mm 左右。图 5-53 显示能量平衡法计算湖面蒸发量与模型模拟的湖面蒸发量，模型模拟的湖面蒸发量整体大于能量平衡法计算的湖面蒸发量，推测可能是模型模拟放水结束后的湖面面积在较长时间大于遥感解译面积所致。由图 5-53 还可以看出，湖面蒸发量随着时间呈逐渐增大的趋势，这与湖面面积增大有关；之后湖面蒸发量有所降低，这与生态输水量的大小有关。

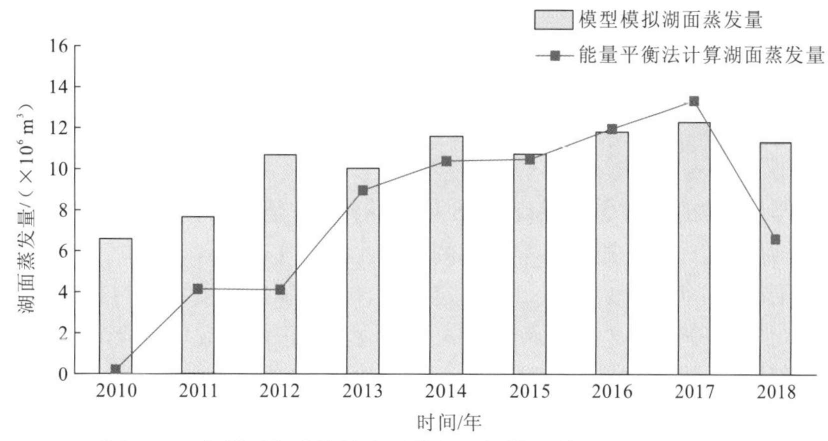

图 5-53　能量平衡法计算湖面蒸发量与模型模拟的湖面蒸发量

横坐标时间为输水前至次年输水前，如 2010 年表示 2010 年 8 月 1 日～2011 年 7 月 31 日

图 5-54 为湿地地下水均衡模拟结果，可以看出，湿地地下水的主要补给来源为地表水，地表水补给地下水的水量与输水量相关；其次为湖水与地下水的交换量，在 2010～2013 年，湿地水位较低，其受到外侧区域 2 的补给量相对较大，随着后期湿地水位上升，

区域 2 对湿地地下水补给量逐渐减小；降水量对区域的补给量相对较小。地下水的主要排泄方式是蒸散发，随着输水量增大，水位升高，对应的潜水蒸发量也相应上升；其次为湿地地下水以径流形式向区域 2 地下水的排泄，随着湿地水位升高，排泄量也逐渐增大。湿地地下水均衡计算结果详见表 5-7。

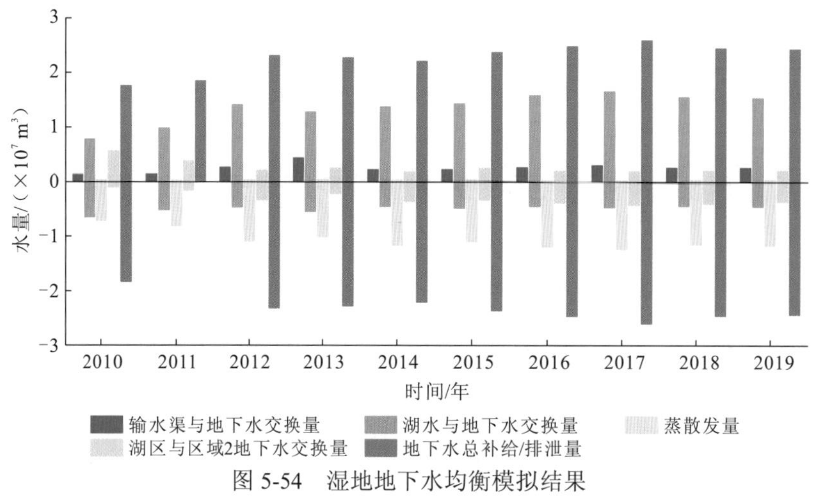

图 5-54　湿地地下水均衡模拟结果

图中时间含义同图 5-53；正值表示地下水的补给量，负值表示地下水的排泄量

5.6　基于湿地生态功能保护的输水方案

本节将通过设置未来不同生态输水方案情景，利用模型模拟各方案情景下的地下水位、湖面面积、地下水埋深和水均衡变化，讨论生态输水管理模式改变对青土湖湿地生态功能的影响，以期为未来青土湖湿地生态输水管理提供合理科学的案例，服务石羊河流域水资源优化管理。

5.6.1　青土湖湿地生态输水现状与管理目标

石羊河流域下游的红崖山水库自 1958 年开始修建，是拦截石羊河后形成的平原水库，水库处在石羊河河道中部，距离石羊河尾闾湖青土湖约 130 km，现库容达到 1.27 亿 m^3，控制流域面积共 1.34 万 km^2。红崖山水库建成后，主要解决民勤绿洲的农田灌溉。从水库的入库水量看，在 2000 年之前进入民勤盆地的地表水总体呈减少态势，且水库的调度未考虑下游河道和青土湖的生态蓄水和补水，曾一度使石羊河下游 100 km 以上的河道废弃和消失，民勤绿洲地下水位下降，植被枯死，土地沙漠化扩大，生态环境进一步恶化。

2007 年，为改善石羊河流域的生态与环境状况，甘肃省发展和改革委员会、甘肃省水利厅编制了《石羊河流域重点治理规划》。自 2010 年，从民勤红崖山水库向青土湖下泄生态用水量约 1 290 万 m^3，2011～2018 年年均下泄水量约 2 958 万 m^3，且呈逐年增大趋势，2017 年下泄水量最多，达到约 3 830 万 m^3。2010 年开始，依托天然河道来水和景电二期延伸向民勤调水工程，红崖山水库向青土湖下泄生态用水。至 2018 年底，红崖山水库累计向青土湖下泄生态水量约 2.495 亿 m^3。

表 5-7 湿地地下水均衡计算结果一览表

项目	补给/排泄项	2010 年	2011 年	2012 年	2013 年	2014 年	2015 年	2016 年	2017 年	2018 年	2019 年
湿地地下水排泄量/m^3	地下水向湖水排泄	6.55×10^6	5.18×10^6	4.66×10^6	5.47×10^6	4.63×10^6	4.92×10^6	4.53×10^6	4.84×10^6	4.58×10^6	4.61×10^6
	地下水向沟渠排泄	2.28×10^2	1.32×10^3	1.19×10^4	6.00×10^3	1.74×10^4	7.22×10^3	1.16×10^4	1.65×10^4	1.23×10^4	1.11×10^4
	地下水储量释放	3.61×10^6	3.90×10^6	4.27×10^6	4.81×10^6	1.97×10^6	4.45×10^6	4.41×10^6	4.46×10^6	4.48×10^6	4.19×10^6
	湿地向区域 2 排泄	9.08×10^5	1.50×10^6	3.25×10^6	2.13×10^6	3.67×10^6	3.26×10^6	3.84×10^6	4.24×10^6	3.97×10^6	3.75×10^6
	大气蒸发	7.11×10^6	8.08×10^6	1.09×10^7	1.03×10^7	1.17×10^7	1.10×10^7	1.19×10^7	1.24×10^7	1.15×10^7	1.17×10^7
	总排泄	1.82×10^7	1.87×10^7	2.31×10^7	2.27×10^7	2.20×10^7	2.36×10^7	2.47×10^7	2.60×10^7	2.45×10^7	2.43×10^7
湿地地下水补给量/m^3	湖水补给地下水	7.78×10^6	9.82×10^6	1.41×10^7	1.27×10^7	1.36×10^7	1.42×10^7	1.57×10^7	1.64×10^7	1.54×10^7	1.52×10^7
	沟渠补给地下水	1.49×10^6	1.43×10^6	2.63×10^6	4.39×10^6	2.18×10^6	2.23×10^6	2.56×10^6	2.91×10^6	2.43×10^6	2.44×10^6
	地下水储量存储	2.32×10^6	3.17×10^6	3.87×10^6	2.85×10^6	4.14×10^6	4.48×10^6	4.25×10^6	4.49×10^6	4.41×10^6	4.34×10^6
	区域 2 向湿地补给	5.65×10^6	3.79×10^6	2.20×10^6	2.46×10^6	1.80×10^6	2.40×10^6	1.95×10^6	1.88×10^6	1.97×10^6	2.01×10^6
	大气补给	2.96×10^5	2.86×10^5	2.70×10^5	2.78×10^5	2.65×10^5	2.71×10^5	2.66×10^5	2.63×10^5	2.65×10^5	2.67×10^5
	总补给	1.75×10^7	1.85×10^7	2.31×10^7	2.27×10^7	2.20×10^7	2.36×10^7	2.47×10^7	2.59×10^7	2.45×10^7	2.43×10^7
湿地地下水排泄量各项百分比/%	地下水向湖水排泄	36.04	27.77	20.18	24.06	21.06	20.82	18.31	18.63	18.68	18.97
	地下水向沟渠排泄	0.00	0.01	0.05	0.03	0.08	0.03	0.05	0.06	0.05	0.05
	地下水储量释放	19.86	20.87	18.50	21.14	8.94	18.86	17.84	17.16	18.29	17.22
	湿地向区域 2 排泄	4.99	8.05	14.09	9.37	16.70	13.80	15.54	16.34	16.19	15.42
	大气蒸发	39.10	43.30	47.18	45.39	53.23	46.49	48.26	47.81	46.78	48.34
湿地地下水补给量各项百分比/%	湖水补给地下水	44.36	53.13	61.15	56.01	61.87	60.18	63.46	63.21	62.87	62.68
	沟渠补给地下水	8.51	7.71	11.38	19.37	9.93	9.48	10.38	11.23	9.95	10.07
	地下水储量存储	13.23	17.12	16.77	12.58	18.83	19.02	17.18	17.29	18.04	17.87
	区域 2 向湿地补给	32.21	20.48	9.53	10.82	8.17	10.17	7.90	7.25	8.06	8.27
	大气补给	1.69	1.55	1.17	1.22	1.20	1.15	1.08	1.02	1.08	1.10

注：年份为当年 8 月 1 日～次年 7 月 31 日，如 2010 年表示 2010 年 8 月 1 日～2011 年 7 月 31 日；数据经修约，加和不为 100%

据《石羊河流域重点治理规划》民勤生态保护的水资源支撑目标，2010 年，地下水停止超采，生态环境恶化得到有效遏制；2020 年，通过进一步合理配置水资源，民勤盆地实现一定量的地下水正均衡，生态环境得到明显改善，其北部地下水埋深小于 3 m 范围逐渐扩大，出现有限的旱区湿地，期望绿洲规模稳定在不小于 1 000 km^2 的水平。在上游来水量较少的年份，按照优先保证生活用水、其次保证重点工业和基本生态用水、剩余水量满足农业和其他用水的配水原则进行分配；而对于来水量充足的年份，按照配水优先序不变、水量不再增加、富余水量满足工农业用水需求后，沿河道下泄。

5.6.2 生态输水情景方案设置

1. 生态输水情景方案的设置思路

根据 5.5 节分析可知，自 2010 年起红崖山水库向青土湖输水，对比十年间青土湖生态输水的情况，每年青土湖入湖水量约占红崖山水库下泄水量的 70%，近年下泄水量约为 3100 万 m^3，入湖水量约为 2200 万 m^3。生态输水量受石羊河流域中上游来水量的约束，而输水量直接影响青土湖入湖水量，从而影响湿地地下水位、湖面面积和地下水埋深。因此，确定生态输水量是生态输水工程中一个重要的环节。在本模型的构建中，直接刻画了青土湖入湖水量而非红崖山水库下泄水量，故在各生态输水情景中直接考虑入湖水量而非红崖山水库下泄水量。

除生态输水入湖量之外，输水时段也是输水工程中需考虑的因素。在过去十年的生态输水工程中，输水时段在不同年份存在差异，一方面受上游来水时间的限制，另一方面实际生态输水工程中对确定生态输水时段有一个探索过程。生态输水最早开始于 6 月上旬，最晚结束于 11 月下旬；而输水时长最短为 50 天，最长为 150 天。在实际生态输水过程中，输水时段存在很大差异，但由于不同年份生态输水量也存在差异，无法单一地评价输水时段的改变对实际输水效果造成的差异。本节设置系列情景，评估同一生态输水量条件下改变输水时段对输水效果的影响，而输水时段可以从输水起始时间和输水时长两方面考虑。

从过去石羊河生态输水数据可知，每年生态输水均为持续性输水。在水管理制度中，通常要结合上游工农业用水，生态输水过程中在部分时间可停止输水优先其他供水使用，其他供水需求减少时间内，优先保证生态输水，可在不同月份协调用水，优化水资源管理。因此本节设置间歇性输水的系列情景，评估间歇性输水的影响。

综上，考虑生态输水量、生态输水时段、间歇性输水方式多个因素对青土湖湿地地下水位、湖面面积、不同地下水埋深范围分布面积及水均衡的影响，针对不同变量设置不同输水情景，并在现状模型的基础上对生态输水进行预测。预测模型中月蒸发量与月降水量采用 2016 年 8 月～2020 年 7 月中对应月份的平均值，最大生态输水入湖量为 2017 年入湖水量（2400 万 m^3/年），现状生态输水入湖量为 2016～2019 年入湖水量的平均值，（2274 万 m^3/年）。表 5-8 为设置的不同生态输水情景方案。

表 5-8　不同生态输水情景设置一览表

情景		具体设置	变量	理由或目的
大类	子类			
一	第 1 组 1～6	在现状模型的基础上，未来 20 年青土湖生态输水入湖量分别设置为最大入湖量的 10%、25%、50%、75%、90%、100%保证率	生态输水量	预测未来 20 年内以不同保证率下生态输水入湖量，地下水位、湖面积、旱区湿地面积及水均衡的变化，为当地输水量管理提供参考
	第 2 组 7～24	a.在现状模型的基础上，预测未来 1 年内分别以最大入湖量的 10%、25%、50%、75%、90%、100%保证率输水，第 2 年使调控点（0 号地下水位观测点）地下水位恢复至现状年（2020 年）所需生态输水入湖量 b.在现状模型的基础上，预测未来 2 年内分别以最大入湖量的 10%、25%、50%、75%、90%、100%保证率输水，第 3 年使调控点（0 号地下水位观测点）地下水位恢复至现状年所需生态输水入湖量 c.在现状模型的基础上，预测未来 3 年内分别以最大入湖量的 10%、25%、50%、75%、90%、100%保证率输水，第 4 年使调控点（0 号地下水位观测点）地下水位恢复至现状年所需生态输水入湖量	生态输水量	丰水年、平水年和枯水年的水文特征不同，在该年份中上游的可输水能力也不同。若遇枯水年，水量缺少的情况，次年可以通过改变输水量从而使生态不退化；反之若遇丰水年，水量较充足，下一年是否可以减少输水量，协调用水，节约水资源的同时，保持下游输水量合适。为丰水年、平水年和枯水年的生态输水管理提供依据
二	25	在现状模型的基础上，未来 50 年停止生态输水。在该方案情景中，不考虑气候变化条件、极度干旱湿润年的影响，蒸发量和降水量取近 4 年平均值	生态输水量	预测当停止生态输水后，未来 50 年青土湖湿地地下水位、湖面积、旱区湿地面积、水均衡变化
三	第 1 组 26～30	生态输水入湖总量为现状入湖量，输水起始时间为每年 8 月 1 日；将输水时长分别设置为 60 天、75 天、90 天、105 天、120 天	输水时段 （输水时长）	现状输水时长为 90 天左右，考虑缩短或者增加输水时长，地下水流场、湖面积、湖面蒸发量和湿地地下水蒸发量对比现状是否会产生差异
	第 2 组 31～37	生态输水入湖总量为现状入湖量，输水时长均为 90 天；将输水起始时间分别设置为每年 6 月 1 日、6 月 16 日、7 月 1 日、7 月 16 日、8 月 1 日、8 月 16 日、9 月 1 日	输水时段 （输水起始时间）	现状输水每年起始时间为 8 月 1 日前后，考虑适当提前放水或者延后放水，地下水位、湖面积、湖面蒸发量和湿地地下水蒸发量的变化，为实际生态输水过程提供合适的输水时段参考
四	38～41	生态输水入湖总量为现状入湖量，输水总时长均为 90 天，每年从 8 月 1 日起开始输水。a.持续性输水方案情景为持续输水 90 天。b.间歇性输水方案情景，第一输水时段时长为 30 天，间歇停止输水 30 天，第二输水时段开始输水，输水时长为 30 天。其中根据每个输水时段输水量不同，将其分为三种情景：①第一和第二输水时段输水量占总输水量的 25%和 75%；②第一和第二输水时段输水量占总输水量的 50%和 50%；③第一和第二输水时段输水量占总输水量的 75%和 35%	持续性输水与间歇性输水	现状输水为持续输水 90 天，考虑间歇性放水，地下水位、湖面积、湖面蒸发量以及湿地地下水蒸发量的变化，为实际生态输水过程提供合适的输水时间参考

2. 生态输水方案情景的设置

1）不同生态输水入湖量保证率下情景

生态输水量的大小直接决定入湖量的大小。确定年输水量是生态输水工程中一个重要的环节，输水量的大小直接影响下游的生态环境。在实际输水过程中需要考虑众多因素，如输水当年的水文特征（丰水年、平水年、枯水年），在输水区上游从黄河可调水量等。除考虑上游可来水量外，对湿地来说入湖水量并非越大越好，选择合适的生态输水量及入湖水量，一方面可以确保有效地利用水资源，另一方面可保持湿地生态环境健康。通过评估不同保证率下的入湖水量，可以为不同水文特征年提供输水依据。2017年入湖水量为2400万m^3，该年生态输水量和入湖水量均为2010～2019年的最大水量，因此以最大入湖量2400万m^3表示最大可输水的能力。用P表示生态输水入湖量保证率，考虑当P=10%、P=25%、P=50%、P=75%、P=90%、P=100%不同生态输水入湖水量的情景，情景设置及入湖水量见表5-9。

表5-9 不同生态输水入湖量保证率下情景的入湖水量

保证率 P/%	入湖水量/（万 m^3）	保证率 P/%	入湖水量/（万 m^3）
10	240	75	1 800
25	600	90	2 160
50	1 200	100	2 400

在不同生态输水入湖量保证率下的系列情景中，设有如下两组情景。

（1）第1组模拟情景：在现状模型的基础上，假设未来20年分别以P=10%、P=25%、P=50%、P=75%、P=90%、P=100% 6种不同生态输水入湖量保证率持续输水，预测未来20年内地下水位时空变化、湖面面积、地下水埋深分布面积及水均衡的变化。其中，水均衡项包括湖水与地下水的交换量、湿地地下水与湿地外地下水的侧向交换量、湖面蒸发量、湿地地下水蒸发量。可通过上述模拟结果分析得到适宜的入湖水量，为当地生态输水工程与资源管理提供依据与参考。

（2）第2组模拟情景：从过去近70年气象数据可知，最长连续枯水年的连续时间为3年，平水年的最长连续时间为7年，而丰水年的最长连续时间为2年。因此在该系列情景中仅考虑以某一生态输水入湖量保证率下，输水1年、2年、3年的情况，即考虑4年内的水量调配。具体为：①在现状模型的基础上，假设分别以P=10%、P=25%、P=50%、P=75%、P=90%、P=100% 6种不同生态输水入湖量保证率持续输水1年，预测第2年使调控点（0号水位观测点）恢复至现状时分别需要的生态输水入湖量；②假设分别以6种不同生态输水入湖量保证率持续输水2年，预测第3年使调控点（0号水位观测点）恢复至现状时分别需要的生态输水入湖量；③假设分别以6种不同生态输水入湖量保证率持续输水3年，预测第4年使调控点（0号水位观测点）恢复至现状时分别需要的生态输水入湖量。结合上述描述，共设有18种情景，各情景设置见表5-10。

表 5-10 不同生态输水入湖量保证率下持续输水 1～3 年后水位恢复情景

保证率 P/%	情景编号	情景设置
10	S1	输水 1 年，预测第 2 年使调控点地下水位恢复所需入湖水量 Q_1
	S2	输水 2 年，预测第 3 年使调控点地下水位恢复所需入湖水量 Q_2
	S3	输水 3 年，预测第 4 年使调控点地下水位恢复所需入湖水量 Q_3
25	S4	输水 1 年，预测第 2 年使调控点地下水位恢复所需入湖水量 Q_4
	S5	输水 2 年，预测第 3 年使调控点地下水位恢复所需入湖水量 Q_5
	S6	输水 3 年，预测第 4 年使调控点地下水位恢复所需入湖水量 Q_6
50	S7	输水 1 年，预测第 2 年使调控点地下水位恢复所需入湖水量 Q_7
	S8	输水 2 年，预测第 3 年使调控点地下水位恢复所需入湖水量 Q_8
	S9	输水 3 年，预测第 4 年使调控点地下水位恢复所需入湖水量 Q_9
75	S10	输水 1 年，预测第 2 年使调控点地下水位恢复所需入湖水量 Q_{10}
	S11	输水 2 年，预测第 3 年使调控点地下水位恢复所需入湖水量 Q_{11}
	S12	输水 3 年，预测第 4 年使调控点地下水位恢复所需入湖水量 Q_{12}
90	S13	输水 1 年，预测第 2 年使调控点地下水位恢复所需入湖水量 Q_{13}
	S14	输水 2 年，预测第 3 年使调控点地下水位恢复所需入湖水量 Q_{14}
	S15	输水 3 年，预测第 4 年使调控点地下水位恢复所需入湖水量 Q_{15}
100	S16	输水 1 年，预测第 2 年使调控点地下水位恢复所需入湖水量 Q_{16}
	S17	输水 2 年，预测第 3 年使调控点地下水位恢复所需入湖水量 Q_{17}
	S18	输水 3 年，预测第 4 年使调控点地下水位恢复所需入湖水量 Q_{18}

该部分情景设置考虑了可能的实际管理情况：不同年份的水文特征不同，丰水年、平水年和枯水年的可输水能力也不同。若遇枯水年，在用水量缺少的情况下，次年通过改变输水量从而使生态不退化；反之，若遇丰水年，在水量充足的情况下，次年通过改变输水量，一方面可以避免大的输水量造成地下水位过高导致土壤盐渍化，另一方面可实现水资源的合理协调分配，为多年协调用水管理提供依据，前多后少，前少后多，合理有效调配水资源。

2）停止输水情景

停止输水情景是在现状模型的基础上，假设未来 50 年石羊河流域将不再对下游实施输水工程，且不考虑其他方式的人为影响，预测青土湖的生态环境。在该情景中，不考虑极端干旱、极端湿润气候条件的影响，月蒸发量与月降水量采用 2016 年 8 月～2020 年 7 月中对应月份的平均值。判断生态环境的指标主要为地下水位、湖面面积、地下水埋深。通过该情景预测青土湖湿地地下水位降至适宜水位及临界水位时分别需要的时间、地下水埋深分布面积的变化和各水均衡项的变化。

3）不同输水时段情景

不同输水时段的系列情景是在现状模型的基础上，假设输水量为现状输水量，将预测模型设置为 10 年。过去的生态输水过程为不定时段输水。为研究在相同生态输水入湖量的情况下，改变输水时段对地下水位、湖面面积和地下水埋深等造成的影响，设置不同输水时段输水的情景方案。

在生态输水过程中，当改变输水起始时间或输水时长时，输水时段均会发生变化，因此，在该大类情景中设置如下两组情景模型。

（1）第 1 组模拟系列情景：由于石羊河下游生态输水工程近年输水时长大约为 90 天，将输水时长确定为 90 天，仅改变输水起始时间，研究输水起始时间对地下水位、地下水埋深分布面积等影响，进一步探究最适宜输水起始输水时间。在 2010～2019 年石羊河生态输水工程中，输水最早开始于 6 月上旬，最晚开始于 9 月上旬。以此，将输水起始时间分别设置为 6 月 1 日、6 月 16 日、7 月 1 日、7 月 16 日、8 月 1 日、8 月 16 日、9 月 1 日，共设置 7 个输水情景。各情景具体输水时段见表 5-11。

表 5-11　输水时段情景设置一览表

情景设置		输水时段
第 1 组模拟系列情景（输水起始时间）	6 月 1 日	6 月 1 日～8 月 31 日
	6 月 16 日	6 月 16 日～9 月 15 日
	7 月 1 日	7 月 1 日～9 月 30 日
	7 月 16 日	7 月 16 日～10 月 15 日
	8 月 1 日	8 月 1 日～10 月 31 日
	8 月 16 日	8 月 16 日～11 月 15 日
	9 月 1 日	9 月 1 日～11 月 30 日
第 2 组模拟系列情景（输水时长）	60 天（2 个月）	8 月 1 日～9 月 30 日
	75 天（2.5 个月）	8 月 1 日～10 月 15 日
	90 天（3 个月）	8 月 1 日～10 月 31 日
	105 天（3.5 个月）	8 月 1 日～11 月 15 日
	120 天（4 个月）	8 月 1 日～12 月 1 日

（2）第 2 组模拟系列情景：在该系列模拟情景中，将输水起始时间确定为每年 8 月 1 日，改变输水时长，研究输水时长对地下水位、地下水埋深分布面积等影响，进一步探究最适宜输水时长。在 2010～2019 年石羊河生态输水工程中，输水时长最短为 50 天，最长为 150 天，但此最长与最短的输水时长均是极少数年份的特例。在该系列情景中，将输水时长分别设置为 60 天（2 个月）、75 天（2.5 个月）、90 天（3 个月）、105 天（3.5 个月）、120 天（4 个月），共设置 5 个输水情景。各情景具体输水时段见表 5-11。

4）间歇性输水方式情景

2010～2019 年石羊河输水工程均为持续性输水，为考虑与工农业的协调用水，在保持总输水量不变的条件下，设置间歇性输水方式情景。结合现状输水情况，输水时间为每年 8 月 1 日，总输水时长为 90 天，在现状的基础上，仅考虑“输水一个月—停止输水一个月—输水一个月”的情景，改变第一输水时段和第二输水时段的输水量占比，研究间歇性输水方式对输水结果的影响。输水结果主要通过评估不同情景下生态输水对地下水位、湖面面积及各水均衡项的影响。

在该系列情景中，共设置 4 个情景，其中 3 种情景设置为以间歇性输水方式输水，改变不同输水时段输水量占比，第 4 种情景为仅包含一个输水时段，持续性输水直至输水结束，具体情景设置见表 5-12。

表 5-12　间歇性输水方式情景设置一览表

情景设置	第一输水时段（30 天）输水量占比/%	第二输水时段（30 天）输水量占比/%
间歇性输水	50	50
间歇性输水	75	25
间歇性输水	25	75
持续性输水	100（持续输水 90 天）	

5.6.3　不同生态输水情景下的模拟与评估

1. 不同生态输水入湖量保证率情景的模拟分析与评估

1）地下水位时空变化特征

根据所概化的不同入湖量保证率的情景方案，将入湖水量分别设置为最大入湖量的 10%、25%、50%、75%、90%和 100%，现状生态输水入湖量约为最大生态输水入湖量的 90%。模拟结果显示：从时间尺度上，当入湖量保证率为 10%、25%、50%、75%时，地下水等水位线逐渐向湿地内移动。由图 5-55 可知，在 2020～2025 年，湿地整体地下水位下降且变化较为剧烈，在 2025 年之后，等水位线仍然有向内移动的趋势，地下水位下降但变化缓慢。当保证率为 90%时，预测模型显示，在未来 20 年内地下水位基本不变。当保证率为 100%时，由模型预测结果可以看出，在 2020～2025 年地下水位上升较为明显，2025 年后地下水位以较高的水位值保持不变。

由图 5-56 可知，当生态输水入湖量保证率为 10%、25%、50%、75%时，与现状年地下水等水位线相比，地下水位整体降低，对湿地水位影响最大，且入湖水量越小水位下降程度越大。而当生态输水入湖量保证率为 90%，地下水位等水位线与现状年地下水等水位线基本保持一致。当生态输水入湖量保证率为 100%时，由地下水等水位线图可知，水位整体上升，对湿地地下水位上升最大。入湖水量越大，地下水位升高程度越大；入湖水量越小，湿地地下水位变化越大。

对单个观测点来说，由图 5-56 可知：当生态输水入湖量保证率为 10%、25%、50%时，各观测点地下水位均出现较大幅度的下降，湿地东北部 0 号观测点和 1 号观测点地下水位逐年缓慢下降；位于湿地及湿地南部位置的地下水位观测点，在以较小保证率输

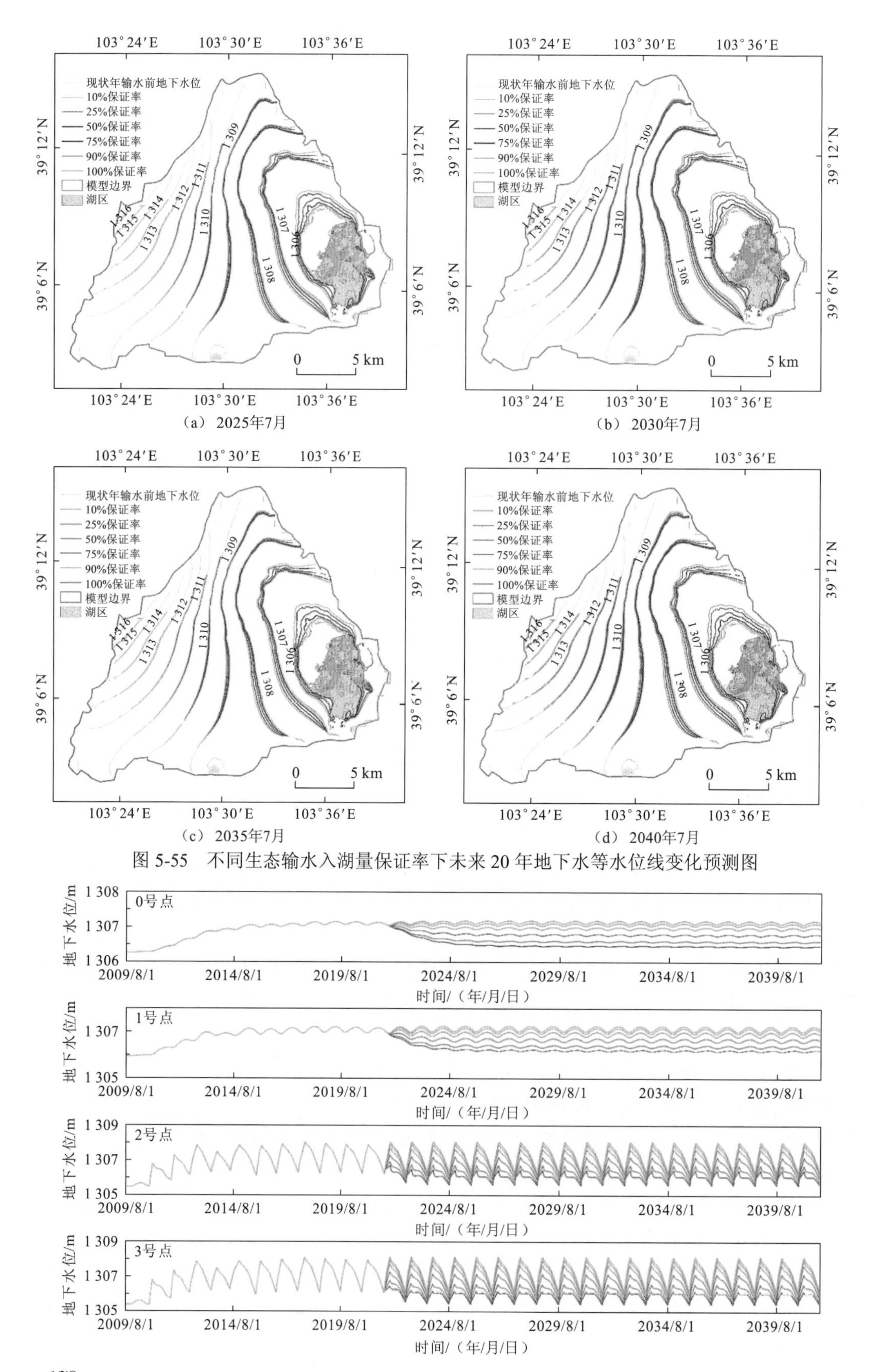

图 5-55　不同生态输水入湖量保证率下未来 20 年地下水等水位线变化预测图

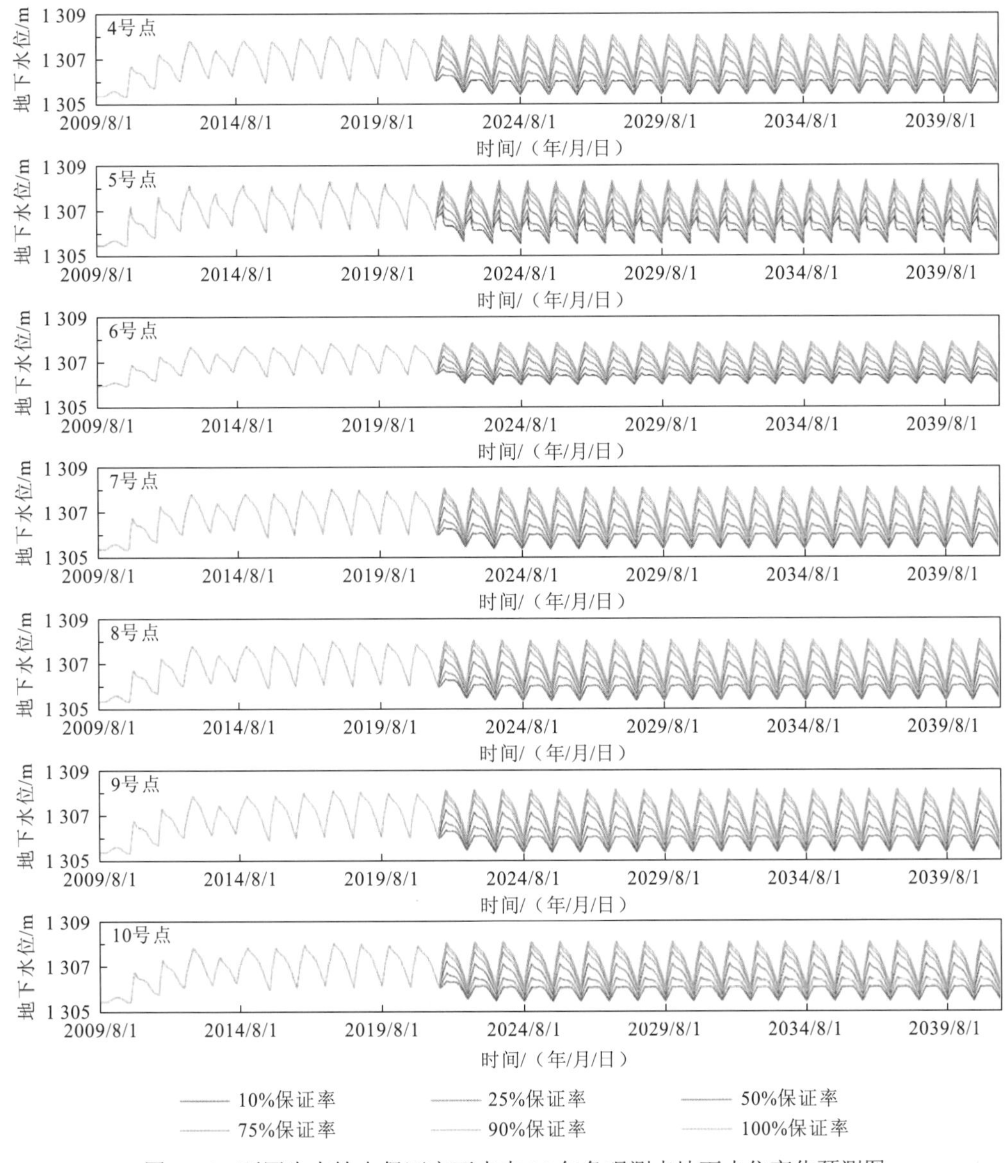

图 5-56　不同生态输水保证率下未来 20 年各观测点地下水位变化预测图

水 1 年后，地下水位急剧下降并在未来 20 年基本保持稳定。当生态输水入湖量保证率为 75%时，各观测点地下水位对比现状年（2020 年）略微下降，但下降幅度较小。当生态输水入湖量保证率为 90%时，各观测点地下水位与现状年对比处于较为稳定和平缓的状态，无明显的水位上升或下降趋势。当生态输水入湖量保证率为 100%时，各观测点对比现状年地下水位略微上升。

2）湖面面积及地下水埋深变化特征

湖面面积和地下水埋深是表征湿地生态系统是否健康的重要指标。以不同生态入湖量保证率下持续输水 20 年，湖面面积的模拟结果见图 5-57。由图可知：当生态输水入湖量保证率为 10%时，在未来 20 年内每年最大湖面面积可达到 8.1 km^2；当生态输水入湖量保证率为 25%时，在未来 20 年内每年最大湖面面积为 9.46 km^2；当生态输水入湖量保证率为 50%时，在未来 20 年每年最大湖面面积可达到 11.51 km²；当生态输水入湖量保证率为 75%时，在未来 20 年每年最大湖面面积可达到 13.46 km²；当生态输水入湖量保证率为 90%时，每年最大湖面面积为 14.6 km²；当生态输水入湖量保证率为 100%时，每年最大湖面面积为 15.5 km²，大于现状年湖面面积。随着生态输水入湖量增大，最大湖面面积不断增大。当保证率为 90%时，湖面面积与现状年相对差异较小；当保证率小于 90%时，湖面面积减小，当保证率大于 90%时，湖面面积增大。

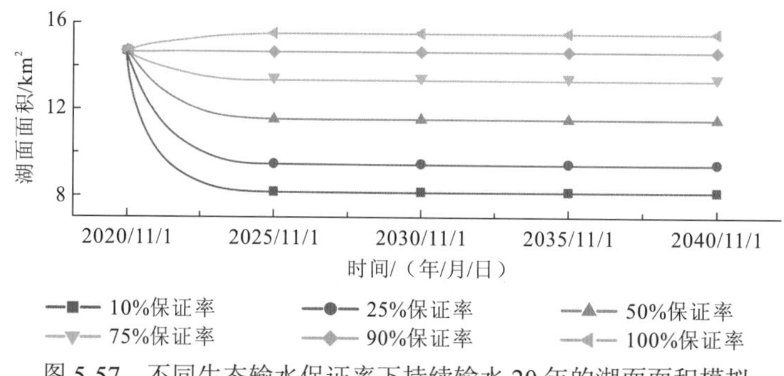

图 5-57　不同生态输水保证率下持续输水 20 年的湖面面积模拟

生态输水入湖量的大小直接影响地下水位的升降，地下水埋深也随之变化。表 5-13 和表 5-14 分别预测了地下水位最高时不同生态输水入湖量保证率下 2040 年地下水埋深小于 1 m、2 m、3 m 的最大和最小分布面积。由表 5-13 可知：当生态输水入湖量保证率为 10%时，地下水埋深小于 1 m、2 m、3 m 范围的最大分布面积分别为 14.09 km²、17.39 km²、22.75 km²；当生态输水入湖量保证率为 100%，地下水埋深小于 1 m、2 m、3 m 范围的最大分布面积分别为 20.26 km²、25.41 km²、29.87 km²。

表 5-13　2040 年不同生态输水入湖量保证率下地下水埋深最大分布面积预测

生态输水入湖量保证率/%	分布面积/km²		
	地下水埋深<1 m	地下水埋深<2 m	地下水埋深<3 m
10	14.09	17.39	22.75
25	14.95	18.70	24.46
50	16.4	21.16	26.84
75	18.25	23.46	28.58
90	19.46	24.68	29.40
100	20.26	25.41	29.87

注：地下水埋深范围为具有高精度高分辨率高程数据的区域

由表 5-14 可知，生态输水入湖量越小，20 年后地下水埋深小于 3 m 的最小分布面积越小。当生态输水入湖量保证率为 10%时，地下水埋深小于 3 m 的最小分布面积为 20.41 km²。当生态输水入湖量保证率为 100%时，2040 年地下水埋深小于 3 m 的最小面积为 23.71 km²。

表 5-14　2040 年不同生态输水入湖量保证率下地下水埋深最小分布面积预测

生态输水入湖量保证率/%	分布面积/km²		
	地下水埋深<1 m	地下水埋深<2 m	地下水埋深<3 m
10	12.75	16.05	20.41
25	13.00	16.34	20.91
50	13.43	16.91	21.79
75	13.86	17.59	22.72
90	14.15	18.08	23.31
100	14.49	18.48	23.71

注：地下水埋深范围为具有高精度高分辨率高程数据的区域

3）青土湖湿地水均衡变化特征

模型预测结果除地下水位、湖面面积、地下水埋深之外，水均衡变化也是重要的一部分。因此，首先对预测模型 2040 年的水均衡做统计，结果见表 5-15，在 2020 年模型计算水均衡的基础上，按照不同生态输水入湖量保证率输水，预测未来 20 年水均衡变化，结果见图 5-58～图 5-61。

表 5-15　不同生态输水入湖量保证率下 2021～2040 年青土湖湿地年均水均衡预测

生态输水入湖量保证率/%	湖水向地下水净补给量/（$\times10^6$m³）	渠道向地下水补给量/（$\times10^6$m³）	湿地向区外净侧向流出量/（$\times10^6$m³）	湖区地下水蒸发量/（$\times10^6$m³）	湖面蒸发量/（$\times10^6$m³）
10	-3.64	3.58	-6.55	7.07	6.47
25	-0.83	3.37	-4.94	7.93	7.39
50	3.78	3.02	-2.24	9.37	8.94
75	8.23	2.68	0.35	10.86	10.65
90	10.83	2.48	1.83	11.77	11.71
100	12.55	2.35	2.80	12.38	12.46

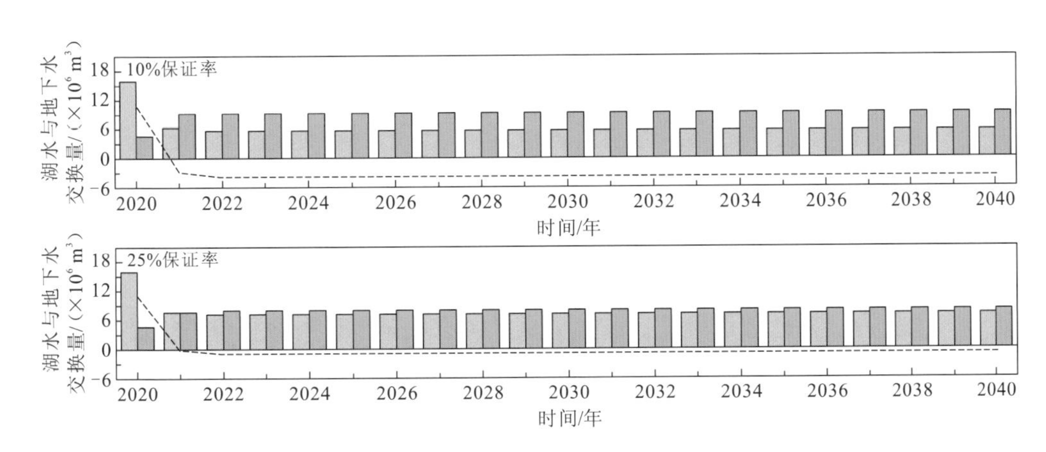

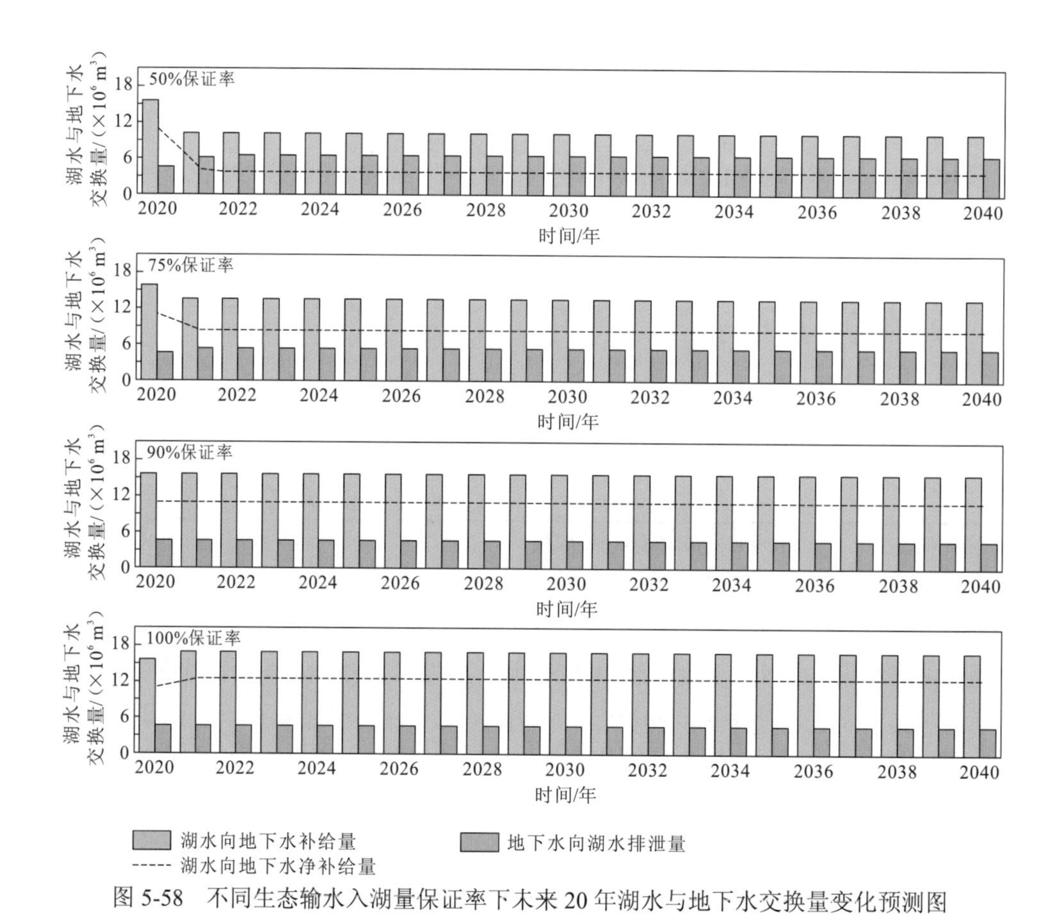

图 5-58 不同生态输水入湖量保证率下未来 20 年湖水与地下水交换量变化预测图

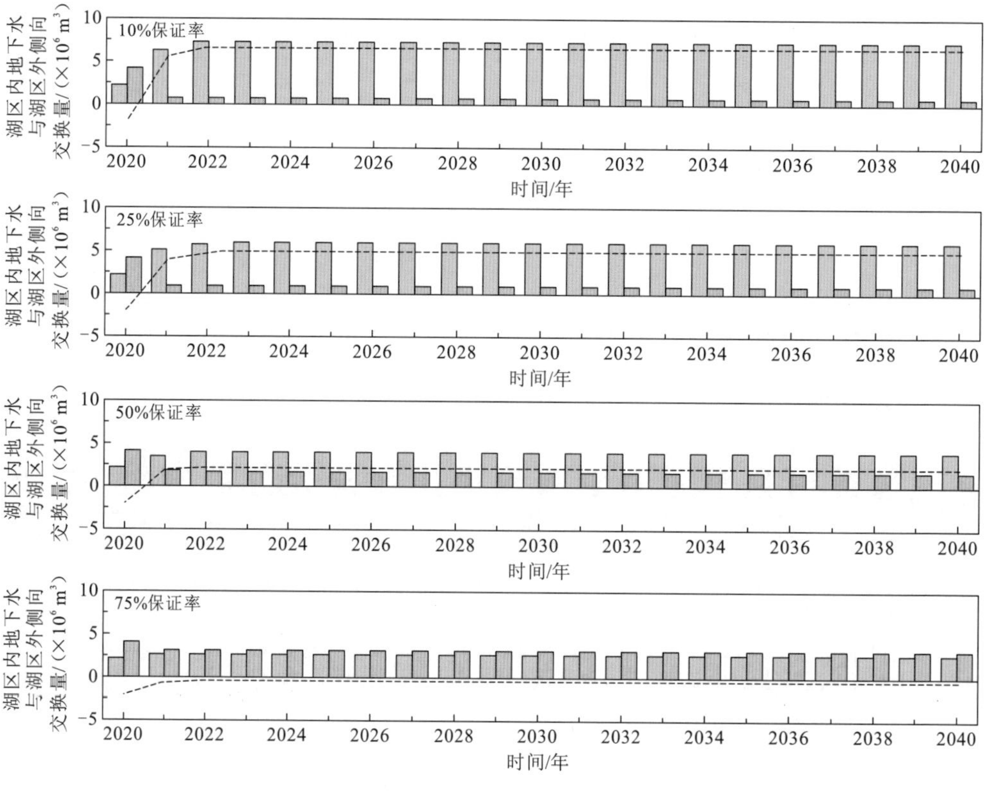

10%保证率

25%保证率

50%保证率

75%保证率

湖区内地下水与湖区外侧向交换量/($\times 10^6$ m^3)

时间/年

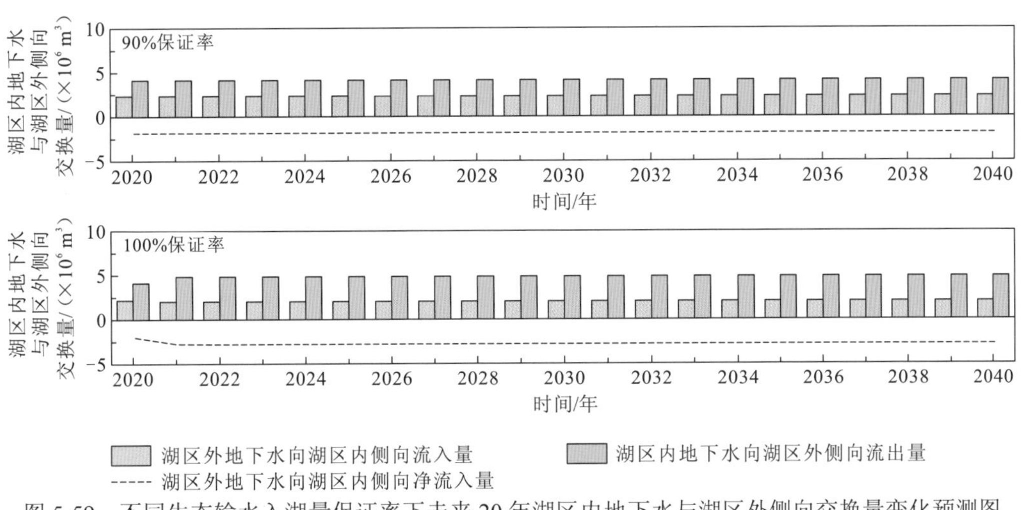

图 5-59　不同生态输水入湖量保证率下未来 20 年湖区内地下水与湖区外侧向交换量变化预测图

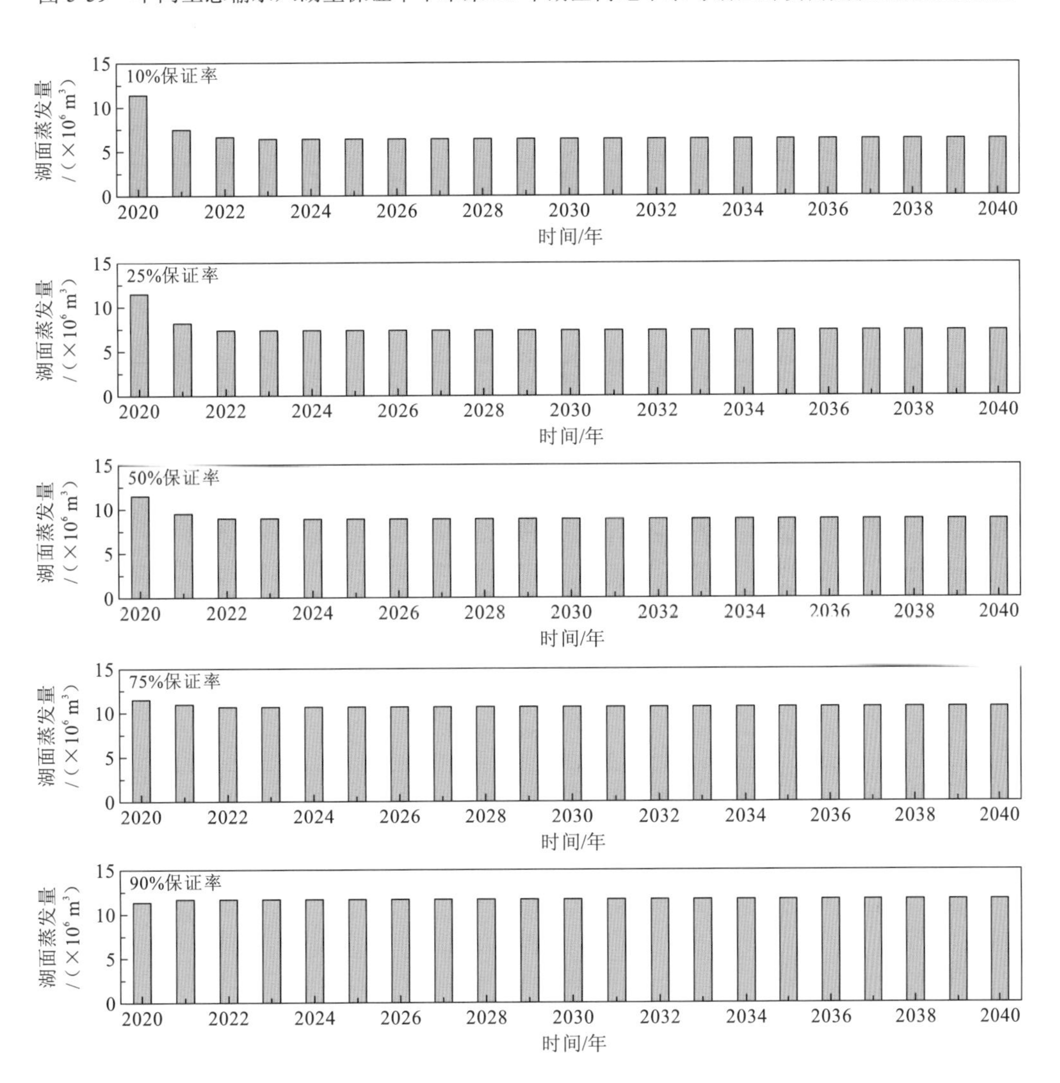

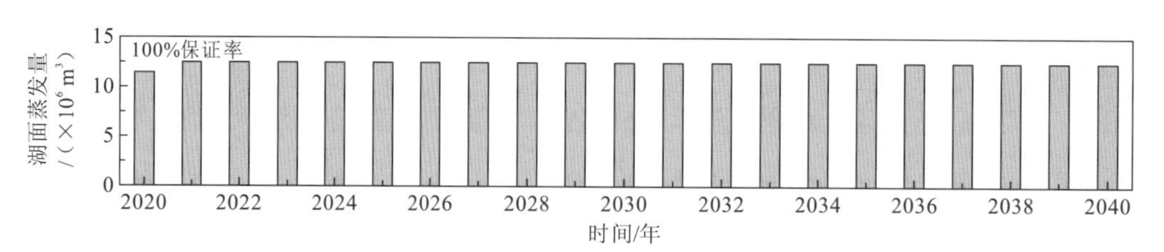

图 5-60　不同生态输水入湖量保证率下未来 20 年湖面蒸发量变化预测图

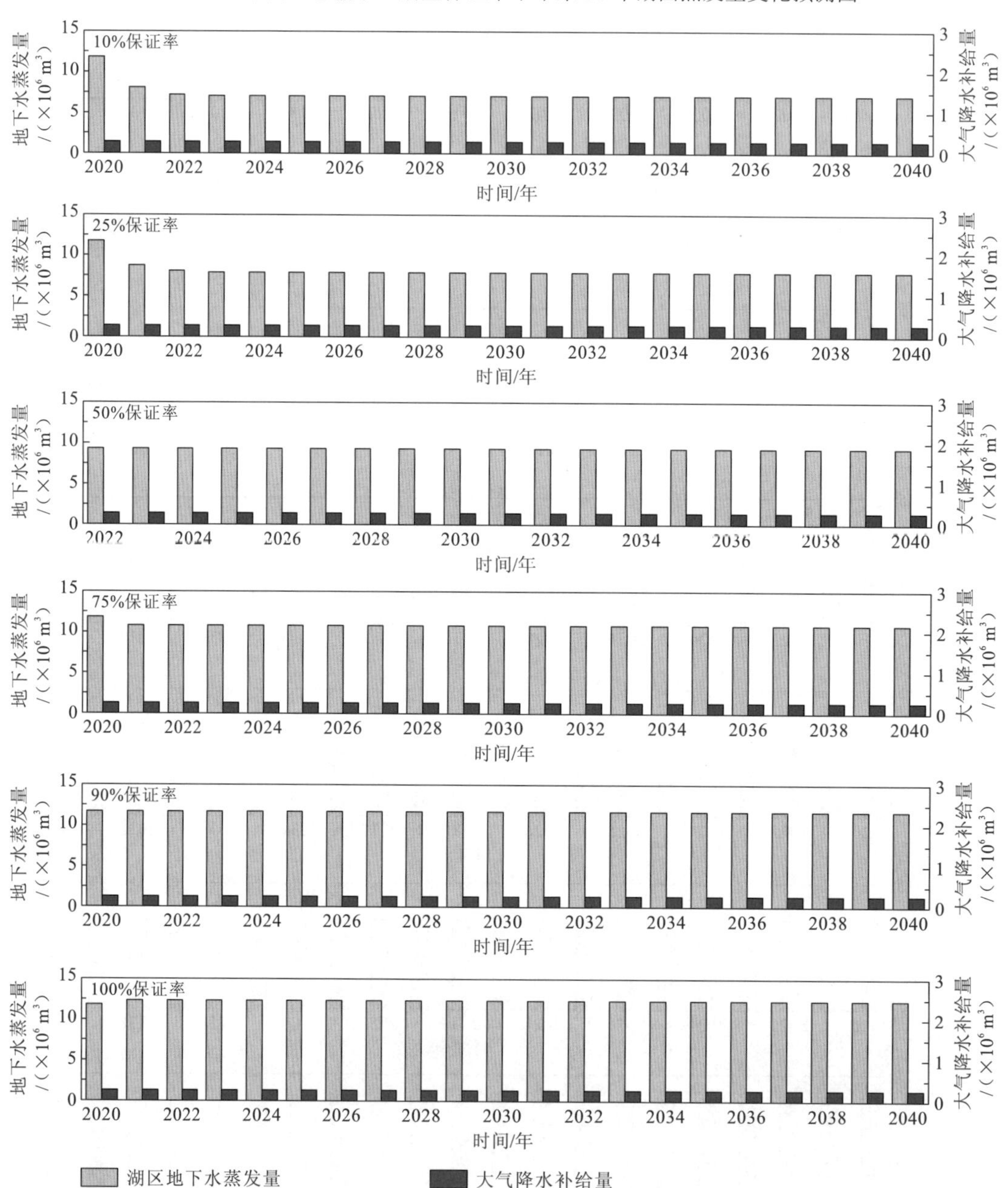

图 5-61　不同生态输水入湖量保证率下未来 20 年湿地地下水蒸发量与大气降水补给量变化预测图

在现状模型的基础上，按照所设计的 20 年不同生态输水入湖量保证率的条件输水，湖水与地下水交换量结果见图 5-58。未来 20 年持续以 10%保证率的入湖量输水，地下水向湖水的排泄量大于湖水向地下水的补给量，总体表现为地下水向湖水排泄。2021 年地下水向湖水的排泄量最小，2040 年地下水向湖水的排泄量为 $3.64\times10^6\ m^3$。当生态输水入湖量保证率为 25%时，模型预测结果显示地下水向湖水的排泄量大于湖水向地下水的补给量，地下水每年向湖水的排泄量为 $8.3\times10^5\ m^3$。当入湖量保证率为 50%时，不同于入湖水量较小的情景，湖水与地下水的交换量整体表现为湖水补给地下水，在 2040 年湖水补给地下水 $3.78\times10^6\ m^3$。当入湖量保证率为 75%时，湖水向地下水的年均净补给量为 $8.23\times10^6\ m^3$。当生态输水入湖量保证率为 90%时，更多的湖水向地下水补给，在 2040 年湖水向地下水的补给量可达到 $10.83\times10^6\ m^3$。当入湖水量为最大值，即入湖量保证率为 100%时，湖水补给地下水量为 $12.55\times10^6\ m^3$。生态输水入湖水量越大，湖水向地下水的渗漏量越大。当生态输水入湖量保证率不大于 25%（即入湖量为 $6\times10^6\ m^3$）时，地下水向湖水排泄；当生态输水入湖量保证率为不小于 50%，湖水向地下水补给。

当生态输水水量流入湿地并补给地下水后，由于入湖水量的不同，地下水位会出现升高、不变或降低的情况，从预测的未来 40 年地下水等水位线来看，在湿地外地下水位也会出现不同程度地抬升或下降，这是湿地内地下水与湿地外地下水的侧向流动造成的，因此研究区内外地下水的侧向交换量至关重要，可以一定程度上评估生态输水的影响范围。

图 5-59 为不同生态输水入湖量保证率下未来 20 年湖区内地下水与湖区外侧向交换量模拟变化预测图。由图可知：当生态输水入湖量保证率为 10%、25%和 50%时，湖区外地下水向湖区内补给，整体表现为地下水由湿地外向区内流入；当保证率为 75%时，由水均衡结果可知，湖区内地下水与湖区外的侧向交换量接近 0，地下水表现为由湿地外补给湿地内向湿地内补给湿地外的转变；当生态输水入湖量保证率为 90%时，年均湖区内向湖区外的地下水侧向排泄量为 $1.83\times10^6\ m^3$；与现状湿地侧向流出量相比，当生态输水入湖量保证率为 100%时，湖区内向湖区外的年侧向排泄量增大。情景模型结果显示，随着入湖水量增大，湿地内向湿地外地下水侧向排泄量增大，反之减小。

在蒸发强烈的干旱区，地下水的蒸发量和湖面蒸发量是水均衡评估中不可忽视的重要因素。图 5-60 为不同生态输水入湖量保证率下未来 20 年湖面蒸发量预测。当生态输水入湖量保证率为 10%时，湖面蒸发量为 $6.47\times10^6\ m^3$，当生态输水入湖量为 100%时，湖面蒸发量为 $12.46\times10^6\ m^3$。由图 5-60 可知，随着生态输水量增加，湖面面积增大，湖面蒸发量也显著增大。

湿地地下水的蒸发是重要的排泄方式之一，图 5-61 为不同生态输水入湖量保证率下未来 20 年湿地地下水蒸发量与大气降水补给量变化预测。在干旱半干旱区，通常大气降水入渗量对地下水的补给是微不足道的，因此在这里仅分析地下水蒸发量。当生态输水入湖量保证率为 10%时，入湖水量最小，湖水向地下水的补给量随之减少，湿地地下水位较低，地下水埋深大，地下水的蒸发量最小。同理，当入湖量保证率为 20%、50%、75%时，对比现状年，蒸发量较小。当生态输水入湖量保证率为 90%时，湿地地下水蒸发量为 $11.71\times10^6\ m^3$，与现状年蒸发量相近。当生态输水入湖量保证率为 100%时，湿地地下水蒸发量最大。结合上述地下水埋深分布面积范围可知：当入湖水量增大，地下水位升高，地下水埋深减小，促进了地下水的蒸发；当入湖水量减少，湿地地下水位降低，地下水埋深整体增大，尽管干旱区有很大的潜在蒸发量，但地下水埋深的增大限制了地下水的蒸发。

从上述水均衡结果分析可知，与现状年相比，在预测情景中，当入湖量保证率为 10%和 25%时，水均衡整体为地下水补给湖水。当入湖量保证率为 10%、25%和 50%时，湿地外侧向补给湿地内地下水，这表明当入湖水量小于最大入湖量的 50%时，即入湖水量为 12×10^6 m^{3}时，不能满足湿地生态需水量的基本需求。当生态输水入湖量保证率为 90%时，入湖水量与现状输水量相近，各均衡项与现状年相近。当生态输水入湖量保证率为 100%，湖水向地下水的补给量、湿地内地下水向湿地外侧向流出量增大，同时地下水位抬升，湖面面积增大，使湿地地下水蒸发量和湖面蒸发量均增大。

4）现状条件下合理生态输水入湖量评估

结合未来 20 年的预测模型的结果，对比不同生态输水入湖量保证率下，分析该系列情景的第 2 组情景模拟结果，评估现状条件下较为合理的生态输水入湖水量。表 5-16 为 S1～S18 各情景恢复水位的所需入湖水量。

表 5-16　不同生态输水入湖量保证率下持续 1～3 年输水恢复原水位所需入湖水量

生态输水入湖量保证率/%	使 0 号点水位恢复现状值所需入湖量/m^3		
	持续输水 1 年	持续输水 2 年	持续输水 3 年
10	3.63×10^7	4.32×10^7	4.64×10^7
25	3.40×10^7	3.97×10^7	4.20×10^7
50	2.98×10^7	3.33×10^7	3.45×10^7
75	2.56×10^7	2.70×10^7	2.75×10^7
90	2.31×10^7	2.34×10^7	2.34×10^7
100	2.15×10^7	2.10×10^7	2.07×10^7

当以 10%生态输水入湖量保证率持续输水 3 年时，使 0 号观测点（调控点）恢复现状水位所需入湖水量为 4.64×10^7 m^3，而当以 100%生态输水入湖量保证率持续输水 3 年时，使 0 号观测点的地下水位恢复至现状水位时，仅需 2.07×10^7 m^3。以不同生态输水入湖量保证率持续输水 1～3 年后，在第 2～4 年使地下水位恢复原水位的入湖水量存在明显差异。

综上，在不同生态输水入湖量保证率下输水，第 1 组模拟情景预测未来 20 年的不同保证率，当生态输水入湖量保证率为 10%、25%、50%时，不能满足生态湿地生态需水量，最合理的生态输水入湖量保证率为 90%，即入湖量为 2.16×10^7 m^3，合理生态输水入湖量保证率区间为 75%～100%。

2. 停止输水情景的模拟分析与评估

1）地下水位变化特征

在 2010～2019 年生态输水工程实施之后，由前述内容可知，青土湖湖面面积增大，湿地地下水位抬升。0 号观测点（调控点）位于青土湖湿地东北角，假设在现状基础上停止输水，预测未来 50 年 0 号点地下水位变化。

对 0 号观测点来说，适宜地下水埋深为 2.91 m，临界地下水埋深为 2.60～3.22 m，极限地下水埋深为小于 2.18 m 或大于 3.64 m。

以现状模型为基础，停止生态输水后，预测结果（图 5-62）显示 0 号观测点的地下水位在 2 年内急剧下降。停止输水 1 年后，即 2022 年输水之前，地下水位可降至临界地下水位（埋深为 3.22 m）之下；停止输水 2 年后，0 号观测点地下水位可由临界地下水位降至极限地下水位（埋深为 3.64 m）之下；停止输水 4 年后，地下水位保持稳定，且地下水位缓慢下降至生态输水前的地下水位。

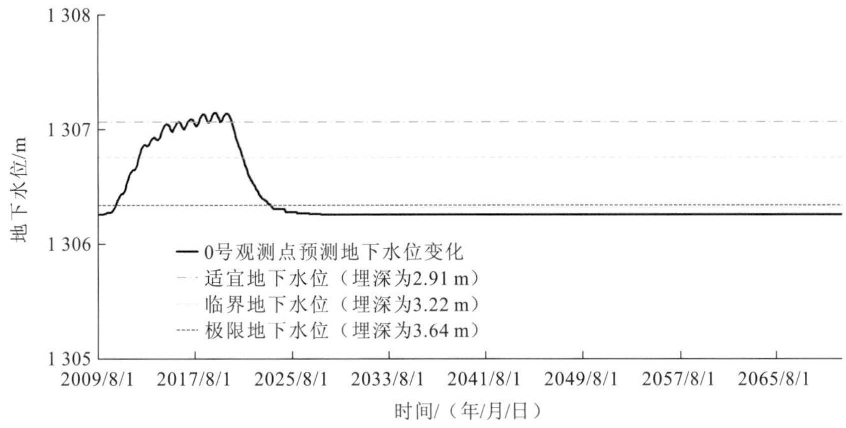

图 5-62　停止输水情景下未来 50 年 0 号观测点水位变化预测图

2）湖面面积及地下水埋深变化特征

进一步，利用地下水埋深的空间分布与湖面分布反映整个湿地内空间分布特征。图 5-63 为模型预测未来 50 年内停止生态输水后湖面积变化，由图可知，在停止输水 2 年内，湖面面积迅速减小，随后接近干涸。由于湿地高程的改变及高分辨率数据下模型计算湖面面积的差异，湖面面积在若干年后并未成为 0 km^2，但湖面面积很可能在 4～6 年内几乎干涸。

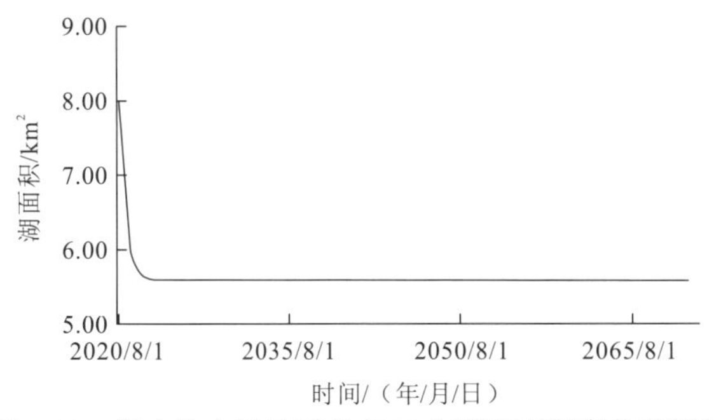

图 5-63　停止输水情景下未来 50 年湖面面积变化预测图

表 5-17 为现状年输水前、停止输水 10 后（2030 年）、停止输水 50 年后（2070 年）地下水埋深小于 1 m、2 m、3 m 的分布面积统计表。当停止向青土湖生态输水后，地下水埋深小于 1 m 和 2 m 的分布面积分别由 14.21 km^2 和 18.18 km^2 降为 12.30 km^2 和 15.58 km^2，地下水埋深小于 3 m 的分布面积由 23.43 km^2 减小为 19.48 km^2，2030～2070

年地下水埋深小于 3 m 的分布面积基本保持不变。

表 5-17　现状年与停止输水后地下水埋深分布面积统计表

项目	分布面积/km²		
	地下水埋深<1 m	地下水埋深<2 m	地下水埋深<3 m
现状年输水前	14.21	18.18	23.43
2030 年	12.30	15.58	19.48
2070 年	12.29	15.58	19.47

注：范围为具有高精度分辨率高程数据的区域

3）水均衡变化特征

在停止输水情景下，预测未来 50 年湿地内与湿地外地下水侧向交换量。当停止生态输水，青土湖湿地地下水均衡各项也会随之变化，如图 5-64 所示。

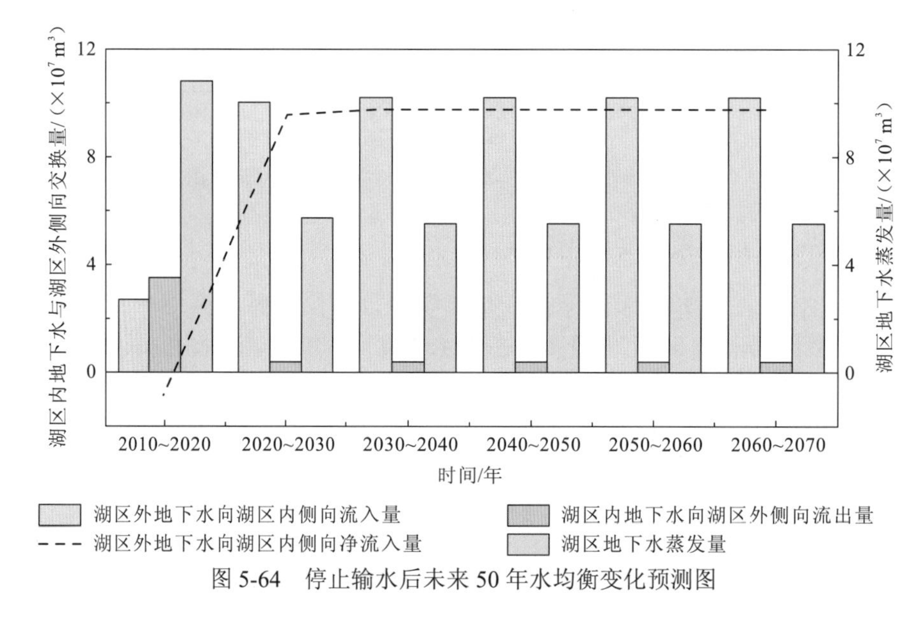

图 5-64　停止输水后未来 50 年水均衡变化预测图

2010～2020 年为湖区内地下水与湖区外侧向交换量及湖区地下水蒸发量模型模拟结果，2020～2070 年水均衡项为模型预测结果。由图可知，以 10 年为单位，在 2020 年停止输水后，对比 2010～2020 年输水期间水均衡结果，2020～2030 年湖区内地下水与湖区外地下水的侧向交换由湖区内向湖区外侧向流出转变为湖区外向湖区内侧向流入。此外，由于湖区内地下水位下降，湖区地下水蒸发量明显降低。

3. 不同输水时段情景的模拟分析与评估

1）地下水位变化特征

根据所概化的不同输水情景方案，在入湖水量不变的情况下，通过改变输水起始时间或输水方式来改变输水时段。该处情景设置有输水起始时间和输水时长 2 组系列情景。

该大类情景设置在现状模型的基础上，将每种情景预测模型时间均设置为 10 年，其中每种情景每年设置均一致。

图 5-65 展示了预测模型计算的不同生态输水时长下各观测点地下水位变化，该系列情景中每年地下水输水起始时间均为 8 月 1 日。由图可知，对于 0 号点和 1 号点，当输水时长为 60 天时，地下水位最低，随输水时长增加，地下水位变高。对于湿地及湿地南部的 2～10 号观测点，在相同的输水量下，输水时长越短，地下水位到达峰值的时间越早，反之越晚。但输水时长的改变整体上未对地下水位造成影响，地下水位最大值和最小值不随输水时长的改变而改变。

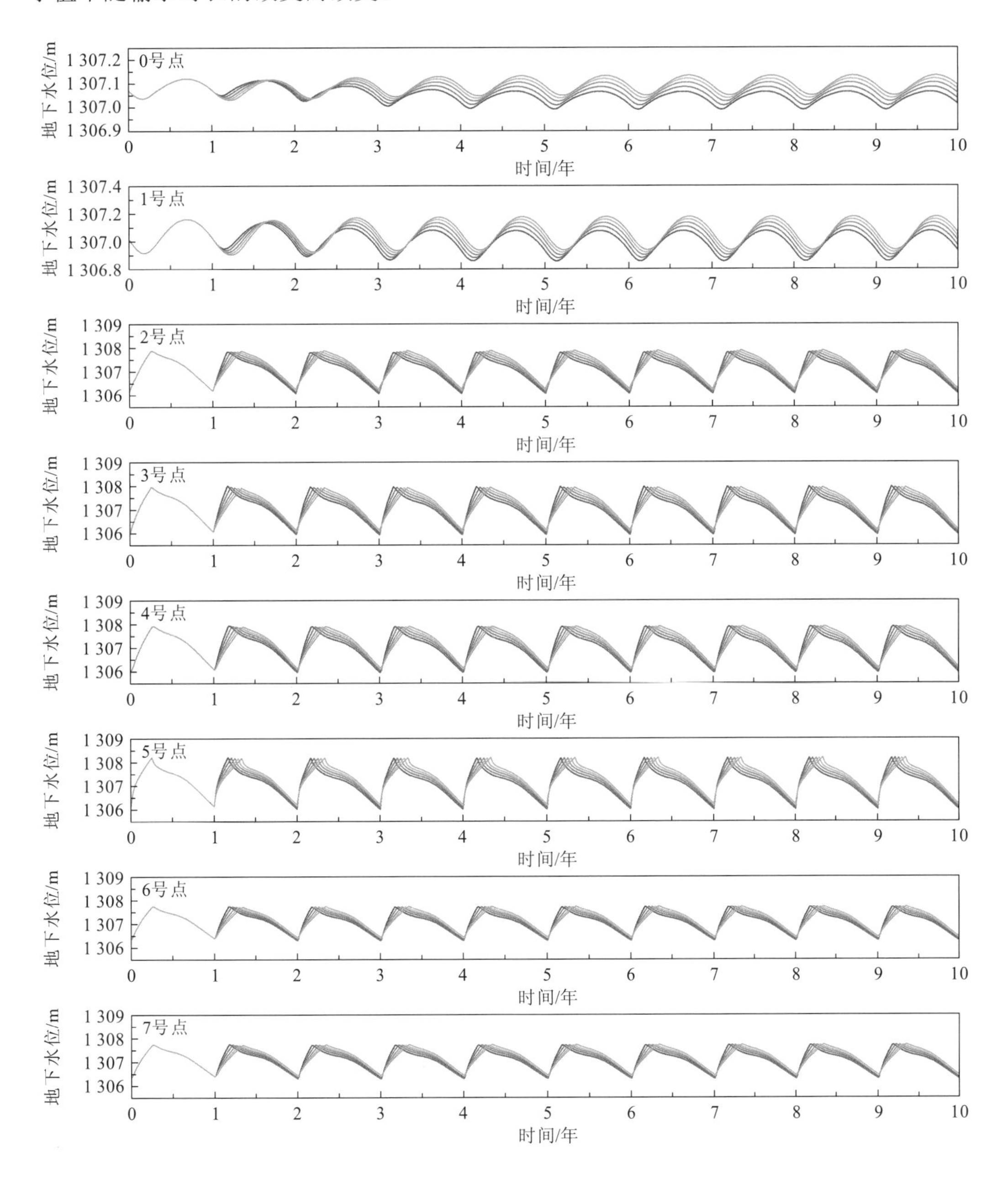

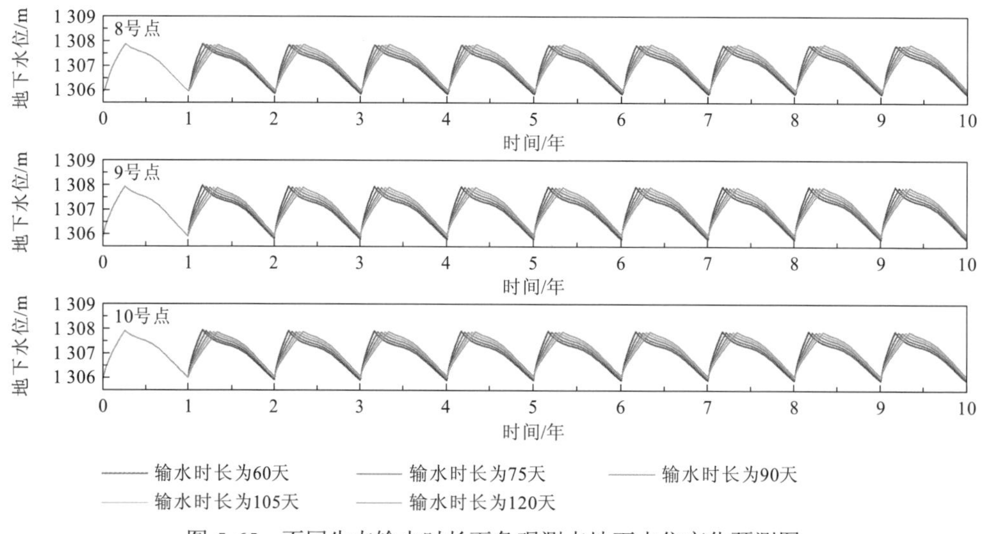

图 5-65　不同生态输水时长下各观测点地下水位变化预测图

图 5-66 展示了预测模型计算不同输水起始时间下各观测点的地下水位，0 号点和 1 号点位于湿地东北部，由于每年输水时间的差异，每年地下水位最高值和最低值也呈现出明显的时间差。当输水起始时间为 6 月 1 日、6 月 16 日、7 月 1 日、7 月 16 日时，随着输水时间延后，0 号点和 1 号点的整体地下水位越高；当起始输水时间为 8 月 1 日、8 月 16 日、9 月 1 日时，地下水位整体上差异极小。湿地内和湿地南部的 2～10 号观测点整体呈现出随输水起始时间变化延后、地下水位变化幅度增大的规律，输水起始时间越晚，地下水位最大值越大，而最小值越小。

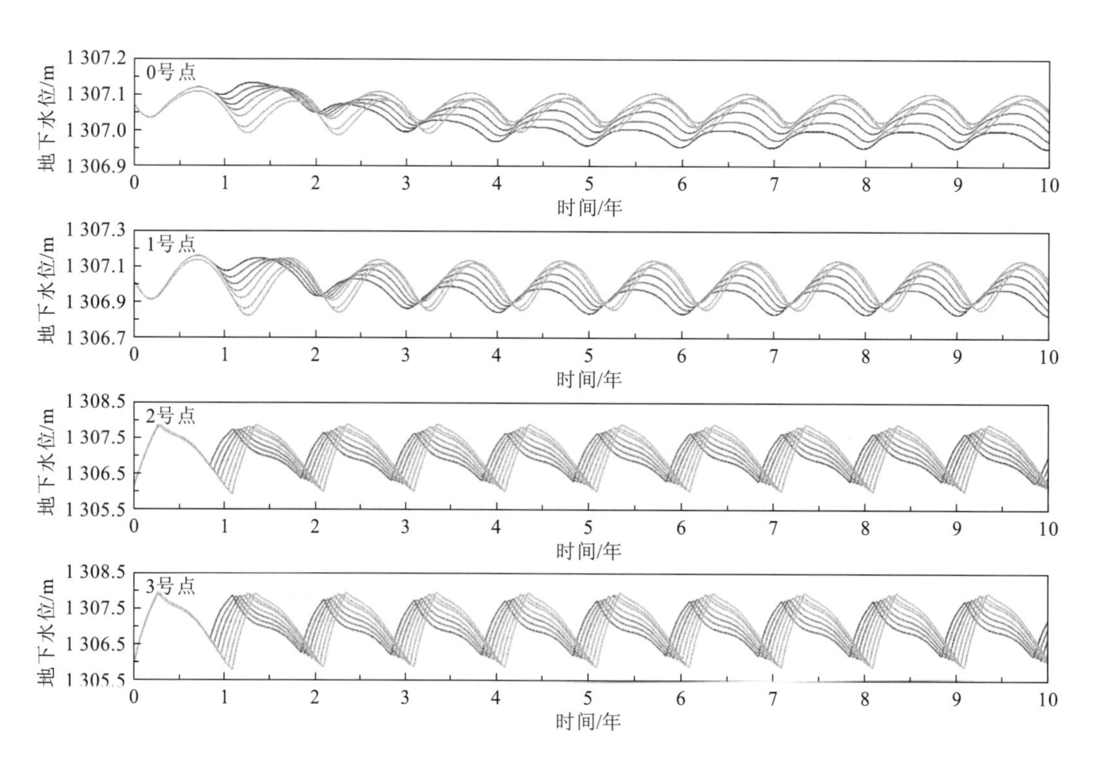

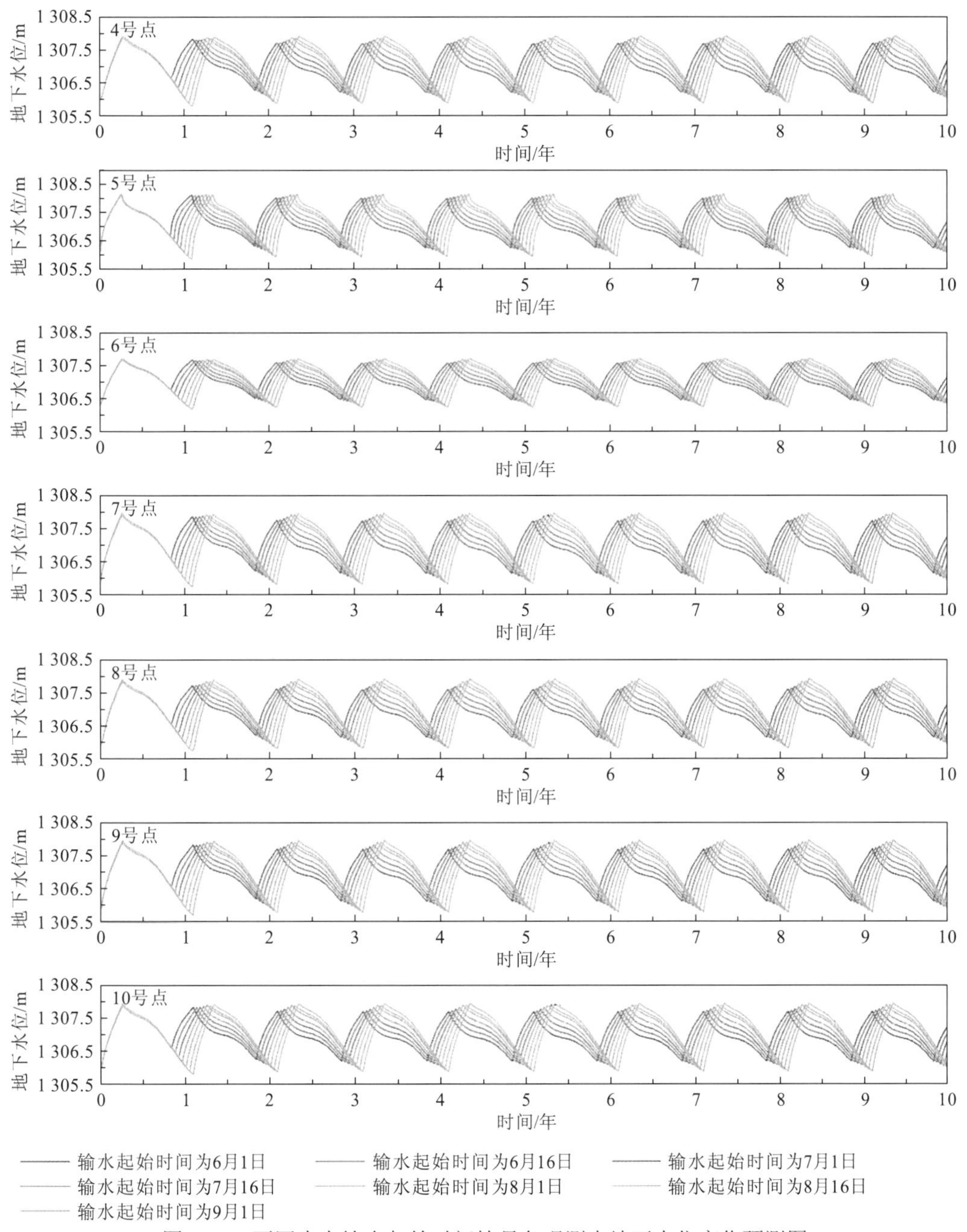

图 5-66　不同生态输水起始时间情景各观测点地下水位变化预测图

2）水均衡变化特征

图 5-67 为预测模型计算的不同输水起始时间情景下水均衡变化预测。随着输水起始时间不断后延，湖区地下水蒸发量逐渐减小。当输水时段为 6 月 1 日～8 月 31 日时，湖区地下水蒸发量最大，为 $13.00\times10^6\ m^3$；当输水时段为 9 月 1 日～11 月 30 日时，湖区地下水蒸发量最小，为 $11.89\times10^6\ m^3$。当输水时段为 6 月 1 日～8 月 31 日时，湖面蒸发量为 $12.46\times10^6\ m^3$。当输水时段为 9 月 1 日～11 月 30 日时，湖区地下水蒸发量最

小。湖区地下水与湖面总蒸发量最大与最小的差值为 $2.16\times10^6\,m^3$，即由不同输水时段生态输水产生的蒸发量差异最大为 $2.16\times10^6\,m^3$。模型预测结果显示，当输水时段为 8 月 1 日～9 月 30 日时，湖水对地下水的补给量最大，当输水时段为 7 月 16 日～10 月 15 日时，湖区内地下水对湖区外地下水的排泄量最大，具体见表 5-18。

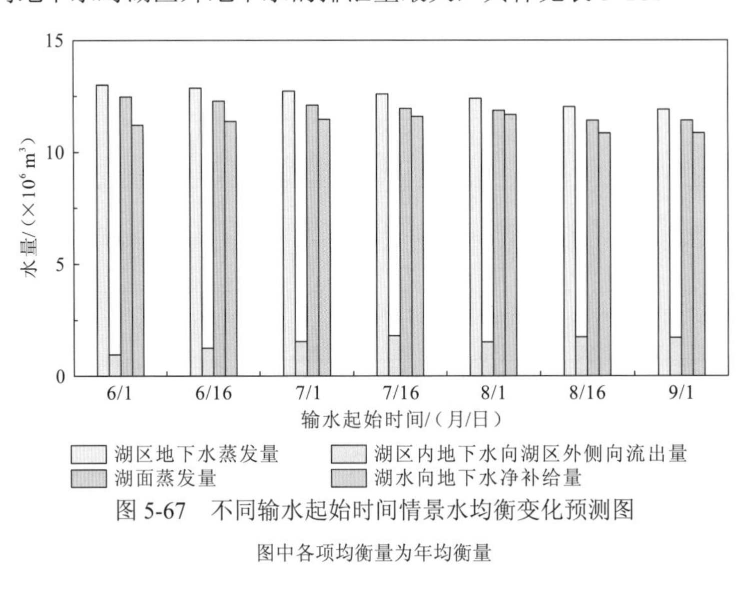

图 5-67　不同输水起始时间情景水均衡变化预测图

图中各项均衡量为年均衡量

表 5-18　不同输水起始时间情景各均衡项预测变化表

输水时段	湖区地下水蒸发量/（$\times10^6\,m^3$）	湖面蒸发量/（$\times10^6\,m^3$）	湖区内地下水向湖区外侧向流出量/（$\times10^6\,m^3$）	湖水向地下水净补给量/（$\times10^6\,m^3$）
6 月 1 日～8 月 31 日	13.00	12.46	0.95	11.21
6 月 16 日～9 月 15 日	12.87	12.28	1.24	11.35
7 月 1 日～9 月 30 日	12.73	12.10	1.52	11.48
7 月 16 日～10 月 15 日	12.56	11.96	1.78	11.59
8 月 1 日～10 月 31 日	12.40	11.85	1.52	11.65
8 月 16 日～11 月 15 日	12.04	11.41	1.75	10.84
9 月 1 日～11 月 30 日	11.89	11.41	1.70	10.84
8 月 1 日～9 月 30 日	12.31	11.71	1.45	11.80
8 月 1 日～10 月 15 日	12.35	11.77	1.73	11.74
8 月 1 日～10 月 31 日	12.40	11.85	1.52	11.65
8 月 1 日～11 月 15 日	12.46	11.95	2.22	11.55
8 月 1 日～12 月 1 日	12.53	12.04	2.41	11.46

当输水起始时间均为 8 月 1 日时，生态输水时长越长，湖区地下水位和湖面面积维持在较高值的持续时间较长，湖区地下水蒸发量与湖面蒸发量均增大。如图 5-68 所示，

当生态输水时长为 60 天时，湖区地下水蒸发量为 $12.31\times10^6\ m^3$，湖面蒸发量为 $11.71\times10^6\ m^3$；当生态输水时长为 120 天时，湖区地下水蒸发量为 $12.53\times10^6\ m^3$，湖面蒸发量为 $12.04\times10^6\ m^3$。总蒸发量为湖区地下水蒸发量和湖面蒸发量之和。不同输水时长条件（生态输水时长为 60 天和 120 天）对总蒸发量产生的影响差异为 $0.55\times10^6\ m^3$。

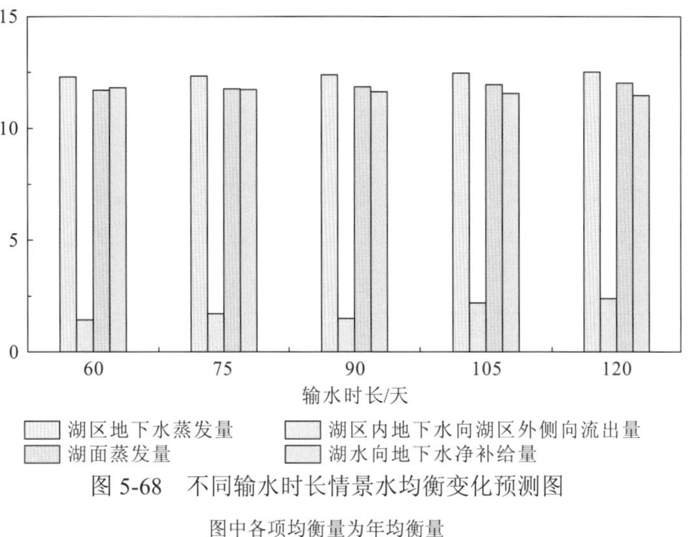

图 5-68　不同输水时长情景水均衡变化预测图

图中各项均衡量为年均衡量

3）适宜输水时段评估

由上述分析结果可知，在该系列情景中，当生态输水入湖量和输水时长保持不变，改变不同输水起始时间对生态输水的影响差异是微小的。对地下水位来说，输水时段的改变整体上对地下水位的影响极小。从水均衡结果可知，湖区地下水蒸发量和湖面蒸发量随着输水起始时间的后延而减小，随着输水时长的增大而增加，整体上由不同输水时段造成的蒸发量差异为 $2.16\times10^6\ m^3$。

4. 间歇性输水方式情景的模拟分析与评估

1）地下水位变化特征

根据概化的间歇性输水情景方案，在入湖水量、总输水时段（输水起始时间至输水结束时间）不变的情况下，通过改变输水为间歇性方式将输水时段设置为两个，并分别在两个输水时段设置不同比例的输水量。该大类情景设置在现状模型的基础上，将每种情景预测模型时间均设置为 10 年，其中每种情景的每年设置均一致。

图 5-69 为预测模型计算的间歇性输水和持续性输水各观测点地下水位变化，该系列情景中每年地下水输水起始时间均为 8 月 1 日，输水结束时间为 10 月 31 日。由图可知，对于 0 号点和 1 号点，当第一时段和第二时段输水量分别为入湖总量的 25%和 75%时，地下水位最高；当第一时段和第二时段输水量分别为入湖总量的 75%和 25%时，地下水位最低。对于湿地及湿地南部的 2～10 号观测点，在相同的输水量下，持续性输水和间歇性输水方式的改变直接影响地下水位峰值出现的时间，但输水方式的改变整体上对地下水位造成的影响很小。

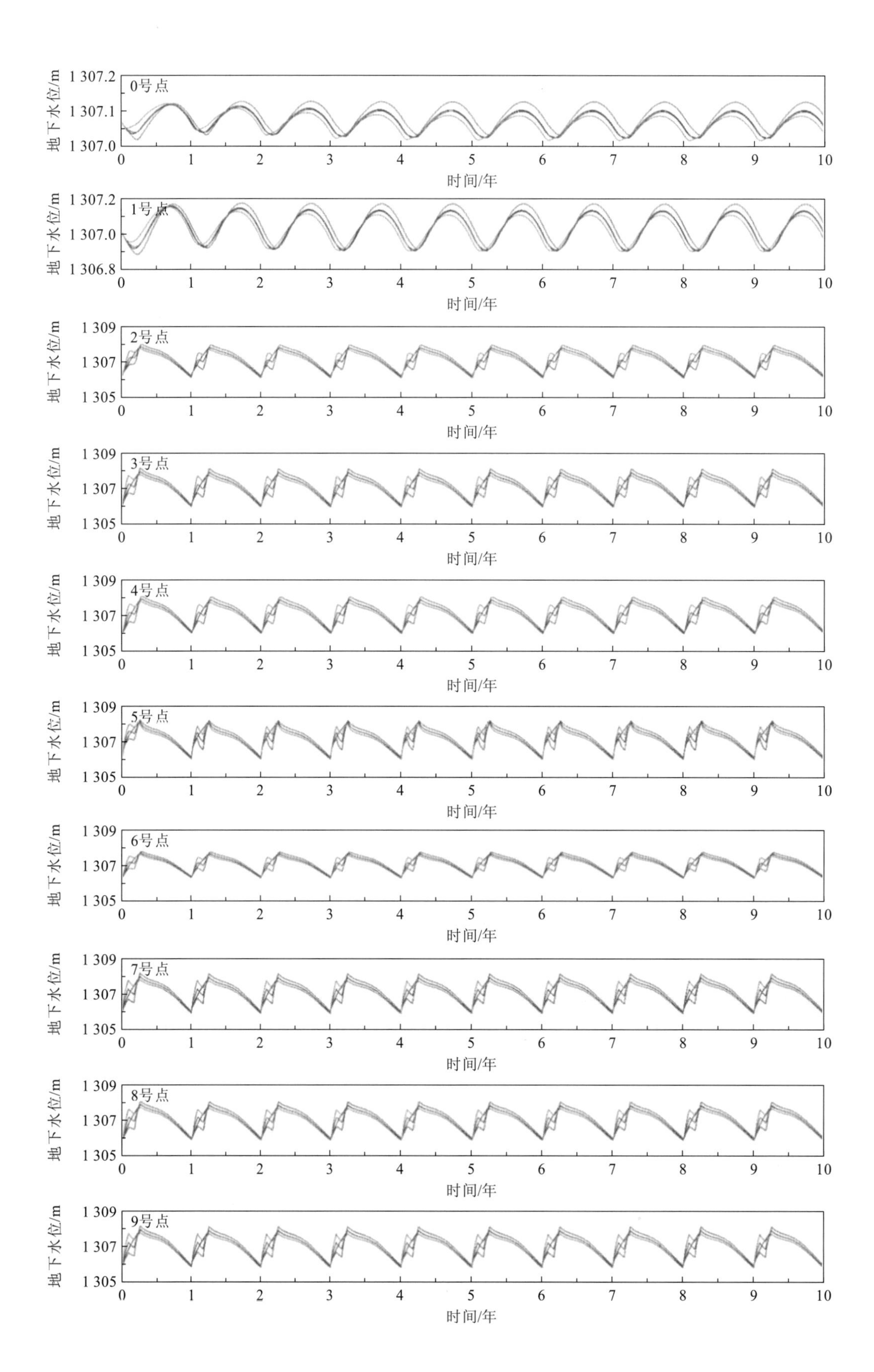
0号点
1号点
2号点
3号点
4号点
5号点
6号点
7号点
8号点
9号点
地下水位/m
时间/年

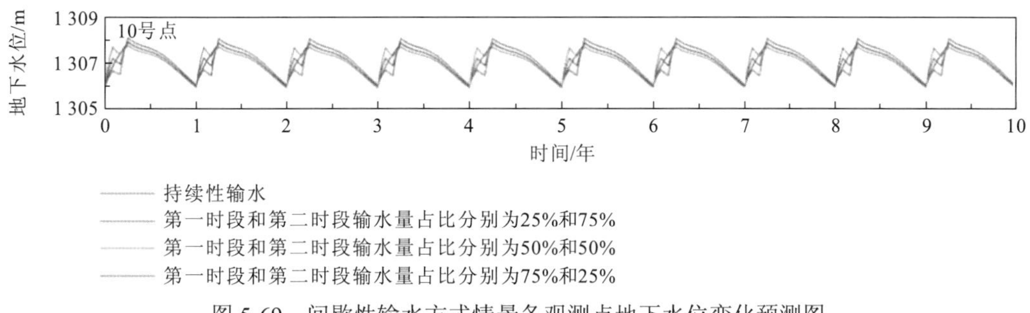

图 5-69　间歇性输水方式情景各观测点地下水位变化预测图

2）青土湖湿地水均衡变化特征

持续性输水和三种间歇性输水方式的模型计算水均衡结果见图 5-70。

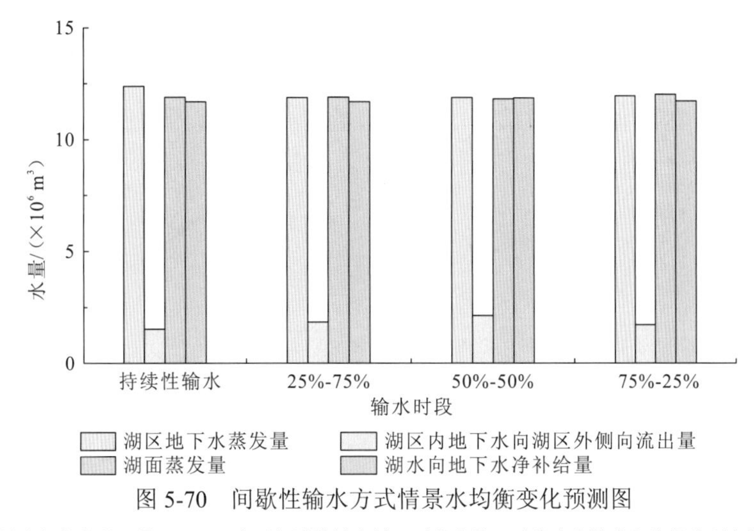

图 5-70　间歇性输水方式情景水均衡变化预测图

①图中各项均衡量为年均衡量；②25%-75%表示间歇性输水第一时段和第二时段生态输水入湖量分别占总入湖量的 25%和 75%；50%-50%表示间歇性输水第一时段和第二时段生态输水入湖量分别占总入湖量的 50%和 50%；75%-25%表示间歇性输水第一时段和第二时段生态输水入湖量分别占总入湖量的 75%和 25%

综上，在该系列情景中，间歇性输水方式与持续性输水方式的改变整体上对地下水位的影响极小。

5. 生态需水量估算

为获取湿地生态需水量，通过构建地下水埋深与入湖水量的函数关系，进而推算生态水位对应的生态需水量。图 5-71 展示了地下水埋深与入湖水量的关系及其随时间的变化。由图 5-71（a）可知，地下水埋深与累积入湖水量具有更紧密的多项式关系，证明在研究期内地下水埋深主要受累积入湖水量的影响。基于图 5-72（b），通过分析地下水埋深变化和累积入湖水量的变化，构建基于地下水埋深的年入湖水量计算方法：通过累积入湖水量拟合曲线，计算年理想入湖水量；通过地下水埋深拟合曲线，计算年理想埋深；通过构建年理想入湖水量和埋深的拟合关系式，实现不同地下水埋深情况下的年入湖水量的计算。

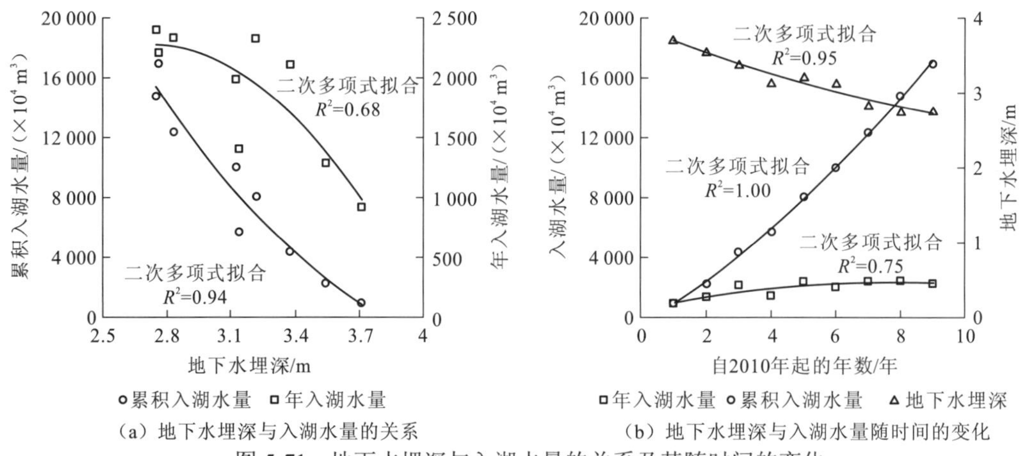

（a）地下水埋深与入湖水量的关系　（b）地下水埋深与入湖水量随时间的变化

图 5-71　地下水埋深与入湖水量的关系及其随时间的变化

图 5-72 展示了地下水埋深与累积入湖水量及预测地下水埋深所需的年入湖水量的关系，利用此关系可以估算不同地下水位对应的入湖水量。水库放水量与入湖水量呈现显著的线性相关性，因此可以通过估算的入湖水量进一步估算所需的水库放水量。

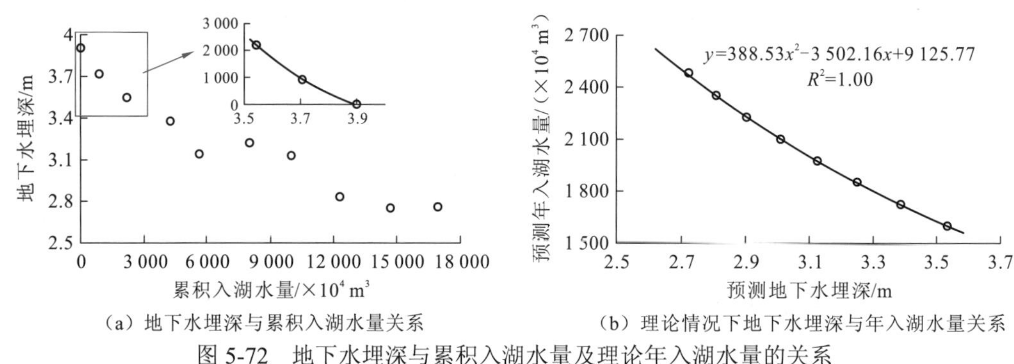

（a）地下水埋深与累积入湖水量关系　（b）理论情况下地下水埋深与年入湖水量关系

图 5-72　地下水埋深与累积入湖水量及理论年入湖水量的关系

表 5-19 展示了不同地下水埋深阈值下所需的年入湖水量和年水库放水量及基于模型的面积统计。由此可知，地下水适宜埋深（2.91 m）对应的年入湖水量为 2224.4 万 m³，年水库放水量为 3271.2 万 m³。这一数值与 2019 年统计的实际入湖水量（2207 万 m³）非常接近，表明目前生态输水量已达到最优值。

表 5-19　不同生态水位下对应的入湖水量、水库放水量及面积统计

生态水位参数值	生态输水入湖水量/（万 m³）	生态输水水库放水量/（万 m³）	湖面面积/km²	地下水埋深范围面积统计/km²			评价结果
				地下水埋深<1 m	地下水埋深<2 m	地下水埋深<3 m	
荒漠化水位	1 398.1	2 056.0	7.65	13.65	16.30	21.82	最小极限入湖量
生态警戒水位	1 877.2	2 760.6	11.23	16.37	21.11	26.58	最小临界入湖量
现状条件下适宜水位	2 224.4	3 271.2	14.82	19.53	24.68	29.45	合理入湖量
盐渍化水位	2 646.6	3 892.1	18.73	23.14	27.64	31.32	最大临界入湖量
沼泽化水位	3 337.5	4 908.1	23.37	27.19	30.25	32.74	最大极限入湖量

注：地下水埋深范围面积仅统计了具有高精度高分辨率高程数据的区域

为了证明得到的年入湖水量及年水库放水量的合理性，对石羊河流域的水资源管理现状进行了分析，并与 Guo 等（2021）的研究结果进行了对比。石羊河流域下游民勤盆地的用水主要来自红崖山水库放水和盆地内的地下水，其中青土湖湿地的生态用水完全来自红崖山水库的放水。红崖山水库的来水主要包括石羊河天然径流、景电二期调水工程和凉州区调水工程（入河道位置为蔡旗断面）三个部分。2011 年后，景电二期调水工程的调水量稳定在 8 300 万 m^3/年；2006 年后，凉州区调水量稳定在 13 400 万 m^3/年。蔡旗断面到红崖山水库放水口的输水效率为 0.859。考虑石羊河天然径流与上中游的气象相关，表 5-20 给出了不同水平（丰水平、平水平、枯水平）年的红崖山水库放水量。在民勤盆地，地下水开采量逐年降低，平水年维持在 8 600 万 m^3/年，丰水年与枯水年的可开采量见表 5-20。

表 5-20 不同水平年蔡旗断面来水量、红崖山水库放水量和地下水开采量

项目	丰水年/（万 m^3/年）	平水年/（万 m^3/年）	枯水年/（万 m^3/年）
景电二期调水	8 300	8 300	8 300
凉州区调水	13 400	13 400	13 400
天然径流	12 500	9 600	6 600
蔡旗断面来水	34 200	31 300	28 300
红崖山水库放水	29 400	26 900	24 300
地下水开采	6 900	8 600	10 300

在民勤盆地（除青土湖生态用水）农业、工业、生活及生态用水量分别为 23 369 万 m^3/年、2 218 万 m^3/年、1 187 万 m^3/年、5 523 万 m^3/年，总用水量约为 32 300 万 m^3/年。综合民勤盆地总用水量、红崖山水库放水量和地下水开采量，不同水平年下青土湖湿地合理的生态输水量见表 5-21。

表 5-21 青土湖湿地合理的生态用水量

项目	丰水年/（万 m^3/年）	平水年/（万 m^3/年）	枯水年/（万 m^3/年）
红崖山放水	29 400	26 900	24 300
地下水开采	6 900	8 600	10 300
民勤盆地用水	32 300	32 300	32 300
青土湖湿地合理生态输水量	4 000	3 200	2 300

此外，Guo 等（2021）基于青土湖湖面面积和生态输水关系构建了多元线性回归模型，求取了合适的水库放水量，同时基于水均衡方法（考虑湖水与地下水交换、湖面蒸发和植被蒸腾、入湖水量）也确定了合适的水库放水量。现状条件下（平水年），为维持适宜的湖面面积，两种方法得到的红崖山水库放水量分别为 3 146 万 m^3 和 3 136 万 m^3，对应的入湖水量为 2 202 万 m^3 和 2 195 万 m^3。将本小节内容、Guo 等（2021）的研究成果及青土湖湿地合理生态输水量的结果进行对比可以发现，不同模型之间得到了良好的相互验证，这也证明本研究得到的现状条件下的合理年入湖水量及年水库放水量具备合理性。

参考文献

陈亚宁，王强，李卫红，等，2006. 植被生理生态学数据表征的合理地下水位研究：以塔里木河下游生态恢复过程为例. 科学通报, 51(S1): 7-13.

程艳，陈丽，阴俊齐，等，2018. 玛纳斯河谷水源地植被生态水位区间研究. 环境科学与技术，41(2): 26-33.

董宗炜，徐至远，张鹏, 2022. 生态输水对台特玛湖面积和植被的影响. 水利规划与设计(3): 64-66, 88.

郭巧玲，杨云松，李建林，等，2011. 额济纳绿洲生态需水及其预测研究. 干旱区资源与环境，25(5): 135-139.

胡广录，赵文智，2009. 恢复生态地下水位的需水量及恢复方案研究：以额济纳盆地天然植被为例. 干旱区研究, 26(1): 94-101.

贾利民，焦瑞，廖梓龙，2013. 干旱牧区草地植被生态质量现状及需水研究. 中国农村水利水电(6): 49-52, 56.

金彦兆，孙栋元，胡想全，等, 2018. 石羊河流域红崖山水库站径流变化特征及应对措施. 水利规划与设计(10): 38-40.

石万里，刘淑娟，刘世增，等, 2017. 人工输水对石羊河下游青土湖区域生态环境的影响分析. 生态学报, 37(18): 5951-5960.

宋国慧, 2012. 沙漠湖盆区地下水生态系统及植被生态演替机制研究. 西安：长安大学

塔衣尔·艾尔肯, 2021. 塔河下游河道输水的水生态环境响应探讨. 陕西水利(12): 90-92.

张波，王开录，李发明，2017. 石羊河流域水资源调度与青土湖生态恢复研究. 甘肃水利水电技术, 53(10): 9-12.

张丽，董增川，黄晓玲，2004. 干旱区典型植物生长与地下水位关系的模型研究. 中国沙漠，24(1): 109-113.

张艳林, 2009. 民勤盆地地下水时空格局分析及数值模拟研究. 兰州：兰州大学.

赵辉，陈文芳，崔亚莉，2010. 中国典型地区地下水位对环境的控制作用及阈值研究. 地学前缘，17(6): 159-165.

庄丽，陈亚宁，李卫红，等，2007. 塔里木河下游柽柳 ABA 累积对地下水位和土壤盐分的响应. 生态学报, 27(10): 4247-4251.

GUO Q, HUANG G, GUO Y, et al., 2021. Optimizing irrigation and planting density of spring maize under mulch drip irrigation system in the arid region of Northwest China. Field Crops Research, 266: 108141.

MOORE J W, SEMMENS B X, 2008. Incorporating uncertainty and prior information into stable isotope mixing models. Ecology Letters, 11(5): 470-480.